普通高等教育基础课程规划教材

数学基础教程

包双宝　木　仁　布　和　苏道毕力格　编

机 械 工 业 出 版 社

本书共9章，由两个部分组成，第一部分：以“补”为主的高中数学部分，包括预备知识和函数及其图形；第二部分：以“预”为主的大学数学部分，包括极限与连续，一元函数微积分，微分方程，无穷级数。本书本着加强基础、培养能力的原则，围绕基础知识、基本方法组织了内容，力争为民族预科学生进入下一阶段的学习打好坚实的基础。

图书在版编目（CIP）数据

数学基础教程/包双宝，木仁，布和等编．—北京：机械工业出版社，2013.10（2023.9重印）
普通高等教育基础课程规划教材
ISBN 978-7-111-44135-9

Ⅰ.①数…　Ⅱ.①包…②木…③布…　Ⅲ.①数学基础－高等学校－教材　Ⅳ.①O14

中国版本图书馆CIP数据核字（2013）第223501号

机械工业出版社（北京市百万庄大街22号　邮政编码100037）
策划编辑：郑　玫　责任编辑：郑　玫　汤　嘉
版式设计：霍永明　责任校对：张　媛
封面设计：张　静　责任印制：郜　敏
中煤（北京）印务有限公司印刷
2023年9月第1版第2次印刷
169mm×239mm·16.5印张·320千字
标准书号：ISBN 978-7-111-44135-9
定价：39.50元

电话服务
客服电话：010-88361066
010-88379833
010-68326294

网络服务
机　工　官　网：www.cmpbook.com
机　工　官　博：weibo.com/cmp1952
金　书　网：www.golden-book.com
机工教育服务网：www.cmpedu.com

前　　言

少数民族预科教育是我国政府民族教育政策的具体体现，是高等教育的重要组成部分，也是高等教育中的特殊层次。早在2000年，特木尔朝鲁教授（原内蒙古工业大学理学院院长）在其课题《理工科少数民族预科教育教学模式及基础课程教学改革研究与实践》中首次提出应该编写一套适合内蒙古工业大学民族预科生的数学教材的构想。正是响应特木尔朝鲁教授的这一构想，并在内蒙古工业大学理学院民族预科部的大力支持下，结合教材编写组各位老师通过总结多年民族预科教学实践，以及民族预科生学习特点和规律，最终编写了本教材。

民族预科教学中特别要注重知识的衔接性，力求使民族预科学生顺利过渡到大学教育阶段，以期适应下一阶段专业课程学习的需要。然而，民族预科生受限于生源地教学条件限制，造成其数学基础薄弱等现状。因此，本教材在编写过程中注重妥善地处理好中学数学和大学数学教学的衔接，为民族预科生转入专业阶段学习打下较为扎实的基础。

在具体编写的过程中我们也发现，针对民族预科教学可供参考的教材不多，这对教材的定稿有一定的难度。此外，近十年的预科教学改革实践中，我们的观点和思路在不断的变化，从而教学内容也在不断调整。通过多位任课老师的努力，本书从最初的讲义逐渐形成了能够呈现给读者的一本教材。

该教材各章参加编写的老师为：第1~2章由内蒙古工业大学木仁编写；第3~4章由内蒙古农业大学布和编写；第5~7章由内蒙古工业大学包双宝编写；第8~9章由内蒙古工业大学苏道毕力格编写。全书最后由乌力吉、银山统稿。

由于编者的水平有限，本书在内容安排和表述上难免存在某些错误和不足，希望读者批评指正。

编写组

2013年8月

目　　录

前言

第 1 章　预备知识 …… 1
1.1　实数与复数 …… 1
1.1.1　实数 …… 1
1.1.2　复数 …… 5
习题 1.1 …… 7
1.2　集合的概念 …… 8
1.2.1　集合的概念 …… 8
1.2.2　集合的包含与相等 …… 9
1.2.3　集合的运算 …… 10
1.2.4　区间与邻域 …… 11
习题 1.2 …… 13
1.3　等式与不等式 …… 14
1.3.1　等式 …… 14
1.3.2　不等式 …… 17
习题 1.3 …… 20
1.4　极坐标 …… 21
1.4.1　极坐标的概念 …… 21
1.4.2　极坐标与平面直角坐标的关系 …… 23
习题 1.4 …… 24
第 2 章　函数及其图形 …… 25
2.1　常量与变量 …… 25
习题 2.1 …… 25
2.2　映射 …… 26
2.2.1　映射的概念 …… 26
2.2.2　几种重要映射 …… 27
习题 2.2 …… 28
2.3　函数 …… 28
2.3.1　函数及其图形 …… 28
2.3.2　函数的表示法 …… 29
2.3.3　函数的四则运算 …… 31

2.3.4 特殊函数 …… 31
2.3.5 函数的几种特性 …… 32
习题 2.3 …… 35
2.4 初等函数 …… 36
2.4.1 基本初等函数 …… 36
2.4.2 初等函数 …… 46
习题 2.4 …… 47
2.5 一元多项式及其运算 …… 48
习题 2.5 …… 50
第 3 章 极限与连续 …… 51
3.1 数列的极限 …… 51
3.1.1 引例 …… 51
3.1.2 数列极限的描述性定义 …… 51
3.1.3 数列极限的规范化定义 …… 53
3.1.4 数列极限的性质 …… 55
习题 3.1 …… 58
3.2 函数的极限 …… 59
3.2.1 自变量趋于无穷大时函数的极限 …… 59
3.2.2 自变量趋于有限值时函数的极限 …… 60
3.2.3 函数极限的性质和两个重要极限 …… 62
习题 3.2 …… 64
3.3 无穷大与无穷小 …… 64
3.3.1 无穷大 …… 64
3.3.2 无穷小 …… 65
3.3.3 无穷大与无穷小的关系 …… 67
习题 3.3 …… 68
3.4 极限运算法则 …… 68
习题 3.4 …… 72
3.5 函数的连续性 …… 73
3.5.1 连续与间断 …… 73
3.5.2 连续函数的运算与初等函数的连续性 …… 75
习题 3.5 …… 78
3.6 闭区间上连续函数的性质 …… 78
习题 3.6 …… 80
第 4 章 导数与微分 …… 81
4.1 导数的概念 …… 81
4.1.1 引例 …… 81
4.1.2 导数的定义 …… 82

4.1.3 导数的几何意义 …… 87
4.1.4 函数可导性与连续性的关系 …… 88
习题4.1 …… 89
4.2 求导法则 …… 90
4.2.1 函数的和、差、积、商的求导法则 …… 90
4.2.2 反函数求导法则 …… 92
4.2.3 复合函数求导法则 …… 94
4.2.4 初等函数的导数 …… 95
4.2.5 一些特殊函数的求导方法 …… 96
习题4.2 …… 99
4.3 高阶导数 …… 101
习题4.3 …… 104
4.4 函数的微分 …… 105
4.4.1 微分的概念 …… 105
4.4.2 微分的几何意义 …… 108
4.4.3 基本初等函数的微分公式与微分运算法则 …… 108
4.4.4 微分在近似计算中的应用 …… 110
习题4.4 …… 111
第5章 中值定理和导数的应用 …… 113
5.1 中值定理 …… 113
5.1.1 罗尔定理 …… 113
5.1.2 拉格朗日中值定理 …… 115
5.1.3 柯西中值定理 …… 117
5.1.4 泰勒中值定理 …… 117
习题5.1 …… 119
5.2 洛必达法则 …… 120
习题5.2 …… 127
5.3 函数的单调性与凹凸性的判别法 …… 128
5.3.1 函数单调性的判别法 …… 128
5.3.2 函数极值的求法 …… 129
5.3.3 函数凹凸性的判别法 …… 130
习题5.3 …… 132
5.4 函数图形的描绘 …… 133
5.4.1 曲线的渐近线 …… 133
5.4.2 函数图形的描绘 …… 135
习题5.4 …… 137
5.5 平面曲线的曲率 …… 138
5.5.1 弧微分 …… 138

5.5.2　曲率 …… 139
5.5.3　曲率半径与曲率圆 …… 142
习题5.5 …… 143
第6章　不定积分 …… 145
6.1　不定积分的概念与性质 …… 145
6.1.1　原函数与不定积分的概念 …… 145
6.1.2　不定积分的基本积分表 …… 146
6.1.3　不定积分的性质 …… 147
习题6.1 …… 149
6.2　不定积分的计算 …… 149
6.2.1　第一类换元法 …… 150
6.2.2　第二类换元法 …… 153
6.2.3　分部积分法 …… 156
6.2.4　有理函数与三角有理函数的积分计算 …… 161
习题6.2 …… 165
第7章　定积分及其应用 …… 167
7.1　定积分的概念与性质 …… 167
7.1.1　引例 …… 167
7.1.2　定积分的概念 …… 169
7.1.3　定积分的性质 …… 171
习题7.1 …… 173
7.2　定积分的计算 …… 174
7.2.1　积分上限的函数及其导数 …… 174
7.2.2　牛顿—莱布尼茨公式 …… 176
7.2.3　定积分的换元法 …… 178
7.2.4　定积分的分部积分法 …… 181
习题7.2 …… 181
7.3　广义积分 …… 183
7.3.1　无穷区间上的广义积分 …… 183
7.3.2　无界函数的广义积分 …… 184
习题7.3 …… 186
7.4　定积分在几何上的应用 …… 186
7.4.1　定积分应用中的微元法 …… 186
7.4.2　平面图形的面积 …… 187
7.4.3　体积 …… 191
7.4.4　平面曲线的弧长 …… 193
习题7.4 …… 194
7.5　定积分在物理上的应用 …… 195

7.5.1 变力沿直线所做的功 …… 195
7.5.2 水的压力 …… 196
7.5.3 引力 …… 197
习题7.5 …… 198
第8章 微分方程 …… 200
8.1 微分方程的基本概念 …… 200
习题8.1 …… 202
8.2 一阶微分方程 …… 202
8.2.1 可分离变量的微分方程 …… 203
8.2.2 一阶线性微分方程 …… 205
习题8.2 …… 208
8.3 可降阶的高阶方程 …… 209
8.3.1 形如 $y^{(n)}=f(x)$ 的微分方程 …… 209
8.3.2 形如 $y''=f(x,y')$ 的微分方程 …… 210
8.3.3 形如 $y''=f(y,y')$ 的微分方程 …… 211
习题8.3 …… 212
8.4 二阶常系数齐次线性微分方程 …… 212
8.4.1 解的性质和结构 …… 212
8.4.2 求解方法 …… 214
习题8.4 …… 217
8.5 二阶常系数非齐次线性微分方程 …… 217
8.5.1 解的性质和结构 …… 218
8.5.2 求解方法 …… 218
习题8.5 …… 222
第9章 无穷级数 …… 223
9.1 常数项级数的概念和性质 …… 223
9.1.1 常数项级数的概念 …… 223
9.1.2 收敛级数的性质 …… 225
习题9.1 …… 227
9.2 常数项级数的审敛法 …… 227
9.2.1 正项级数 …… 228
9.2.2 交错级数 …… 232
9.2.3 绝对收敛与条件收敛 …… 232
习题9.2 …… 234
9.3 幂级数 …… 234
9.3.1 幂级数的概念 …… 235
9.3.2 幂级数的收敛区间 …… 236
9.3.3 幂级数的性质 …… 239

习题 9.3 …… 240
9.4 函数展开成幂级数 …… 241
9.4.1 泰勒级数 …… 241
9.4.2 函数展开成幂级数 …… 242
9.4.3 函数的幂级数展开式的应用 …… 245
习题 9.4 …… 246
9.5 傅里叶级数 …… 247
9.5.1 以 2π 为周期的函数展开成傅里叶级数 …… 247
9.5.2 正弦级数和余弦级数 …… 250
9.5.3 以 $2l$ 为周期的函数展开成傅里叶级数 …… 252
习题 9.5 …… 253
参考文献 …… 254

第1章 预备知识

本章及下一章的内容是对中学所学知识的回顾和补充．主要介绍实数、复数和集合等概念及其运算法则，讨论常用等式与不等式的解法，并简单介绍极坐标．

1.1 实数与复数

数是人类在争取生存、生产和交换过程中所创造出的一种特殊语言．经过了几千年的演变、发展和完善，如今已成为人们得心应手的基本语言和不可或缺的运算手段．

1.1.1 实数

数作为一种特殊的语言，同人类的其他语言一样是在长期生产和交换过程中逐渐形成的．人类祖先在最初的时候，也许只会用物与物之间逐一比较的方法来获取量的信息，经过一段时期的发展．逐渐学会了将物与第三者（如手指、墙上刻痕或悬挂的绳索等）来进行间接的比较，从而逐渐产生了不依附于具体对象的“个数”概念，随着生产和交换活动的不断扩大，这种抽象的“个数”就逐渐被赋予了某种记号或语音，这就产生了最早的数．

1.1.1.1 自然数

人类最初掌握数的个数是很少的，在近代尚存的部落中，研究发现他们所掌握的数的个数，均未超过20，这大概与人的手指与足趾总数是20有关．随着人类社会的进步，数作为一种语言也不断得到发展和完善，其中最关键的飞跃应属进位计数法的产生．所谓进位计数，就是运用少量的符号，通过它们不同个数的排列，来表示不同的数，例如现在通用的十进位计数法．进位计数法的产生，不仅使人类计数的范围得到了无限的扩大，同时也使得复杂的算术运算有了实现的可能．这就标志着人类掌握数的语言已从单纯作为量的表征的文字个体，发展成为了一个具有运算规则的数系．人类所认识的第一个数系，就是**自然数系**．它的产生，是人类文明史上的一个重要标志．经过数千年的演变，如今人们已将它用符号记为1，2，3，4，5，6，7，8，9，10，11，……

然而，自然数系并不是一个完备的数系．因为它作为量的描述手段，不是稠密的（一个数系称为稠密的，是指对于数系中任意两个不同的数，必有第三个数介于其间)，因此它只限于表示一个单位量的整数倍，而无法表示它的一部分．此外，作为量的运算手段，自然数虽然可以进行加、乘运算，但却不一定能实施加、乘的逆运算，也就是说，方程 $x+a=b$, $ax=b$ 并不一定可解，这种运算上的障碍是极不方便的．由于自然数的离散性和运算上的不完备性，促使人们去对它进行扩充．

1.1.1.2 有理数

首先，人们对自然数的加法运算引进了逆运算——减法，从而得到了一种新的数系——**整数系**．整数系不仅包括自然数，而且还包括一种特殊的数 0（表示没有或无)，与此同时对每一个自然数 x 都有与加法相对应的逆运算数 $-x$，满足 $x+(-x)=0$. 后来，人们将 $x+(-x)$ 简化为现今的减法表达式 $x-x$. 由此，人们就得到了方程 $x+a=b$ 的解 $x=b-a$.

其次，人们对自然数的乘法运算引进了逆运算——除法，进而得到另一种新的数系——**有理数系**．有理数系不仅包括整数系，而且对每一个不等于零的整数 x 都有与之相应的乘法逆运算数 $\frac{1}{x}$，满足 $x\cdot\frac{1}{x}=1$. 与此同时，根据有理数对乘法运算的封闭性又得到了一个新的数类 $\frac{q}{p}$(p，q 为整数，且 $p\neq0$)．由此，人们就得到了方程 $ax=b$ 的解 $x=\frac{b}{a}$.

由于克服了自然数系的缺陷，有理数系在实践上已是一个相当完美的数系，它可以在任何精确度上对一个量进行表示并实施有效的运算．因为有理数具有稠密性，所以古希腊人曾设想它是与一条无限直线上的从小到大排列的点相对应的．但没过多久，希腊人自己就证明了这种关于有理数的连续性的设想是不成立的，关于算术与几何自然和谐的美妙图景成为了幻想．

公元前 500 年左右，古希腊的毕达哥拉斯学派发现了一个惊人的事实：正方形的对角线与其一边的长是不可公度的！换言之，若取边长是一个单位长度，则无论这个单位长度如何细分，比如任意作 n 等分，则所得新的微单位 $\frac{1}{n}$(不管 n 取多么大)均不能整度对角线，即不存在自然数 m，使对角线长等于 $m\times\left(\frac{1}{n}\right)$.

事实上，假如存在整数 m 和 n，使得 $m\times\left(\frac{1}{n}\right)=\sqrt{2}$，且 m，n 互质，则 $m^2=2n^2$，由于 m，n 互质，故从 $m^2=2n^2$ 容易得知 m 为偶数，n 为奇数．从而存在 t 满足 $m=2t$，于是 $(2t)^2=2n^2$，即 $n^2=2t^2$，这表明 n 是一个偶数，矛盾！这就证明了 $\sqrt{2}$ 确实不是一个有理数．

毕达哥拉斯学派的发现，第一次向人们揭示了有理数系的本质缺陷——不连续性，证明了它不能同连续的无限直线等量齐观．这说明有理数并没有铺满数轴，在数轴上存在着不能被有理数所表示的“孔隙”，而这种“孔隙”，经后人证明是“不可胜数”的．

1.1.1.3　无理数

在相当长的一段历史时期，人们只能认识经验所及的自然数以及由它所衍生出的有理数．同时人们也自然想到，那些像单位正方形对角线一样的与单位长不可公度的几何量，应当与那些可公度的长度一样，可以由“数”来加以表示．然而人们只能见到几何长度，或数轴上相应的点，却完全不知道代表它们的“数”是什么？这些“数”从哪里来？它们将怎样表示和运算？这些问题使人们感到极大恐慌．15 世纪达芬奇把它们称为“无可理喻的数”，17 世纪伟大的天文学家开普勒把它们称为“不可名状”的数．后来人们将这些超越经验的“无可理喻”和“不可名状”的数统称为无理数．

人们对无理数的完全认知从公元前一直拖到了公元后 19 世纪．所谓完全认知，就是说新的理论建立起来了，在新的理论体系下数系扩张了，被认为“无可理喻”和“不可名状”的东西成了这个体系合理的“存在物”．

无理数理论是在 19 世纪才建立出来的，其中最容易理解的应该是戴德金的理论．他把有理数集任意作一划分，或者说分成两个集 A 和 B，使 A 中的每一个数(或点)小于 B 中的每个数，$\{A, B\}$ 就称为一个有理分割．若 A 中有最大数或 B 中有最小数，则这个数当然是有理数，此时 $\{A, B\}$ 确定了一个有理数，或者干脆就说 $\{A, B\}$ 是一个有理数．然而，A 中无最大数且 B 中无最小数的情形肯定是存在的，例如，由所有平方小于等于 2 的有理数组成集 A，所有平方大于 2 的有理数组成集合 B，那么，A 中无最大数，B 中无最小数，但我们称 $\{A, B\}$ 确定了一个数，就叫**无理数**，或者干脆就说 $\{A, B\}$ 是一个无理数．

1.1.1.4　实数

有理数和无理数统称为**实数**，它们已铺满了数轴上的所有点．

在日常生活当中，实数通常可以用来表示许多度量单位，如质量、速度、温度以及物体的长度等．

为了用一个“数”来表示无理数，人们引进了小数的概念，且任何一个数都可以用小数来表示．实数的小数展开式通常可分为有终点的和无终点的．所谓有终点的是指小数个数是有限的数，如 1.234，200；而无终点则指小数个数为无限多的实数，如 $\frac{1}{3}=0.333333333\cdots$，$e=2.71828182845\cdots$ 等．事实上，任何实数都可用无终点小数的实数来表示，例如：

$$\frac{3}{8}=0.375000000\cdots$$

即，我们可将有终点小数的实数表示成最后以 0 为循环的无终点小数的实数．

任何循环小数，例如

$$\frac{7}{22}=0.31818181818\cdots$$

都表示一个有理数．如上面两个例子所示，任何有理数都可以表示成某个循环小数．反之一个无理数的小数展开式，如

$$\sqrt{2}=1.414213562\cdots$$

或

$$\pi=3.14159265358979\cdots$$

既不是循环的，也不是有终点的．

1.1.1.5 实数的几何表示方法

实数在几何上可以用一条直线——实数轴来表示，如图 1.1 所示．每个实数都可以用实数轴上的一个点来表示，而实数轴上的每个点都表示一个实数．通常，正数在零点的右侧，负数在零点的左侧．

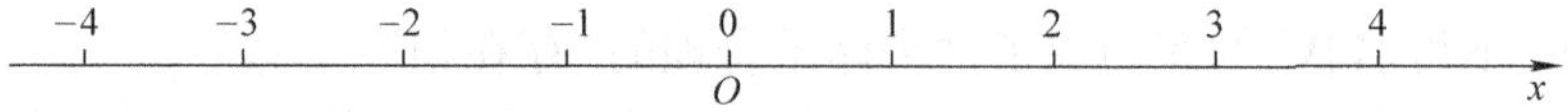

图 1.1

1.1.1.6 实数的绝对值

实数 a 与零点之间的距离称为实数 a 的**绝对值**，记为 $|a|$．即

$$|a|=\begin{cases}a, & a\geqslant 0,\\ -a & a<0.\end{cases}$$

例如，$|4|=4$，$|-3|=3$，$|0|=0$，$|\sqrt{2}-2|=2-\sqrt{2}$. 一个数的绝对值的几何意义如图 1.2 所示．

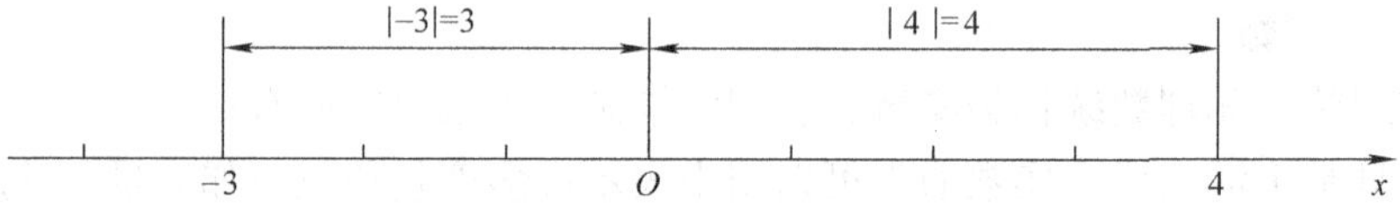

图 1.2

由定义不难看出，任何实数 a 的绝对值具有如下性质：

(1) $|a|=|-a|=\sqrt{a^2}\geqslant 0$，且 $|a|=0$ 当且仅当 $a=0$；

(2) $|ab|=|a||b|$；

(3) $-|a|\leqslant a\leqslant|a|$；

(4) $|a|<b\Leftrightarrow -b<a<b$.

有了绝对值的概念，我们可以定义实数 a 与 b 之间的**距离**为 $|a-b|$（或 $|b-a|$），其几何意义为实数轴上以 a 和 b 为端点的线段的长度，如图 1.3 所示．

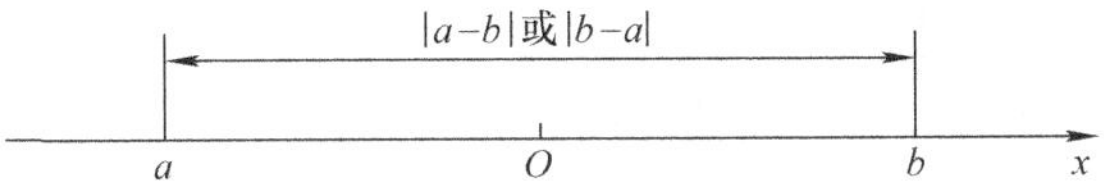

图　1.3

1.1.1.7　实数的有序性

任意给定两个实数 a 和 b，一定满足下述三个关系之一：

（1）$a<b$；　（2）$a=b$；　（3）$a>b$.

这一性质表明任意两个实数都是可以比较大小的，称为**实数的有序性**. 实数的序关系还满足如下不等式：

（1）如果 $a<b$ 且 $b<c$，则 $a<c$；

（2）如果 $a<b$，则 $a+c<b+c$；

（3）如果 $a<b$ 且 $c>0$，则 $ac<bc$；

（4）如果 $a<b$ 且 $c<0$，则 $ac>bc$.

式(3)和式(4)表明，用一个正数同乘不等式两边时不等号的方向不改变，而用一个负数同乘不等式两边时不等号的方向会改变.

1.1.2　复数

在数系拓展到实数系后，仍有一些运算无法进行. 比如，一元二次方程 $x^2+1=0$ 仍无实数解，因此我们有必要将数系再次扩充.

1.1.2.1　虚数单位

为了使 $x^2+1=0$ 有解，我们在实数系之外另创了一个新数 i，称为**虚数单位**，这个 i 满足 $\mathrm{i}^2=-1$，即 i 是方程 $x^2+1=0$ 的解.

不难看出，这个新数 i 满足性质：

$$\mathrm{i}^1=\mathrm{i},\mathrm{i}^2=-1,\mathrm{i}^3=-\mathrm{i},\mathrm{i}^4=1,$$

更一般地，有 $\mathrm{i}^{4m+k}=\mathrm{i}^k$，其中 m 为整数，$k=0，1，2，3$.

有了新数 i，任何负数都可以开方，比如 $\sqrt{-3}=\sqrt{3\times(-1)}=\sqrt{3}\mathrm{i}$.

1.1.2.2　复数

为了保证增加新数 i 后实数系关于加、减、乘、除等运算的封闭性，我们把所有形如

$$a+b\mathrm{i}$$

的数称为**复数**，其中 a，b 是实数，i 是虚数单位. 并称实数 a 为复数 $z=a+b\mathrm{i}$ 的**实部**，记为 $\mathrm{Re}(z)$，称实数 b 为复数 $z=a+b\mathrm{i}$ 的**虚部**，记为 $\mathrm{Im}(z)$. 当 $b=0$ 时，复数 $z=a$ 就是实数，当 $a=0$ 且 $b\neq0$ 时，称 $z=b\mathrm{i}$ 为纯虚数. 由此看到，复数系是实数系的扩充.

两个复数 $z_1=a_1+b_1\mathrm{i}$ 和 $z_2=a_2+b_2\mathrm{i}$ 相等当且仅当 $a_1=a_2$，$b_1=b_2$.

1.1.2.3 复数的四则运算

设 $z_1=a_1+b_1\mathrm{i}$ 和 $z_2=a_2+b_2\mathrm{i}$ 是两个复数，则

(1) $z_1+z_2=(a_1+b_1\mathrm{i})+(a_2+b_2\mathrm{i})=(a_1+a_2)+(b_1+b_2)\mathrm{i}$;

(2) $z_1-z_2=(a_1+b_1\mathrm{i})-(a_2+b_2\mathrm{i})=(a_1-a_2)+(b_1-b_2)\mathrm{i}$;

(3) $z_1z_2=(a_1+b_1\mathrm{i})(a_2+b_2\mathrm{i})=(a_1a_2-b_1b_2)+(b_1a_2+a_1b_2)\mathrm{i}$.

例1 计算 $5+4\mathrm{i}+(3+2\mathrm{i})(2-\mathrm{i})$.

解 $5+4\mathrm{i}+(3+2\mathrm{i})(2-\mathrm{i})=5+4\mathrm{i}+8+\mathrm{i}=13+5\mathrm{i}$.

对于复数 $z=a+b\mathrm{i}$，称复数 $z'=a-b\mathrm{i}$ 为其**共轭复数**，记为 $\bar{z}$.

由于 $z\bar{z}=(a+b\mathrm{i})(a-b\mathrm{i})=a^2+b^2$ 是非负实数，相对于实数的绝对值概念，定义复数 $z=a+b\mathrm{i}$ 的**模**为

$$|z|=\sqrt{z\bar{z}}=\sqrt{a^2+b^2}.$$

(4) 如果 $|z_2|\neq 0$，则

$$\frac{z_1}{z_2}=\frac{a_1+b_1\mathrm{i}}{a_2+b_2\mathrm{i}}=\frac{(a_1+b_1\mathrm{i})(a_2-b_2\mathrm{i})}{(a_2+b_2\mathrm{i})(a_2-b_2\mathrm{i})}$$

$$=\frac{1}{a_2^2+b_2^2}[(a_1a_2+b_1b_2)+(b_1a_2-a_1b_2)\mathrm{i}].$$

例2 化简 $(2+5\mathrm{i})(7+3\mathrm{i})+\dfrac{3-\mathrm{i}}{2+4\mathrm{i}}$.

解 $(2+5\mathrm{i})(7+3\mathrm{i})+\dfrac{3-\mathrm{i}}{2+4\mathrm{i}}=-1+41\mathrm{i}+\dfrac{1}{20}(2-14\mathrm{i})=-\dfrac{9}{10}+\dfrac{403}{10}\mathrm{i}$.

与实数的运算规律一样，不难验证，复数的加法和乘法均满足交换律和结合律，并且乘除法对加减法满足分配律．我们还可以验证，共轭复数有如下性质：

(1) $\overline{z_1\pm z_2}=\bar{z}_1\pm\bar{z}_2$;

(2) $\overline{z_1z_2}=\bar{z}_1\,\bar{z}_2$，$\overline{\left(\dfrac{z_1}{z_2}\right)}=\dfrac{\bar{z}_1}{\bar{z}_2}$;

(3) $z+\bar{z}=2\mathrm{Re}(z)$，$z-\bar{z}=2\mathrm{Im}(z)\mathrm{i}$.

例3 设复数 z 的虚部为 -2，且 $\dfrac{1}{z}$ 的实部为 $\dfrac{1}{5}$，求 z.

解 设 $z=a-2\mathrm{i}$，则 $\dfrac{1}{z}=\dfrac{1}{a-2\mathrm{i}}=\dfrac{1}{a^2+4}(a+2\mathrm{i})$，由此得 $\dfrac{a}{a^2+4}=\dfrac{1}{5}$，即 $a^2-5a+4=0$，解之得 $a=1$ 或 $a=4$，从而 $z=1-2\mathrm{i}$ 或 $z=4-2\mathrm{i}$.

1.1.2.4 复数的几何表示与三角表示

对于复数 $z=a+b\mathrm{i}$，若将 $(a,\ b)$ 作为平面坐标系内点的坐标，则复数 z 与平面坐标系中的点唯一对应，从而可以建立复数与平面坐标系内所有的点之间的一一对应，因此复数可以用平面坐标系中的点来表示，表示复数的平面坐标系称为

复平面，x 轴称为**实轴**，y 轴去掉原点称为**虚轴**，xOy 面上的点(a, b)称为复数 $z=a+bi$ 的几何形式.

另外设 $z=a+bi$ 对应复平面内的点 Z，如图 1.4 所示，连接 OZ，设 $\angle xOZ=\theta$，$|OZ|=r$，则 $a=r\cos\theta$，$b=r\sin\theta$，因此，复数

$$z=r(\cos\theta+i\sin\theta),$$

这种形式称为**复数的三角形式**，其中 r 相当于复数 z 的模，我们称 θ 为 z 的**辐角**，若 $0\leqslant\theta<\pi$，则称 θ 为 z 的**辐角主值**，记作 $\theta=\text{Arg}(z)$.

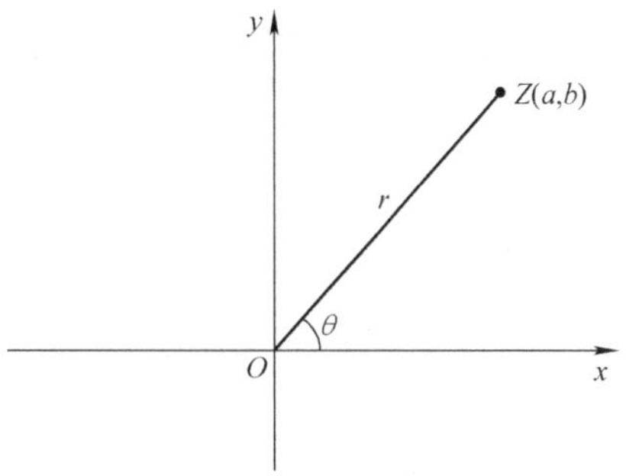

图 1.4

习题 1.1

1. 将下列有理数表示为循环小数的形式.

$$2;\frac{1}{3};\frac{1}{6};\frac{1}{7};-\frac{1}{2};-\frac{3}{4};\frac{43}{23};0.$$

2. 判断下列哪些数是有终点的？那些数是无终点的？

$$3,\frac{1}{2};\frac{1}{3};\frac{1}{7};-\frac{1}{3};\sqrt{3};\sqrt[3]{3};\pi;e^2;2^{-\frac{1}{2}};27^{\frac{1}{3}}.$$

3. 将下列数表示在实数轴上.

$$1;\frac{1}{2};\frac{1}{3};\frac{2}{3};-\frac{1}{2};-\frac{3}{4};\sqrt{2};-3;\pi;e.$$

4. 简化下面的绝对值式子，并用没有绝对值的数来表示它们.

(1) $|2-11|$； (2) $|-2|+|11|$；

(3) $\left|0.25-\frac{1}{4}\right|$； (4) $|2|-|-11|$；

(5) $|(-3)(2-3)|$； (6) $\frac{|-6|}{|-2|+|4|}$；

(7) $|2-\sqrt{2}|$； (8) $\left|\pi-\frac{23}{7}\right|$；

(9) $-|5-6|$； (10) $|x-5|$，当 $x<5$；

(11) $|x-5|+|x-10|$，当 $|x-7|<1$.

5. 计算下列复数.

(1) $(1+i)i$； (2) $\frac{2-i}{1+i}$.

6. 设复数 $\omega=-\frac{1}{2}+\frac{\sqrt{3}}{2}i$，证明：$1+\omega=-\frac{1}{\omega}$.

7. 如果复数$\frac{2-bi}{1+2i}$的实部与虚部互为相反数，求实数 b.

8. 在复平面内，复数$\frac{2-i}{1+i}$对应的点位于(　　)

A. 第一象限；　　B. 第二象限；

C. 第三象限；　　D. 第四象限.

9. 设复数 z 的模 $|z|=2$ 且满足 $|z+i|=|z-1|$，求复数 z.

10. 已知$(1+2i)\bar{z}=4+3i$，求 z 及$\frac{z}{\bar{z}}$.

1.2　集合的概念

集合理论是由德国数学家康托(Cantor)等学者在19世纪末建立起来的一个数学分支．迄今为止，集合的概念已经渗透到了现代科学技术的各个领域．

1.2.1　集合的概念

和我们所学过的点、直线、平面等数学名词一样，集合是现代数学中最基本的不可定义的概念．我们仅给出如下描述性的说明．

所谓**集合**是指具有某个共同属性的事物的总体，构成集合的每个对象称为该集合的**元素**．下面举几个集合的例子来进一步说明．

例1　某学校的全体教师．

例2　某班级的全体同学．

例3　全体实数．

例4　方程 $x^2-5x+4=0$ 的所有根．

例5　某班全体高个子学生构不成集合，因为高个子这一词没有明确的定义，如果说某班高于180cm的全体学生就能构成集合．

通常，将集合用大写的拉丁字母 A，B，C，…表示，集合中的元素用小写的拉丁字母 a，b，c，…表示．元素与集合的关系有且仅有两种关系：属于和不属于；如果 a 是集合 A 的元素，则记作 $a\in A$，读作"a 属于 A"；如果 a 不是集合 A 的元素，则记作 $a\notin A$，读作"a 不属于 A".

在本书中，我们一般用字母$\mathbb{N}$，$\mathbb{Z}$，$\mathbb{Q}$，$\mathbb{R}$来分别表示全体自然数、整数、有理数和实数构成的集合．

如果一个集合不含任何元素，则称其为**空集**，记为$\varnothing$．例如，集合

$$A=\{x\mid x^2+1=0\text{ 且 }x\in\mathbb{R}\}$$

就是一个空集．

如果一个集合含有限个(无限个)元素，则称其为**有限(无限)集**. 如例1、例2、例4和例5所确定的集合都是有限集，而例3所确定的集合是一个无限集，集合

$$A = \{x \mid 2 < x < 4 \text{ 且 } x \in \mathbb{R}\}$$

也是一个无限集.

通常，我们用如下几种方法表示集合.

1. 列举法

列举法是指将集合中的元素不重复、不计顺序、不遗漏的一一列出，并将其写在大括号内.

例6 由1，3，5，7构成的集合，可表示为$A=\{1, 3, 5, 7\}$或$A=\{3, 1, 7, 5\}$等.

2. 描述法

描述法是指把集合内的元素的共同属性描述出来，并将其写在大括号内.

例7 由全体偶数构成的集合可以表示为$\{x \mid x \text{ 为偶数}\}$.

例8 $A=\{x \mid x^2-5x+5=0\}$表示由$x^2-5x+5=0$的根所组成的集合，其元素所具有的属性是指满足方程$x^2-5x+5=0$.

3. 图示法

图示法是为了形象的表示集合的一种表示法，我们通常画一条封闭曲线用它的内部表示一个集合. 也常用数轴上的点来表示数集.

例9 用图示法表示集合$A=\{-3, -2, -1, 1, 2, 3\}$，如图1.5所示.

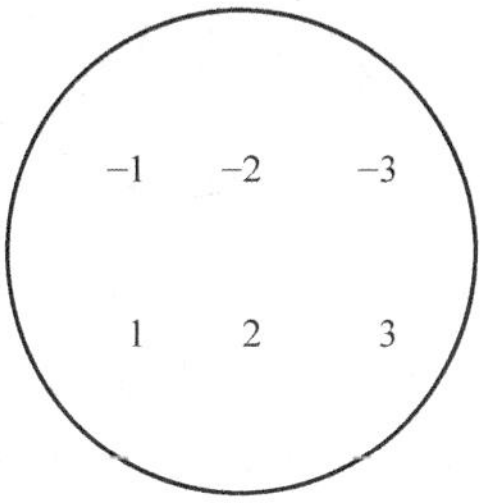

图 1.5

1.2.2 集合的包含与相等

设有两个集合A和B，如果集合A的任何元素都是集合B的元素，则称集合A为集合B的**子集**，记作$A \subseteq B$(或$B \supseteq A$)，读作A包含于B(或B包含A). 如果$A \subseteq B$，且存在$b \in B$，但$b \notin A$，则称A是B的**真子集**，记为$A \subset B$.

例10 偶数集是整数集的子集.

例11 设$A=\{x \mid 2<x\leqslant 4, x \text{ 为实数}\}$，$B=\{x \mid 2<x<4, x \text{ 为实数}\}$，显然，$B$是$A$的子集，即$B \subseteq A$，但$A$不是$B$的子集，因为$4 \in A$，但$4 \notin B$，故$B$还是$A$的真子集. 若令$C=\{x \mid x\leqslant 4, x \text{ 为实数}\}$，$B$也是$C$的子集，即$B \subseteq C$.

根据定义我们容易得知任何一个集合都是它自身的子集，即$A \subseteq A$. 空集是任何一个集合的子集，即$\varnothing \subseteq A$.

如果两个集合A和B满足：$B \subseteq A$且$A \subseteq B$，则称集合A和集合B**相等**，记为

$A=B$.

1.2.3 集合的运算

由集合 A 和集合 B 的所有元素构成的新的集合称为集合 A 和 B 的**并集**，记为 $A\cup B$，读作 A 并 B，即有

$$A\cup B=\{x\mid x\in A\text{ 或 }x\in B\}.$$

由既属于集合 A 又属于集合 B 的元素构成的新的集合称为集合 A 和 B 的**交集**，记为 $A\cap B$，读作 A 交 B，即有

$$A\cap B=\{x\mid x\in A\text{ 且 }x\in B\}.$$

如图 1.6 和图 1.7 所示，集合 A 和 B 的并集与交集如图中阴影部分所示，可见用图示法表示，更为直观.

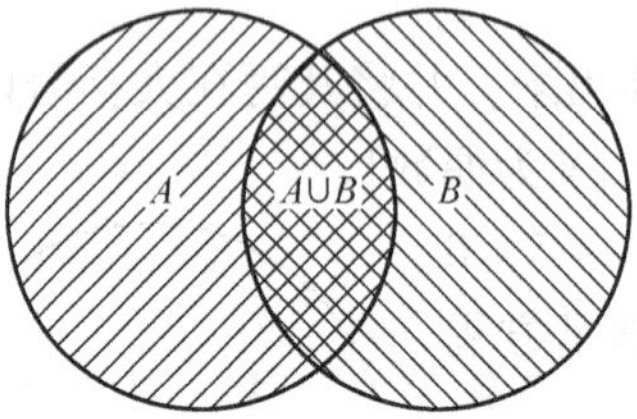

图 1.6

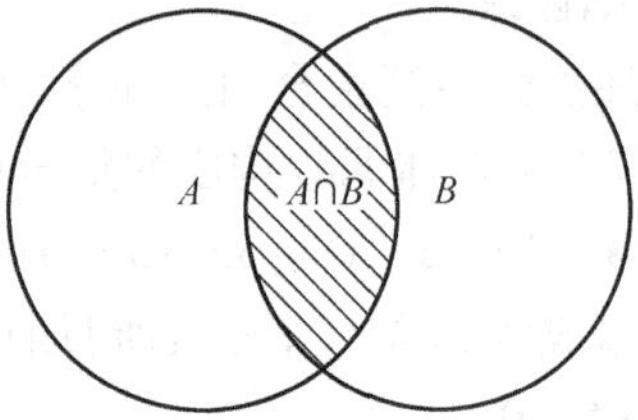

图 1.7

设集合 A 是集合 B 的子集，由属于集合 B 但不属于集合 A 的所有元素构成的新的集合称为集合 A 在集合 B 中的**补集**，记为 A_B^{C}，读作集合 A 关于集合 B 的补集，即有

$$A_B^{\mathrm{C}}=\{x\mid x\in B\text{ 且 }x\notin A\}.$$

如果集合 B 是由我们所研究的对象全体构成的集合，亦即集合 B 是我们默认的“全集”，则我们把集合 A 在集合 B 中的补集记为 A^{C}.

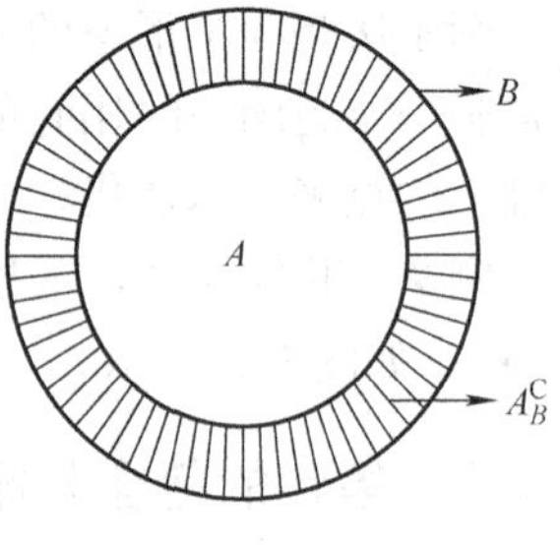

图 1.8

集合 A 关于集合 B 的补集如图 1.8 所示.

集合最基本的运算性质有：

(1) 幂等律 $A\cup A=A$，$A\cap A=A$；

(2) 交换律 $A\cup B=B\cup A$，$A\cap B=B\cap A$；

(3) 结合律 $A\cup(B\cup C)=(A\cup B)\cup C$，$A\cap(B\cap C)=(A\cap B)\cap C$；

(4) 分配律 $A\cup(B\cap C)=(A\cup B)\cap(A\cup C)$，$A\cap(B\cup C)=(A\cap B)\cup(A\cap C)$；

(5) 对偶律 $(A\cup B)^{\mathrm{C}}=A^{\mathrm{C}}\cap B^{\mathrm{C}}$，$(A\cap B)^{\mathrm{C}}=A^{\mathrm{C}}\cup B^{\mathrm{C}}$；

(6) 吸收律 $A\cup(B\cap A)=A$，$A\cap(B\cup A)=A$.

作为例子，我们只证明交换律，其他等式的证明由读者自行完成．

证明　任取 $x \in A \cup B$，则 $x \in A$ 或 $x \in B$，从而 $x \in B$ 或 $x \in A$，即 $x \in B \cup A$，这表明 $A \cup B \subseteq B \cup A$；反过来，任取 $y \in B \cup A$，则 $y \in B$ 或 $y \in A$，从而 $y \in A$ 或 $y \in B$，即 $y \in A \cup B$，这表明 $B \cup A \subseteq A \cup B$，从而，由集合相等的定义知 $A \cup B = B \cup A$.

对于 $A \cap B = B \cap A$ 的情形类似可证．

1.2.4　区间与邻域

在实际问题中，一个变量根据所研究问题的条件，一般有着一定的变化范围，如果超出这个范围，就会使研究的问题失去意义．在数学中常用区间表示一个变量的变化范围，下面给出了一些常见的区间记号．设 a，b 和 δ 都是实数，且满足 $a < b$，$\delta > 0$.

(1) 称集合 $\{x \mid a < x < b\}$ 为以 a，b 为端点的**开区间**，记为 (a, b)．开区间 (a, b) 在数轴上表示以 a，b 为端点但不包含点 a 和点 b 的线段，如图 1.9 所示．

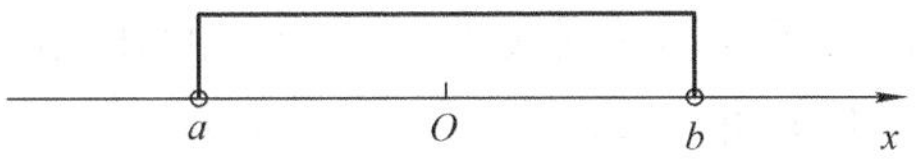

图　1.9

(2) 称集合 $\{x \mid a \leqslant x \leqslant b\}$ 为以 a，b 为端点的**闭区间**，记为 $[a, b]$．闭区间 $[a, b]$ 在数轴上表示以 a，b 为端点，且包含点 a 和点 b 的线段，如图 1.10 所示．

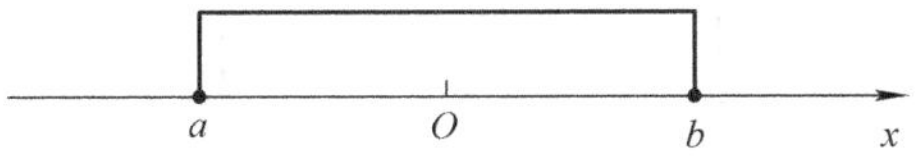

图　1.10

(3) 称集合 $\{x \mid a < x \leqslant b\}$ 为以 a，b 为端点的**左半开区间**，记为 $(a, b]$．左半开区间 $(a, b]$ 在数轴上表示以 a，b 为端点，且包含点 b 但不包含点 a 的线段，如图 1.11 所示．

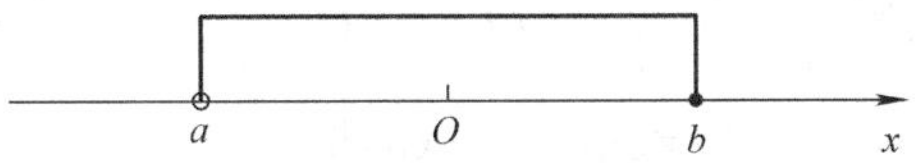

图　1.11

(4) 称集合 $\{x \mid a \leqslant x < b\}$ 为以 a，b 为端点的**右半开区间**，记为 $[a, b)$．右半开区间 $[a, b)$ 在数轴上表示以 a，b 为端点，且包含点 a 但不包含点 b 的线段，如图 1.12 所示．

(5) 称开区间 $U(a, \delta) = \{x \mid a - \delta < x < a + \delta\}$ 为**点 a 的 δ 邻域**．点 a 的 δ 邻

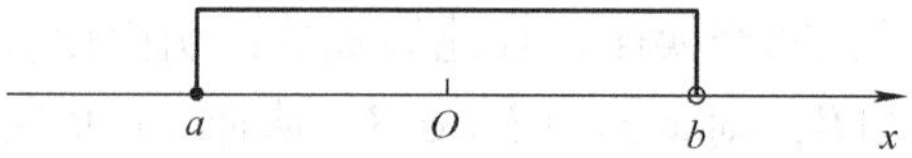

图 1.12

域是满足不等式 $|x-a|<\delta$ 的全体实数构成的集合，如图 1.13 所示.

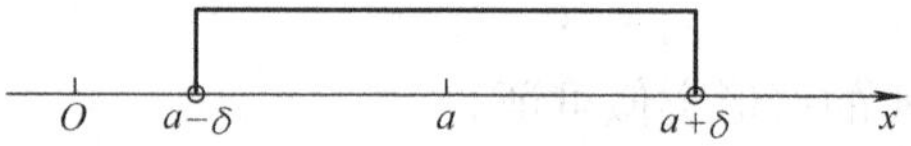

图 1.13

(6) 称集合 $\mathring{U}(a,\ \delta)=\{x\mid a-\delta<x<a \text{ 或 } a<x<a+\delta\}$ 为**点 a 的去心 δ 邻域**. $\mathring{U}(a,\ \delta)$是以点 a 为中心且不包含点 a 的开区间$(a-\delta,\ a)\cup(a,\ a+\delta)$，即点 a 的去心 δ 邻域是满足不等式 $0<|x-a|<\delta$ 的全体实数构成的集合，如图 1.14 所示.

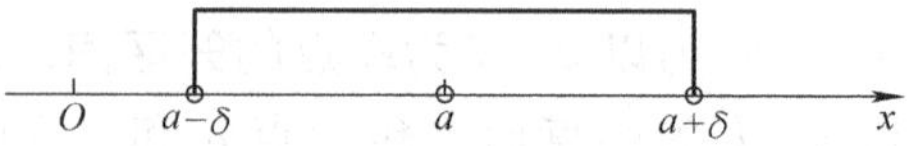

图 1.14

从区间和邻域的定义容易看出邻域是一个特殊的开区间，点 a 的 δ 邻域就是开区间$(a-\delta,\ a+\delta)$. 反过来，给定一个开区间$(a,\ b)$，我们也可以把它表示成邻域的形式.

首先，要找到开区间$(a,\ b)$的中点坐标. 易知开区间$(a,\ b)$的中点即为点 a 和点 b 的中点$\frac{a+b}{2}$. 如图 1.15 所示.

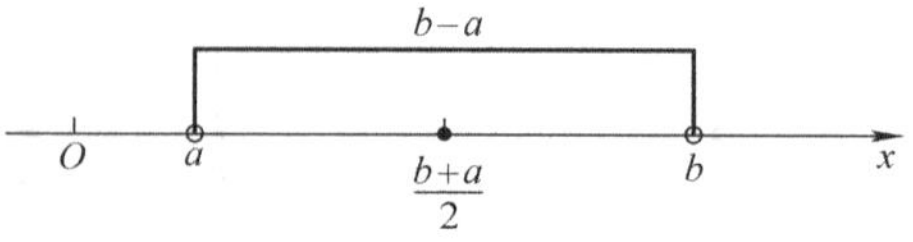

图 1.15

其次，算出开区间$(a,\ b)$的半径. 易知开区间$(a,\ b)$的半径为$\frac{b-a}{2}$. 因此开区间$(a,\ b)$等价于点$\frac{a+b}{2}$的$\frac{b-a}{2}$邻域，即 $U\left(\frac{a+b}{2},\ \frac{b-a}{2}\right)$.

例 12 试将开区间(1, 3)表示为邻域的形式.

解 由于点 1 和点 3 的中点坐标为$\frac{1+3}{2}=2$，且开区间(1, 3)的半径为$\frac{3-1}{2}=1$，故开区间(1, 3)的邻域表示形式为 $U(2,\ 1)$.

在本节最后，我们给大家介绍几个常见的特殊区间：

(1) $[a,\ +\infty)=\{x\mid x\geqslant a,\ x\in\mathbb{R}\}$，它表示大于等于 a 的所有实数构成的

集合.

(2) $(a, +\infty)=\{x \mid x>a, x\in\mathbb{R}\}$，它表示大于 a 的所有实数构成的集合.

(3) $(-\infty, a]=\{x \mid x\leqslant a, x\in\mathbb{R}\}$，它表示小于等于 a 的所有实数构成的集合.

(4) $(-\infty, a)=\{x \mid x<a, x\in\mathbb{R}\}$，它表示小于 a 的所有实数构成的集合.

(5) $(-\infty, +\infty)=\{x \mid x\in\mathbb{R}\}$，它表示实数集$\mathbb{R}$.

注　无穷大∞，即表示正无穷大也表示负无穷大，不要将它默认为正无穷大.

习题 1.2

1. 在下列事物当中哪些能构成空集？哪些构成有限集？哪些构成无限集？

(1) 全体 20 岁 ~35 岁的年轻人；

(2) 全体男人；

(3) 大于 30 的全体实数；

(4) 小于 0 的全体自然数；

(5) 全体椭圆；

(6) 小于 10 大于 2 的全体奇数；

(7) 小于 10 的所有自然数.

2. 试用列举法、描述法和图示法表示所有小于 20 的素数集合.

3. 写出 $A=\{a, b, c\}$ 的所有子集，并指出其中那些是真子集.

4. 设 $A=\{a, b, c\}$，下列式子中哪些是正确的？

(1) $\varnothing\in A$;　(2) $a\notin A$;　(3) $\{a\}\subset A$;　(4) $\varnothing\subset A$;

(5) $A\subset A$;　(6) $b\in A$;　(7) $b\subset A$;　(8) $\{\{a\}, \{b\}\}\subset A$.

5. 如果 $A=\{x \mid 3<x<5, x\in\mathbb{R}\}$，$B=\{x \mid x>4, x\in\mathbb{R}\}$，$C=\{x \mid 2\leqslant x\leqslant 5, x\in\mathbb{R}\}$，求

(1) $A\cup B$;　(2) $A\cap B$;　(3) $A\cap(B\cup C)$;

(4) A_C^{C};　(5) $A\cap A$;　(6) $B\cup\varnothing$.

6. 试证：若 $A\subset B$，$B\subset C$，则 $A\subset C$.

7. 试将下述集合用区间表示出来.

(1) $\{x \mid 2<x<4, x\in\mathbb{R}\}$;　(2) $\{x \mid 1<x\leqslant 4, x\in\mathbb{R}\}$;

(3) $\{x \mid 3\leqslant x<4, x\in\mathbb{R}\}$;　(4) $\{x \mid 5\leqslant x\leqslant 8, x\in\mathbb{R}\}$;

(5) $\{x \mid |x-2|<4, x\in\mathbb{R}\}$;　(6) $\{x \mid |x-1\leqslant a, x\in\mathbb{R}\}$;

(7) $\{x \mid x<3, x\in\mathbb{R}\}$;　(8) $\{x \mid x\geqslant -1, x\in\mathbb{R}\}$.

8. 将下面的开区间表示成邻域的形式.

(1) $(-1, 1)$; (2) $(-4, 2)$; (3) $(3, 6)$;

(4) $(-1, 1)\cup(1, 3)$; (5) $(1, 2)\cup(2, 3)$.

9. 如果集合 A 有 n 个元素, 问 A 共有多少个子集?

10. 若 $A=\{x \mid x=a^2+1,\ a\in\mathbb{N}\}$, $B=\{y \mid y=b^2-4b+5,\ b\in\mathbb{N}\}$, 其中$\mathbb{N}$表示全体自然数构成的集合, 证明: $A=B$.

1.3 等式与不等式

1.3.1 等式

1.3.1.1 排列、组合和二项式定理

从 n 个不同元素中任取 $m(m\leqslant n)$ 个元素按照一定的顺序排成一列, 称为从 n 个不同元素中取出 m 个元素的一个排列; 从 n 个不同元素中取出 $m(m\leqslant n)$ 个元素的所有排列的个数, 称为从 n 个不同元素中取出 m 个元素的**排列数**, 记为 A_n^m.

由于从 n 个不同元素中取第一个元素时有 n 种取法, 从剩余的 $n-1$ 个元素中取第二个元素有 $n-1$ 种取法, …, 从剩余的 $n-m+1$ 个元素中取第 m 个元素有 $n-m+1$ 种取法, 因此, 排列数

$$\mathrm{A}_n^m = n(n-1)\cdots(n-m+1).$$

特别地, 当 $m=n$ 时, $\mathrm{A}_n^m=n(n-1)\cdots2\cdot1=n!$, 这时称排列为全排列, $n!$ 读作 n 的阶乘.

例1 停车场一排有 12 个停车位置, 今有 8 辆车需要停放, 要求空车位连在一起, 共有多少种不同的停车方法.

解 既然空车位必须要连成片, 分析时我们可以把连成片的空车位看成一个特殊"车位". 于是, 题目要求的问题等价于将 8 辆车在 9 个车位排列, 一辆车占一个车位, 剩下的"车位"对应连成片的四个空车位, 因而共有 $\mathrm{A}_9^8=9!$ 种停车方法.

从 n 个不同元素中, 任取 $m(m\leqslant n)$ 个元素并成一组, 称为从 n 个不同元素中取出 m 个元素的一个组合; 从 n 个不同元素中取出 $m(m\leqslant n)$ 个元素的所有组合的个数, 称为从 n 个不同元素中取出 m 个元素的**组合数**, 记为 C_n^m.

由于在组合中并不考虑元素的排列顺序, 因此从 n 个不同元素中取出 $m(m\leqslant n)$ 个元素的所有排列中, 由任意给定的 m 个元素构成的 $m!$ 个不同排列从组合的角度看只能看成一个组合, 于是我们有

$$\mathrm{C}_n^m=\frac{\mathrm{A}_n^m}{m!}=\frac{n(n-1)\cdots(n-m+1)}{m(m-1)\cdots2\cdot1}$$
$$=\frac{n(n-1)\cdots(n-m+1)\cdot(n-m)\cdots2\cdot1}{m(m-1)\cdots2\cdot1\cdot(n-m)\cdots2\cdot1}$$
$$=\frac{n!}{m!(n-m)!}.$$

例 2 身高互不相同的 6 个人排成两横行三纵列，在第一行的每一个人都比他同列的身后的人个子矮，求所有不同的排列数．

解 由于每一纵列中的两人只要选定，则他们只有一种站位方法，因而每一纵列的排队方法只与人的选法有关系，因此，所求的排列数为 $\mathrm{C}_6^2\mathrm{C}_4^2\mathrm{C}_2^2=\frac{6\cdot5}{2\cdot1}\cdot\frac{4\cdot3}{2\cdot1}\cdot\frac{2\cdot1}{2\cdot1}=90.$

由乘法公式知 $(x+y)^2=x^2+2xy+y^2$，$(x+y)^3=x^3+3x^2y+3xy^2+y^3$，那么，对于更高次幂会有什么结果？下面我们来分析 $(x+y)^n$.

根据乘法运算规律不难看出，在 $(x+y)^n$ 的展开式中每个项的未知量形式为 x^ky^{n-k}，$k=0$，1，…，n. 再根据组合原理知，未知量 x^ky^{n-k} 的系数为 C_n^k，注意到 $\mathrm{C}_n^k=\mathrm{C}_n^{n-k}$，我们有

$$(x+y)^n=\mathrm{C}_n^0x^n+\mathrm{C}_n^1x^{n-1}y+\mathrm{C}_n^2x^{n-2}y^2+\cdots+\mathrm{C}_n^ny^n.$$

此公式称为**二项式定理**，右边的多项式称为 $(x+y)^n$ 的二项展开式，它一共有 $n+1$ 项，其中各项的系数 C_n^k（$k=0$，1，…，n）称为**二项式系数**，式中 $\mathrm{C}_n^kx^{n-k}y^k$ 称为二项展开式的通项．

特别地，如果二项式定理中 $y=1$，则得到

$$(x+1)^n=\mathrm{C}_n^0x^n+\mathrm{C}_n^1x^{n-1}+\mathrm{C}_n^2x^{n-2}+\cdots+\mathrm{C}_n^n=1+nx+\mathrm{C}_n^2x^2+\cdots+x^n.$$

如果 $x=1$ 且 $y=1$，则得到

$$2^n=\mathrm{C}_n^0+\mathrm{C}_n^1+\mathrm{C}_n^2+\cdots+\mathrm{C}_n^n.$$

例 3 求 $(x+a)^{12}$ 的展开式中的倒数第四项．

解 $(x+a)^{12}$ 的展开式共有 13 项，所以倒数第四项是它的第 10 项，由通项公式得倒数第四项为 $\mathrm{C}_{12}^9x^{12-9}a^9=\mathrm{C}_{12}^3x^3a^9=220x^3a^9$.

1.3.1.2 乘法公式及其推广

上一小节中的二项式定理是乘法公式 $(x+y)^2=x^2+2xy+y^2$ 的推广，下面我们给出乘法公式 $(x-y)(x+y)=x^2-y^2$ 的推广．

定理 1.1 对任意实数 x，y 及自然数 n，都有

$$x^n-y^n=(x-y)(x^{n-1}+x^{n-2}y+x^{n-3}y^2+\cdots+xy^{n-2}+y^{n-1}).$$

证 $(x-y)(x^{n-1}+x^{n-2}y+x^{n-3}y^2+\cdots+xy^{n-2}+y^{n-1})$

$$
\begin{aligned}
&= x^n + x^{n-1}y + x^{n-2}y^2 + x^{n-3}y^3 + \cdots + x^2y^{n-2} + xy^{n-1} - \\
&x^{n-1}y - x^{n-2}y^2 - x^{n-3}y^3 - \cdots - x^2y^{n-2} - xy^{n-1} - y^n \\
&= x^n - y^n.
\end{aligned}
$$

特别地，当 $n=2$，3 时，有

$$x^2 - y^2 = (x-y)(x+y);$$

$$x^3 - y^3 = (x-y)(x^2+xy+y^2).$$

因对正实数 x，y，$x=(\sqrt{x})^2$，$y=(\sqrt{y})^2$，故由上式可得

$$x - y = (\sqrt{x}-\sqrt{y})(\sqrt{x}+\sqrt{y}).$$

1.3.1.3 一元二次方程及其解法

我们称方程 $ax^2+bx+c=0$ 为一元二次方程，其中 x 是未知量，a，b，c 为常数且 $a\neq 0$.

由于 $a\neq 0$，利用乘法公式，我们对一元二次方程做如下配方

$$
\begin{aligned}
ax^2+bx+c &= a\left(x^2+\frac{b}{a}x+\frac{c}{a}\right) \\
&= a\left[\left(x+\frac{b}{2a}\right)^2+\frac{c}{a}-\frac{b^2}{4a^2}\right] \\
&= a\left[\left(x+\frac{b}{2a}\right)^2-\frac{b^2-4ac}{4a^2}\right],
\end{aligned}
$$

由此可知 $ax^2+bx+c=0$ 与方程

$$\left(x+\frac{b}{2a}\right)^2-\frac{b^2-4ac}{4a^2}=0 \tag{1.1}$$

有相同的解. 记 $\Delta=b^2-4ac$，并称其为方程(1.1)的判别式.

(1) 当 $\Delta>0$ 时，$\frac{b^2-4ac}{4a^2}>0$，利用乘法公式因式分解，方程(1.1)可写成

$$\left(x-\frac{-b+\sqrt{b^2-4ac}}{2a}\right)\left(x-\frac{-b-\sqrt{b^2-4ac}}{2a}\right)=0,$$

从而方程 $ax^2+bx+c=0$ 在实数集上有两个不同的解

$$x_1=\frac{-b+\sqrt{b^2-4ac}}{2a},\ x_2=\frac{-b-\sqrt{b^2-4ac}}{2a};$$

(2) 当 $\Delta=0$ 时，由方程(1.1)易见方程 $ax^2+bx+c=0$ 在实数集上有重根

$$x_1=x_2=-\frac{b}{2a};$$

(3) 当 $\Delta<0$ 时，因 $\frac{b^2-4ac}{4a^2}<0$，故 $\sqrt{\frac{b^2-4ac}{4a^2}}=\frac{\sqrt{4ac-b^2}}{2a}\mathrm{i}$，从而方程 $ax^2+bx+c=0$ 在实数集上无解，但在复数集上有两个共轭复根

$$x_1 = \frac{-b + \mathrm{i}\sqrt{4ac - b^2}}{2a}, \quad x_2 = \frac{-b - \mathrm{i}\sqrt{4ac - b^2}}{2a}.$$

从上面的讨论看出，一元二次方程 $ax^2 + bx + c = 0$ 至多有两个不同的解，且它的两个解满足

$$x_1 + x_2 = -\frac{b}{a}, \quad x_1 \cdot x_2 = \frac{c}{a},$$

这种根与系数的关系一般称为**韦达定理**.

例 4 试求一元二次方程 $x^2 + x - 1 = 0$ 的根.

解 由于 $b^2 - 4ac = 1^2 - 4 \cdot 1 \cdot (-1) = 5 > 0$，故原方程有两个不同的实数根

$$x_1 = \frac{-b + \sqrt{b^2 - 4ac}}{2a} = \frac{-1 + \sqrt{5}}{2}, \quad x_2 = \frac{-b - \sqrt{b^2 - 4ac}}{2a} = \frac{-1 - \sqrt{5}}{2}.$$

1.3.2 不等式

1.3.2.1 常用不等式

(1) 三角不等式 对任何实数 a 和 b，不等式 $|a + b| \leqslant |a| + |b|$ 恒成立.

证 $|a + b| = \sqrt{(a + b)^2} = \sqrt{a^2 + 2ab + b^2} \leqslant \sqrt{|a|^2 + 2|ab| + |b|^2} = |a| + |b|$.

从上述证明看到，当 a 和 b 同号时，$ab = |ab| = |a| \cdot |b|$，这时三角不等式是等式；而当 a 和 b 异号时，$ab < |a| \cdot |b|$，这时三角不等式为严格的不等式.

(2) 对任何实数 x 和 y，不等式 $x^2 + y^2 \geqslant 2xy$ 恒成立. 特别地，当 $x \geqslant 0$，$y \geqslant 0$ 时，有不等式 $x + y \geqslant 2\sqrt{xy}$.

证 由于 $x^2 + y^2 - 2xy = (x - y)^2 \geqslant 0$，故 $x^2 + y^2 \geqslant 2xy$.

(3) 对任何实数 x，y，z，若 $x + y + z \geqslant 0$，则不等式 $x^3 + y^3 + z^3 \geqslant 3xyz$ 成立. 特别地，当 $x \geqslant 0$，$y \geqslant 0$，$z \geqslant 0$ 时，有不等式 $x + y + z \geqslant 3 \cdot \sqrt[3]{xyz}$.

证 由于

$$\begin{aligned} x^3 + y^3 + z^3 - 3xyz &= (x + y + z)(x^2 + y^2 + z^2 - xy - yz - zx) \\ &= \frac{1}{2}(x + y + z)[(x - y)^2 + (y - z)^2 + (z - x)^2] \geqslant 0, \end{aligned}$$

故当 $x + y + z \geqslant 0$ 时，不等式 $x^3 + y^3 + z^3 \geqslant 3xyz$ 成立.

1.3.2.2 一元一次不等式及其解法

所谓一元一次不等式是指在不等式表达式当中只有一个未知量，且未知量的最高次数为一次的不等式. 例如，$2x - 1 < 4x + 5$ 就是一个一元一次不等式.

求解一元一次不等式时首先可将所有含未知量的表达式都移至不等式的一边，将常数项都移至不等式的另一边，然后进行求解即可.

例5 求解不等式 $2x-1<4x+5$.

解 利用不等式的性质，对原不等式两边同加 $-2x$，得 $-1<2x+5$，再对不等式两边同加 -5，得不等式 $-6<2x$，然后对其两边同乘以 $\frac{1}{2}$，得到原不等式的解集为 $\{x\mid x>-3\}$.

例6 求解不等式 $-13<1-4x\leqslant 7$.

解 求解不等式 $-13<1-4x\leqslant 7$ 等价于求解两个不等式 $-13<1-4x$ 和 $1-4x\leqslant 7$，也可分别求解这两个不等式之后取其变化范围的交集.

由不等式 $-13<1-4x$ 解得 $x<\frac{7}{2}$，由不等式 $1-4x\leqslant 7$ 解得 $-\frac{3}{2}\leqslant x$，因此，原不等式组中 x 的解集为 $-\frac{3}{2}\leqslant x<\frac{7}{2}$.

1.3.2.3 一元二次不等式及其解法

所谓一元二次不等式是指不等式表达式中的未知量只有一个，且未知量的最高次数为二次的不等式. 例如，$2x^2+3x<3$ 是一个一元二次不等式.

下面来分析一元二次不等式解的情形. 我们首先将一元二次不等式转换为等价不等式形式

$$ax^2+bx+c=a\left[\left(x+\frac{b}{2a}\right)^2-\frac{b^2-4ac}{4a^2}\right]<0. \tag{1.2}$$

从不等式(1.2)中不难看出：

(1) 若 $\Delta<0$，则 $\left(x+\frac{b}{2a}\right)^2-\frac{b^2-4ac}{4a^2}>0$，故当 $a>0$ 时，不等式(1.2)无解，当 $a<0$ 时，不等式(1.2) 的解集为实数集 $\mathbb{R}$；

(2) 若 $\Delta=0$，则 $\frac{4ac-b^2}{4a^2}=0$，故当 $a>0$ 时，不等式(1.2)无解，当 $a<0$ 时，不等式(1.2) 的解集为 $\left\{x\mid x\neq\frac{-b}{2a},\ x\in\mathbb{R}\right\}$；

(3) 若 $\Delta>0$，不等式(1.2)可写成

$$a\left(x-\frac{-b+\sqrt{b^2-4ac}}{2a}\right)\left(x-\frac{-b-\sqrt{b^2-4ac}}{2a}\right)<0, \tag{1.3}$$

故当 $a>0$ 时，不等式(1.3)的解集为

$$\left\{x\mid\frac{-b-\sqrt{b^2-4ac}}{2a}<x<\frac{-b+\sqrt{b^2-4ac}}{2a},x\in\mathbb{R}\right\},$$

当 $a<0$ 时，不等式(1.3)的解集为

$$\left\{x\mid x<\frac{-b-\sqrt{b^2-4ac}}{2a},x\in\mathbb{R}\right\}\cup\left\{x\mid x>\frac{-b+\sqrt{b^2-4ac}}{2a},x\in\mathbb{R}\right\}.$$

例 7 求解一元二次不等式 $2x^2+3x<2$.

解 不等式 $2x^2+3x<2$ 等价于 $2x^2+3x-2<0$，由于 $2>0$ 且 $3^2-4\cdot 2\cdot(-2)=25>0$,故原不等式的解集为

$$\left\{x\left|\frac{-3-\sqrt{25}}{2\cdot 2}<x<\frac{-3+\sqrt{25}}{2\cdot 2},x\in\mathbb{R}\right.\right\}=\left\{x\left|-2<x<\frac{1}{2},x\in\mathbb{R}\right.\right\}.$$

一元二次不等式转换为等价不等式形式 $ax^2+bc+c\leqslant 0$ 时，解的表达式如何？请同学们自己总结.

1.3.2.4 绝对值不等式及其解法

所谓绝对值不等式是指在不等式表达式当中含有绝对值符号的不等式. 例如，$|3-5x|<2$，$|3x-5x^2|<2$ 等.

解此类不等式时首先需要把绝对值去掉，将绝对值不等式拆分成两个不等式，然后分别求解，最后取其解集的并集或交集.

例 8 求解不等式 $|3-5x|<2$.

解 由绝对值的性质，原不等式等价于

$$-2<3-5x<2,$$

由此解得 x 的变化范围为 $\frac{1}{5}<x<1$.

例 9 求解不等式 $\frac{5}{|2x-3|}<1$.

解 根据分母不能为零及绝对值的性质，有 $|2x-3|>0$，于是在不等式 $\frac{5}{|2x-3|}<1$ 两边同乘 $|2x-3|>0$，则我们得到等价不等式 $|2x-3|>5$，上述不等式成立当且仅当

$$2x-3>5 \text{ 或 } 2x-3<-5,$$

由此解得 x 的变化范围为 $(-\infty,\ -1)\cup(4,\ +\infty)$.

1.3.2.5 由方程或方程组确定的不等式及其解法

如果我们已知某一变量的变化范围，则可根据方程确定出与之相关的某些变量的变化范围.

例 10 假设两个变量 x 和 y 满足条件 $xy=100$，且已知变量 x 的变化范围为 $50\leqslant x\leqslant 100$. 试求解变量 y 的变化范围.

解 由于 $xy=100$，故 $x=\frac{100}{y}$，由题设，必有

$$50\leqslant\frac{100}{y}\leqslant 100,$$

上式成立当且仅当 $50\leqslant\frac{100}{y}$ 和 $\frac{100}{y}\leqslant 100$ 同时成立. 从前一式解得 $0<y\leqslant 2$，而从

后一式解得 $y<0$ 或 $y\geqslant 1$. 因此，y 的变化范围应为$[1, 2]$.

如果某些变量同时满足多个方程，则我们可根据方程组确定出各个变量的变化范围.

例 11 设变量 x 满足不等式方程组$\begin{cases}2x-1<0,\\x^2-2x-3<0,\end{cases}$试求变量 x 的变化范围.

解 由不等式 $2x-1<0$ 可确定出变量 x 的变化范围为$\left(-\infty, \frac{1}{2}\right)$，由不等式 $x^2-2x-3<0$ 可确定出变量 x 的变化范围为$(-1, 3)$，从而得变量 x 的变化范围为$\left(-1, \frac{1}{2}\right)$.

例 12 设变量 x，y 满足不等式方程组$\begin{cases}2x-y<0,\\x+y-1<0,\end{cases}$试求变量 x，y 的变化范围.

解 在直角坐标系中同时画两条直线 $2x-y=0$ 和 $x+y=1$，则 x，y 的变化范围是同时位于这两条直线下方的公共部分，如图 1.16 所示，图中阴影部分即是 x，y 的变化范围.

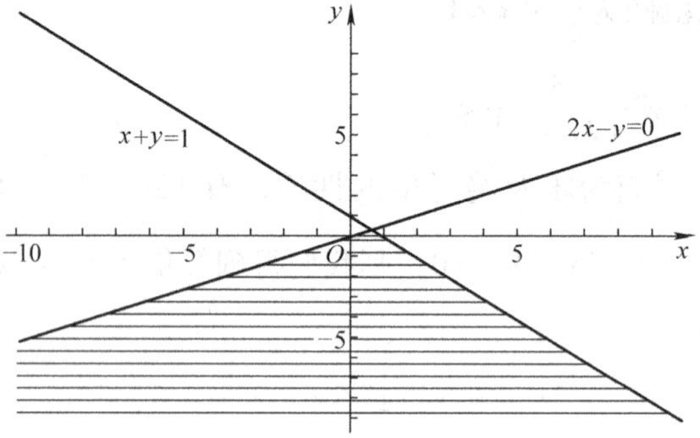

图 1.16

习题 1.3

1. 试求解下列一元二次方程.

(1) $x^2+5x+3=0$; (2) $2x^2+4x+2=0$;

(3) $2x^2+7x-3=0$; (4) $3x^2-7x+4=0$.

2. 求解下述不等式.

(1) $2x-7<-3$; (2) $1-4x>2$;

(3) $3x-4\geqslant 17$; (4) $2x+5\leqslant 9$;

(5) $-3<2x+5<7$; (6) $4\leqslant 3x-5\leqslant 10$;

(7) $-6\leqslant 5-2x<2$; (8) $|3-2x|<5$;

(9) $|5x+3|\leqslant 4$;　(10) $|1-3x|>2$;

(11) $1<|7x-1|\leqslant 3$;　(12) $2\leqslant|4-5x|\leqslant 4$;

(13) $\dfrac{1}{3x+1}>2$;　(14) $\dfrac{3}{5-2x}\leqslant -4$;

(15) $\dfrac{2}{|3x-7|}<1$;　(16) $\dfrac{1}{|2-3x|}\geqslant -2$;

(17) $\dfrac{1}{2x+1}>a$;　(18) $\dfrac{2}{|3x-1|}<\varepsilon$;

(19) $x^2-2x-8>0$;　(20) $x^2-5x+4<0$;

(21) $4x^2-8x+3\geqslant 0$;　(22) $2x\geqslant 15-x^2$.

3. 某一容器内的压力 P 与体积 V 之间满足方程 $PV=800$，现在已知体积 V 的变化范围为 $50\leqslant V\leqslant 100$，试求压力 P 可能的变化范围.

4. 已知华氏温度 F 与摄氏温度 C 之间满足关系式 $F=32+\dfrac{9}{5}C$，试问当一天的华氏温度从 50 变到 70 时，摄氏温度从多少度变到多少度?

5. 证明：如果 $0<a<b$，则 $\dfrac{1}{a}>\dfrac{1}{b}$.

6. 利用三角不等式证明 $|a+b+c|\leqslant|a|+|b|+|c|$.

7. 证明：$||a|-|b||\leqslant|a-b|$.

8. 证明 $a>b>0$，n 是一个大于 1 的自然数，则 $a^n>b^n$，$\sqrt[n]{a}>\sqrt[n]{b}$.

9. 如果 x_1，x_2，…，$x_n\in\mathbb{R}^+=\{x\mid x\geqslant 0,\ x\subset\mathbb{R}\}$，$n$ 是一个大于 1 的自然数，则

$$\frac{x_1+x_2+\cdots+x_n}{n}\geqslant\sqrt[n]{x_1x_2\cdots x_n}.$$

10. 假设 x，$y>0$，证明：$x-y=(\sqrt[3]{x}-\sqrt[3]{y})(\sqrt[3]{x^2}+\sqrt[3]{xy}+\sqrt[3]{y^2})$.

1.4　极坐标

我们知道，用平面直角坐标系来确定平面内点的位置是通过一个点的横坐标和纵坐标来实现的，即通过点到 x 轴和 y 轴的有向距离来确定一个点的位置．当然平面定位并不只有这种方法，如在炮兵射击中就通过方位角和距离来给目标定位，在数学上，我们把用方向和距离来确定点的位置的方法，称为平面极坐标系．

1.4.1　极坐标的概念

如图 1.17 所示，在平面内取一个定点 O，称为**极点**，自 O 引一条射线 $\overrightarrow{Ox}$

(通常是沿水平方向自左向右为正向)，称为**极轴**. 选定一个长度单位和角度的正方向(通常取逆时针方向为正). 对于平面内任意一点 P，用 r 表示线段 OP 的长度，用 θ 表示从 $\overrightarrow{Ox}$ 逆时针转到 OP 的角度，r 称为 P 点的**极径**(也叫动径)，θ 称为 P 点的**极角**，有序实数对 (r, θ) 称为 P 点的**极坐标**，建立了这样一种平面上的点与有序实数对 (r, θ) 的对应关系的系统称为**极坐标系**.

极点的极径 $r=0$，极角 θ 可以取任意值.

注 与平面直角坐标系不同，在极坐标系中，平面上的点集与有序实数对 (r, θ) 的集合之间一般没有一一对应的关系；对于任何一个有序实数对 (r, θ)，平面上总有唯一确定的点与之相对应；但是，对于平面上每一个点，都有无数多个有序实数对 (r, θ) 与之相对应，若 (r, θ) 是点 P 的极坐标，则 $(r, \theta+2k\pi)$，$(-r, \theta+2k\pi+\pi)$ (k 是整数)都是点 P 的极坐标.

如果限定 $r\geqslant 0$ 且 $0\leqslant\theta<2\pi$，则平面上的点集(除极点外)便可以与有序实数对 (r, θ) 的集合之间建立一一对应的关系.

由极坐标的定义容易看出，对任意正数 r_0，极坐标方程 $r=r_0$ 的图像是以极点为圆心、半径为 r_0 的圆，而对任意 $0\leqslant\theta_0<2\pi$，极坐标方程 $\theta=\theta_0$ 的图像是一条由极点发出的射线，该射线的极角为 θ_0. 因此，在极坐标系中，一个点 $P(r_0, \theta_0)$ 的位置是通过经过该点的圆 $r=r_0$ 与经过该点的射线 $\theta=\theta_0$ 的交来确定的.

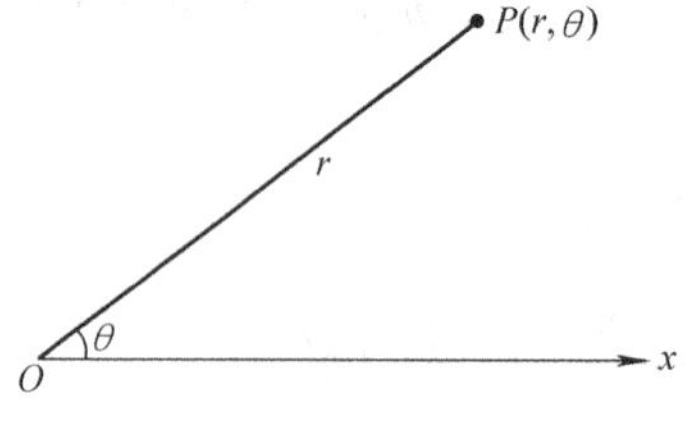

图 1.17

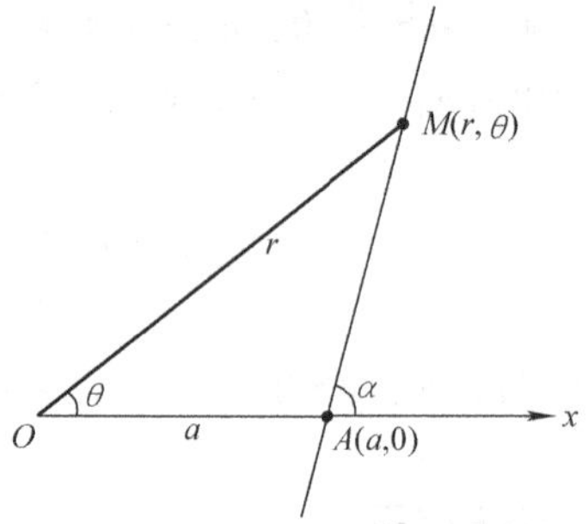

图 1.18

例 1 求过点 $A(a, 0)$ 且倾斜角为 α 的直线的极坐标方程.

解 如图 1.18，以原点 O 为极点，x 轴正半轴为极轴建立极坐标系，设直线上任一点 $M(r, \theta)$，连接 OM，则 $OM=r$，$OA=a$，$\angle MOA=\theta$. 在 $\triangle MOA$ 中，由三角形外角性质知，$\angle OMA=\alpha-\theta$，这样由正弦定理得

$$\frac{a}{\sin(\alpha-\theta)}=\frac{r}{\sin(\pi-\alpha)},$$

故所求直线的极坐标方程为

$$r\sin(\alpha-\theta)=a\sin\alpha.$$

1.4.2 极坐标与平面直角坐标的关系

在平面直角坐标系 xOy 中，将原点 O 看成极点，把 x 轴正向看成极轴．设 $P(x, y)$是直角坐标系中的任意点，以 (r, θ)表示点 $P(x, y)$的极坐标，如图 1.19 所示．

从图中不难看出，一个点的极坐标和直角坐标之间有如下关系：

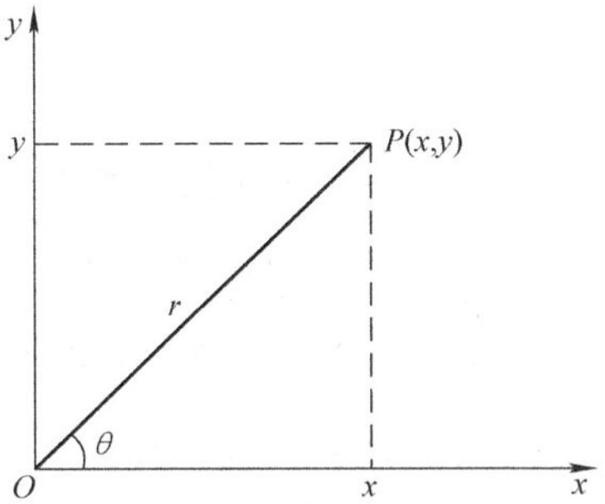

图 1.19

直角坐标可由极坐标表示为

$$\begin{cases} x = r\cos\theta, \\ y = r\sin\theta. \end{cases}$$

而极坐标可由直角坐标表示为

$$\begin{cases} r = \sqrt{x^2 + y^2}, \\ \theta = \arctan \dfrac{y}{x}, \end{cases}$$

其中 $x \neq 0$，若 $x = 0$，则当 $y > 0$ 时，取 $\theta = \dfrac{\pi}{2}$，当 $y < 0$ 时，取 $\theta = \dfrac{3\pi}{2}$.

例 2 把下列直角坐标系方程化为极坐标方程．

(1) $3x - 2y + 5 = 0$；

(2) $x^2 + y^2 - 2ax = 0$.

解 (1) 将 $x = r\cos\theta$，$y = r\sin\theta$ 代入原方程，得 $r(3\cos\theta - 2\sin\theta) + 5 = 0$，从而得到直线的极坐标方程

$$r = \frac{5}{2\sin\theta - 3\cos\theta}.$$

(2) 注意到 $x^2 + y^2 = r^2$，将 $x = r\cos\theta$ 再代入原方程，得 $r^2 - 2ar\cos\theta = 0$，即有

$$r = 2a\cos\theta.$$

例 3 把下列极坐标方程化为直角坐标方程．

(1) $\theta = \dfrac{\pi}{3}$；

(2) $r = 10\sin\theta$；

(3) $r = \dfrac{4}{1 - 3\cos\theta}$.

解 (1) 由 $\theta = \dfrac{\pi}{3}$可知，$\tan\theta = \tan\dfrac{\pi}{3} = \sqrt{3}$．因为 $\tan\theta = \dfrac{y}{x}$，所以有$\dfrac{y}{x} = \sqrt{3}$，即 $y = \sqrt{3}x$，这是一个经过原点的直线方程．

(2) 以 r 乘 $r = 10\sin\theta$ 的两边，得 $r^2 = 10r\sin\theta$，注意到 $x^2 + y^2 = r^2$，$y = r\sin\theta$，

我们得到 $x^2+y^2=10y$，即 $x^2+(y-5)^2=5^2$，这是一个圆方程.

(3) 整理得 $r=4+3r\cos\theta$，将 $r=\sqrt{x^2+y^2}$ 和 $x=r\cos\theta$ 代入其中，得 $\sqrt{x^2+y^2}=4+3x$，两边平方，得 $x^2+y^2=(4+3x)^2$，即有

$$8x^2-y^2+24x+16=0,$$

这是一个双曲线方程.

习题 1.4

1. 求半径为 3 的圆在极坐标系中的方程.
2. 求直线 $y=kx+b$ 在极坐标系中的方程.
3. 求椭圆 $x^2+\frac{y^2}{4}=1$ 在极坐标系中的方程.
4. 使用极坐标系的优点有哪些？缺点又有哪些？
5. 求圆 $(x-2)^2+(y+4)^2=1$ 的极坐标方程.
6. 求椭圆 $(x-1)^2+\frac{(y+3)^2}{9}=1$ 在极坐标系中的方程.
7. 在极坐标系中 $r(\theta)=4\cos\theta$ 代表什么曲线？

第 2 章　函数及其图形

2.1　常量与变量

在现实生活中，常常会遇到各种不同的量，其中有的量在不同条件下没有变化，也就是保持一定的数值，如圆周率 π，这种量称为**常量**；还有一些量在不同条件下是变化的，也就是可以取不同的数值，比如某地区某一天的温度，这种量称为**变量**. 如果一个变量是连续变化的量，则称其为**连续变量**，如某地区某一天的温度是连续变量. 如果一个变量只能取有限个或可数个数值，则称其为**离散变量**，如某人群的年龄.

例 1　用一根长度为 l 的铁丝围成一个矩形的框架，用 x 表示矩形的长，则矩形的宽 $y=\frac{l}{2}-x$，矩形的面积 $S=x\left(\frac{l}{2}-x\right)$. 在这个问题中，$l$ 是常量，x，y，S 都是变量.

例 2　用一根铁丝围成一个面积为 S 的矩形框架，它的周长记为 l，长记为 x，则 $l=2x+\frac{2S}{x}$. 在这个问题中，S 为常数，l，x 都是变量. 如果我们用 y 记该矩形的宽，$y=\frac{S}{x}$，这里 S 仍为常数，而 x，y 是变量.

有时我们研究一些问题时经常会在某个范围内进行，超出这个范围它就失去意义. 如果假设 x 在这个研究范围内，则 x 可以看成是一个变量，而且它有着相应的变化范围. 例如，如果用 x(单位为米)表示某人的身高，则因一个人的身高不会超过三米，而且没有身高为零或者负数的人，故 $0<x<3$.

一个量是常量还是变量，要根据具体情况作出具体分析. 例如，就小范围地区来说，重力加速度可以看成常量，但就广大地区而言，重力加速度则是变量.

习题 2.1

1. 判断下列哪些数是常量？哪些数是变量？

(1) $\sqrt{2}$；(2) e；(3)世界上的人口数量；(4)大于 100000 的偶数.

2. 判断下列数量在哪些情况下是常量？在哪些情况下是变量？

(1) 一个人的年龄；

(2) 一个人的身高；

(3) 全体少数民族的数量；

(4) 气温；

(5)电脑的内存．

2.2 映射

2.2.1 映射的概念

一般地，设 A 与 B 为两个非空集合，如果按照某种对应法则 f，对于集合 A 中的任何一个元素，在集合 B 中都有唯一确定的元素和它对应，则称这样的对应(包括集合 A，B 及 A 到 B 的对应法则)为集合 A 到集合 B 的**映射**，记为

$$f: A \to B.$$

如果 A 中元素 a 对应 B 中元素 b，则称 b 为 a 的**象**，记为 $f(a)$，称 a 为 b 的**原象**. 集合 A 称为映射 f 的**定义域**，记为 $D_f = A$，而 A 中所有元素的象 $f(a)$ 的集合

$$\{b \mid b \in B, b = f(a), a \in A\}$$

称为映射 f 的**值域**，记为 R_f 或 $f(A)$.

例 1 设 A 表示全体男性，B 表示全体女性. 我们将每一个结婚的男性与其妻子建立对应关系，则每一个结婚男性在同一时刻均有唯一妻子与之对应，故这样的对应关系构成了 A 到 B 的映射，如图 2.1 所示.

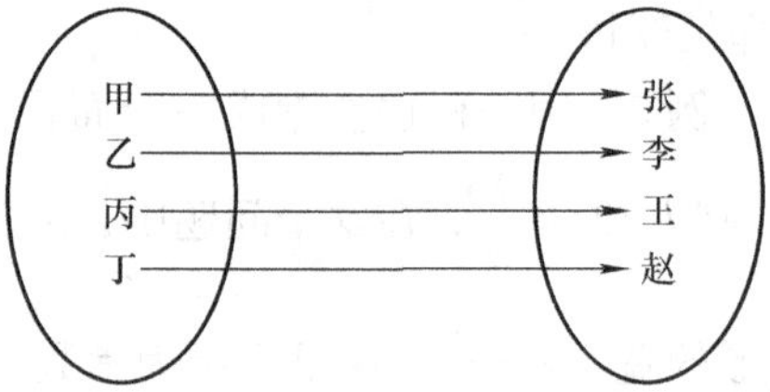

图 2.1

例 2 设 A 表示预科 1 班全体学生，B 表示预科 1 班全体学生的入学成绩，我们将每一个预科生与其入学成绩建立对应关系，则每一个学生都有唯一的入学成绩与之对应，故这样的对应关系构成了 A 到 B 的映射，如图 2.2 所示.

例 3 设 A 表示全体偶数，B 表示全体奇数. 我们将每一个偶数与小于该偶数且最接近该偶数的奇数建立对应关系，则每一个偶数都均有唯一的奇数与之对应，故这样的对应关系构成了 A 到 B 的映射，如图 2.3 所示.

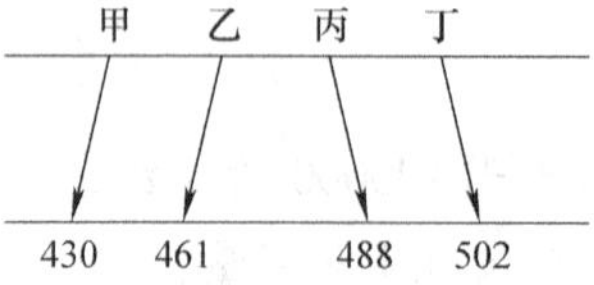

图 2.2

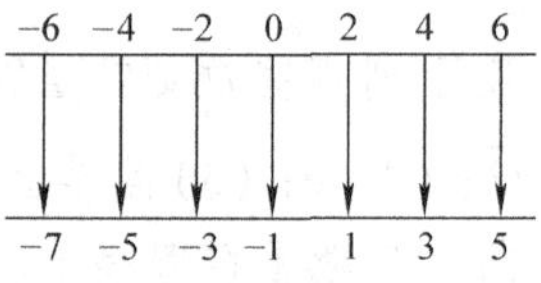

图 2.3

从上述几个例子可以概括出，构成一个映射必须具备下列三个基本要素：

（1）集合 A，即定义域 $D_f=A$；

（2）集合 B，即限制值域的范围：$R_f\subseteq B$；

（3）对应法则 f：使每一个 $a\in A$ 有唯一确定的 $y=f(a)$ 与之对应.

需要强调的是：

（1）映射要求元素的象必须是唯一的；

（2）映射并不要求元素的原象也是唯一的.

2.2.2　几种重要映射

设 f 是集合 A 到集合 B 的一个映射.

如果 f 的原象也是唯一的，即对 A 中的任意两个不同元素 a_1 与 a_2，它们的象 b_1 与 b_2 也满足 $b_1\neq b_2$，则称 f 为**单射**；

如果映射 f 满足 $R_f=B$，则称 f 为**满射**；

如果映射 f 既是单射，又是满射，则称 f 为**双射**，又称**一一对应**.

例 1 中的映射是一单射，例 2 中的映射是一满射，例 3 中的映射是一双射.

如果映射 f 为双射，则对任一 $b\in B$，它的原象 $a\in A$ 是唯一确定的，于是，对应关系 g：$B\to A$ 构成了 B 到 A 上的一个映射，称之为 f 的**逆映射**，记为 f^{-1}，其定义域为 $D_{f^{-1}}=B$，值域为 $R_{f^{-1}}=A$.

例 4　由于例 3 中的映射是一双射，故我们可以建立其逆映射如下，设 A 表示全体偶数，B 表示全体奇数，我们将每一个奇数与大于该奇数且最接近该奇数的偶数建立对应关系，则每一个奇数均有唯一的偶数与之对应，故这样的对应关系构成了 B 到 A 的映射，它就是 A 到 B 的映射的逆映射.

如果对两个映射 g：$A\to B_1$ 和 f：$B_2\to C$ 有包含关系 $R_g\subseteq B_2$，则通过将每个 $x\in A$ 对应到 $f[g(x)]\in C$ 可以构造出一个新的映射，称为 f 和 g 的**复合映射**，记为 $f\cdot g$: $A\to C$.

例 5　如果有两个映射

$$g:\mathbb{R}\to[-1,1],g(x)=\sin x;$$

和

$$f:[-1,1]\to[0,1],f(x)=x^2,$$

则映射 f 和映射 g 可构成复合映射 $f\cdot g$: $\mathbb{R}\to[0,1]$，对 $\mathbb{R}$ 中的任一元素 x，有对应关系

$$(f\cdot g)(x)=f[g(x)]=f(\sin x)=(\sin x)^2,$$

而映射 g 和映射 f 可构成复合映射 $g\cdot f$：$[-1,1]\to[0,\sin 1]$，对 $[0,1]$ 中的任一元素 x，有对应关系

$$(g\cdot f)(x)=g[f(x)]=g(x^2)=\sin(x^2).$$

注　映射 $(\sin x)^2$ 和映射 $\sin x^2$ 是两个不同的映射，这表明两个映射复合时与

次序是有关系的.

例 6 假设有两个映射

$f: \mathbb{R} \to [-1,1], f(x) = \cos x$ 和 $g: [0, +\infty) \to [0, +\infty), g(x) = \sqrt{x}$, 则映射 f 和映射 g 可构成复合映射 $f \cdot g$: $[0, +\infty) \to [-1, 1]$, 对 $[0, +\infty)$ 中的任一元素 x, 有对应关系

$$(f \cdot g)(x) = f[g(x)] = f(\sqrt{x}) = \cos\sqrt{x},$$

由于 $R_f \not\subset D_g$, 故映射 g 和 f 不能复合, 但这并不表明 $\sqrt{\cos x}$ 就没有意义, 他们可以通过限制原映射的定义域或值域之后进行复合.

注 通常给出的复合映射的定义域是使得该表达式有意义的所有点构成的集合.

习题 2.2

1. 设 X 表示所有同心圆的集合, Y 为实数集合. 若把同心圆与其半径建立对应关系, 问这种对应关系能否构成从 X 到 Y 的映射?

2. 分别列举一个单射、满射和双射的例子, 并对双射的例子建立其逆映射.

3. 设 X 表示所有身份证构成的集合, Y 表示所有人的集合, Z 表示全体自然数的集合. 你能否构造出从 X 到 Z 的一个复合映射?

2.3 函数

2.3.1 函数及其图形

设 f 是集合 A 到集合 B 的映射, 即 f: $A \to B$, 如果集合 A, B 都是实数集 $\mathbb{R}$ 的子集, 即 $A \subseteq \mathbb{R}$, $B \subseteq \mathbb{R}$ 则称映射 f 为一个**函数**, 记为 $y = f(x)$. 我们一般把 $x \in A$ 称为**自变量**, 把 $y = f(x) \in B$ 称为**因变量**.

例如, 上节例 3 的对应关系确定了偶数集合 A 到奇数集合 B 的函数关系, 例 5 中的 $f(x) = \sin x$ 和 $f(x) = x^2$ 都是自变量 x 的函数, n 边形的内角和 $F(n) = (n-2) \times 180°$ 是边数 n 的函数.

对于自变量为离散变量的函数, 其因变量也是离散变量, 故称为离散值函数, 简称**离散函数**, 如 $F(n) = (n-2) \times 180°$.

如果函数 f: $A \to B$ 存在逆映射 f^{-1}: $B \to A$, 则称此映射为原函数的**反函数**. 从几何上看, 反函数的图形与直接函数的图形关于直线 $y = x$ 对称. 例如, 函数 $y = x^3$ 的反函数为 $y = x^{\frac{1}{3}}$.

如果一个复合映射当中的两个映射都是函数, 则称这个映射为**复合函数**. 例

如，$y=\sin x^2$ 就是一个复合函数．

设函数 $y=f(x)$ 的定义域为 D_f，在 D_f 内任意取定一个数值 x，与 x 对应的函数值为 $f(x)$，这样，以 x 为横坐标，$y=f(x)$ 为纵坐标，在平面上确定一点 (x, y)，当 x 取遍 D_f 内所有值时，就得到点 $(x, f(x))$ 的一个集合

$$G=\{(x,y)\mid y=f(x),x\in D_f\},$$

在平面直角坐标系中描绘这些点，我们就得到一个图形，我们称 G 为**函数 $y=f(x)$ 的图形**．

例如，函数 $y=2x+1$ 的图形如图 2.4，函数 $y=x^2+1$ 的图形如图 2.5.

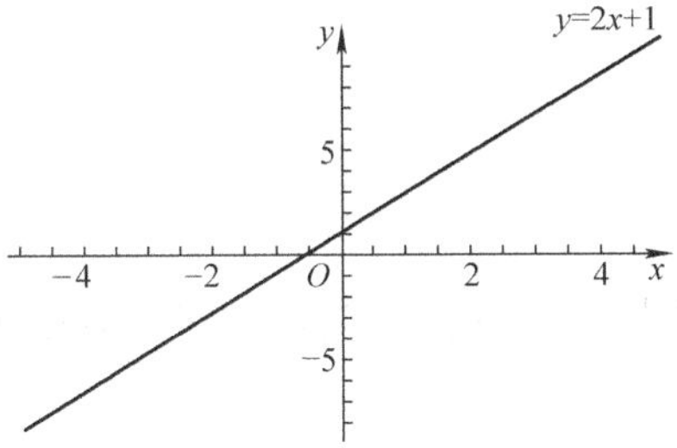

图　2.4

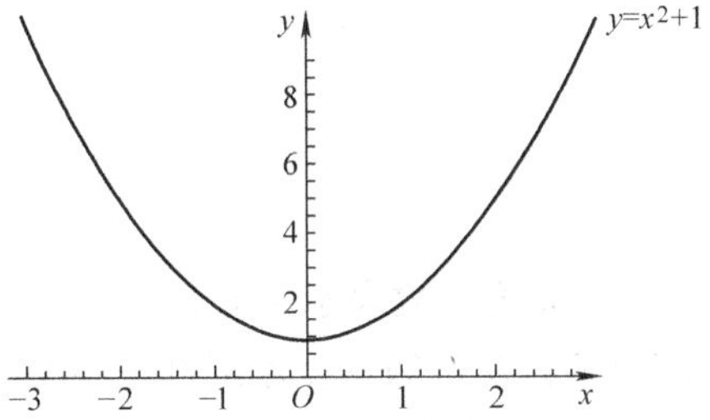

图　2.5

2.3.2　函数的表示法

2.3.2.1　函数的三种表示法

下面介绍函数的三种常用表示方法，各种表示方法在科学研究和生产实践中都有广泛的应用．函数的不同表示方法各有其优点，使用时根据问题的特点选取适当的表示法进行研究和处理实际问题．

1. 解析法

用一个表达式来定义函数的表示方法称为函数的解析法，如 $y=x^2$ 等．

我们称用形如 $y=f(x)$ 的表达式来定义的函数为**显函数**，这是微积分学中最常用的一种表示函数的方法，也是我们重点研究的对象．

2. 列表法

用一个表格把自变量和因变量的对应关系表示出来的方法，我们称为函数的列表法．这个表格中变量之间的对应关系一目了然，很容易看出变量之间的对应关系．值得注意的是列表法常用于值域为有限的函数，所以一般将表格法使用于离散函数值的表示．

3. 图象法

通过平面直角坐标系中函数的图形来表示函数的方法称为函数的图像法．图像法非常直观地表现了函数变量之间的关系．

有时为了更清楚地表示函数所显示的自然现象和事物的变化规律，常常几种

表示法结合使用，如下面的一个函数可以用两种形式表示.

例1 $f(x)=\begin{cases}x+1 & x\leqslant -1\\ x & x>-1\end{cases}$，如图2.6所示.

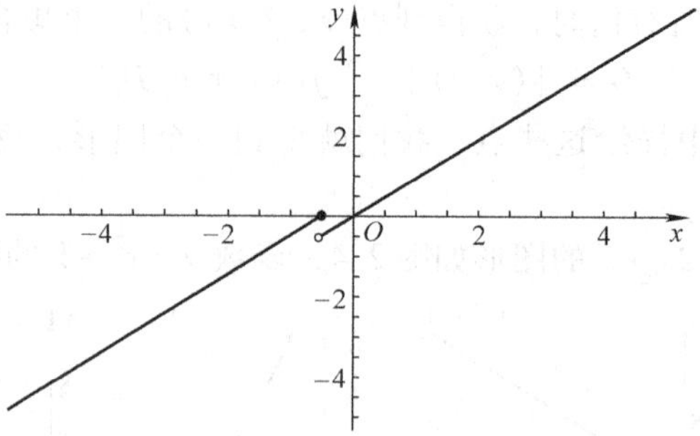

图 2.6

注 无论函数表示法有何不同，其本质是不变的，即变量之间的对应法则(关系)和自变量的变化范围都是不变的.

2.3.2.2 隐函数

如果在方程 $F(x, y)=0$ 中，当 x 取某区间内的任一值时，相应地总有满足这个方程的唯一的 y 值存在，则称方程 $F(x, y)=0$ 在该区间内确定了一个**隐函数**.

隐函数的显函数表达式在有的时候是可以写出来的，例如从方程 $x+y^3-1=0$ 可以得到等价的显函数形式 $y=\sqrt[3]{1-x}$，这种把隐函数等价地写成显函数的过程称为**隐函数的显化**. 但有的时候具体的显函数表达式是写不出来的，例如从方程 $e^{xy}+\sin xy-e=0$ 中不能写出具体的显函数表达式，但是，该方程确实确定了一个函数关系.

2.3.2.3 参数方程所确定的函数

一般地，在平面直角坐标系中，如果曲线上任意一点的坐标 x，y 都是某个变量 t 的函数，即有

$$\begin{cases}x=\varphi(t),\\ y=\psi(t),\end{cases} \tag{2.1}$$

并且对于 t 的每一个允许的取值，由方程组确定的点 (x, y) 都在这条曲线上，则称这个方程为曲线的**参数方程**，变量 t 称为参变量，简称参数.

若参数方程(2.1)确定了 y 与 x 之间的函数关系，则称其为**由参数方程所确定的函数**.

例如，参数方程 $\begin{cases}x=t,\\ y=t^3\end{cases}$ 确定了函数 $y=x^3$.

2.3.3　函数的四则运算

设$f(x)$和$g(x)$是两个函数，当x取特定值时，由于$f(x)$和$g(x)$代表的都是一个数，因此，类似数的四则运算，我们可对函数进行四则运算.

设$f(x)$和$g(x)$是两个函数且$D_f = D_g$，则

$f(x) \pm g(x)$表示当x取定义域内的某个值时与其相应的两个函数值$f(x)$和$g(x)$的和(差)，称为$f(x)$和$g(x)$的**和(差)函数**；

$f(x) \cdot g(x)$表示当x取定义域内的某个值时与其相应的两个函数值$f(x)$和$g(x)$的乘积，称为$f(x)$和$g(x)$的**积函数**.

$\dfrac{f(x)}{g(x)}(g(x) \neq 0)$表示当$x$取定义域内的某个值时与其相应的两个函数值$f(x)$和$g(x)$的商，称为$f(x)$和$g(x)$的**商函数**.

由于实数的加法和乘法满足交换律，故有

$$f(x) + g(x) = g(x) + f(x);\ f(x) \cdot g(x) = g(x) \cdot f(x).$$

2.3.4　特殊函数

2.3.4.1　分段函数

如果一个函数在其定义域上的函数表达式是分段的，则称该函数为**分段函数**. 例如

$$f(x) = \begin{cases} x, & x > 0, \\ x^2, & x \leqslant 0, \end{cases}$$

是一个分段函数.

在高等数学中常用的分段函数有：

1. 绝对值函数

$$|x| = \begin{cases} x, & x \geqslant 0, \\ -x, & x < 0. \end{cases}$$

2. 取整函数

$[x]$ = 小于等于x的最大整数，例如，如果$x = 1.5$，则$[x] = 1$，如果$x = -1.5$，则$[x] = -2$.

3. 最大值函数

设$f(x)$和$g(x)$是两个函数且$D_f = D_g$，最大值函数定义为

$$\max\{f(x), g(x)\} = \begin{cases} f(x), & f(x) \geqslant g(x), \\ g(x), & f(x) < g(x). \end{cases}$$

4. 最小值函数

设$f(x)$和$g(x)$是两个函数且$D_f = D_g$，最小值函数定义为

$$\min\{f(x),g(x)\}=\begin{cases}f(x), & f(x)\leqslant g(x),\\ g(x), & f(x)>g(x).\end{cases}$$

5. 符号函数

$$\operatorname{sgn}f(x)=\begin{cases}1, & f(x)>0,\\ 0, & f(x)=0,\\ -1, & f(x)<0,\end{cases}$$

易知 $f(x)=\operatorname{sgn}f(x)\,|f(x)|$.

6. 狄利克雷(Dirichlet)函数

$$D(x)=\begin{cases}1, x\text{ 为有理数},\\ 0, x\text{ 为无理数}.\end{cases}$$

2.3.4.2 数列

如果按照某一法则，可以得到第一个数 a_1，第二个数 a_2，…，这样依次序排列着，使得对应于任何一个正整数 n 有一个确定的数 a_n，则称这列有次序的数

$$a_1,a_2,\cdots,a_n,\cdots$$

为**数列**，简记为 $\{a_n\}$. 例如 1，$\frac{1}{2}$，$\frac{1}{3}$，…，$\frac{1}{n}$，…；1，-1，1，-1，…，$(-1)^{n+1}$，…；2，2，2，…，2，… 都是数列.

事实上，数列是一种定义域为整数集的子集(通常为正整数集或自然数集)的离散值函数，其一般项就是对应函数关系，即数列 a_n 对应的离散值函数为 $f(n)=a_n$，值域为数列的全体元素. 当自变量 n 依次取定义域内一切整数时，对应的函数值就排列成数列 a_n.

2.3.5 函数的几种特性

1. 单调性

设函数 $f(x)$ 的定义域为 D，区间 $I\subseteq D$. 如果对任意的 x_1，$x_2\in I$，当 $x_1<x_2$ 时，总有

$$f(x_1)<f(x_2)\ (f(x_1)>f(x_2)),$$

则称函数 $f(x)$ 在区间 I 上**单调增加(单调减少)**，单调增加又称为**单调递增**，单调减少又称为**单调递减**.

例 2 证明函数 $y=f(x)=x^3$ 在其定义域 $x\in(-\infty,+\infty)$ 内是单调递增的.

证 任取 x_1，$x_2\in(-\infty,+\infty)$，不妨设 $x_1<x_2$，则有

$$\begin{aligned}f(x_2)-f(x_1)&=x_2^3-x_1^3=(x_2-x_1)(x_1^2+x_1x_2+x_2^2)\\&=(x_2-x_1)\left(x_1^2+x_1x_2+\frac{x_2^2}{4}+\frac{3x_2^2}{4}\right)\end{aligned}$$

$$=(x_2-x_1)\left[\left(x_1+\frac{x_2}{2}\right)^2+\frac{3x_2^2}{4}\right]>0,$$

这表明$f(x_2)>f(x_1)$，即函数 $y=f(x)=x^3$ 是单调递增的.

2. 有界性

设函数$f(x)$的定义域为 D，$X\subseteq D$．如果存在正数 M，使得对任一的 $x\in X$，都有

$$|f(x)|\leqslant M$$

成立，则称函数$f(x)$在 X 上是**有界的**.

如果这样的 M 不存在，则称函数$f(x)$在 X 上无界．换言之，若对任意给定的一个正数 M(无论它多么大)，总有某个 $x\in X$，使得$|f(x)|>M$，则称$f(x)$在 X 上**无界**.

如果存在常数 $M_1(M_2)$使得对任一的 $x\in X$，都有

$$M_1\leqslant f(x)\quad(f(x)\leqslant M_2)$$

成立，则称函数$f(x)$在 X 上**有下(上)界**，$M_1(M_2)$称为一个**下(上)界**．下(上)界当中最大(小)的那个数称为函数$f(x)$在 X 上的**下(上)确界**.

例如，$f(x)=\sin x$ 是一个有界函数，因为$|\sin x|\leqslant 1$. 对 $f(x)=\sin x$，$M=2$ 和 $M=1$ 都是一个上界，而 $M=1$ 还是上确界. $M=-2$ 和 $M=-1$ 都是一个下界，而 $M=-1$ 还是下确界.

例 3 函数$\sqrt{1+x}$是否有下界和下确界?

解 由于$0\leqslant\sqrt{1+x}$，故函数$\sqrt{1+x}$有下界 0，又因当 $x=-1$ 时 $\sqrt{1+x}=0$，故函数$\sqrt{1+x}$有下确界 0.

注 如果一个函数有下(上)界则它有无穷多个下(上)界，但如果有下(上)确界则只有一个下(上)确界，且下(上)确界并不一定总是可以取到.

例如函数$\frac{1}{\sqrt{x}}$有下确界 0，但是函数$\frac{1}{\sqrt{x}}$只能无限接近于下确界，而不能取到下确界.

3. 奇偶性

设函数$f(x)$的定义域 D 关于原点对称，即当 $x\in D$ 时，必有 $-x\in D$. 如果对任意的 $x\in D$，总有

$$f(-x)=f(x)\quad(f(-x)=-f(x)),$$

则称$f(x)$为**偶(奇)函数**.

偶函数的图形关于 y 轴对称；奇函数的图形关于原点对称，即在 xOy 平面上，图形绕原点旋转 180°后与原图形重合.

4. 周期性

设函数$f(x)$的定义域为D，如果存在不为零的数T，使得对每一个$x\in D$，有$x\pm T\in D$，且总有

$$f(x+T)=f(x),$$

则称$f(x)$为**周期函数**，T称为$f(x)$的**周期**．通常我们说的周期是指周期函数的最小正周期．

5. 最大值最小值与极值

设函数$f(x)$在区间(a, b)内有定义，如果存在一点$x_0\in(a, b)$，对任意$x\in(a, b)$，都满足

$$f(x)\leqslant f(x_0)\quad (f(x)\geqslant f(x_0)),$$

则称$f(x_0)$为函数$f(x)$在区间(a, b)上的**最大(小)值**，x_0称为**最大(小)值点**．

例 4 求函数$\dfrac{1}{1+x^2}$的最大值和最大值点．

解 由于$\dfrac{1}{1+x^2}\leqslant 1$，且当$x=0$时$\dfrac{1}{1+x^2}=1$，故函数$\dfrac{1}{1+x^2}$的最大值为1，最大值点为$x=0$.

设函数$f(x)$在区间(a, b)内有定义，x_0是(a, b)内的一个点．如果存在点x_0的一个去心邻域，对于这个去心邻域内的任何点x，不等式

$$f(x)<f(x_0)\quad (f(x)>f(x_0))$$

总成立，则称$f(x_0)$是函数$f(x)$的**极大(小)值**．

函数的极大值和极小值统称为函数的**极值**，使函数取得极值的点称为**极值点**．

需要注意的是极值是针对局部范围(某个邻域)而言的，函数在局部范围内的最大值就是一个极大值，在局部范围内的最小值就是一个极小值，这表明极值点不可能是端点．同时极大值并不一定总是比极小值大，如图 2.7 所示．

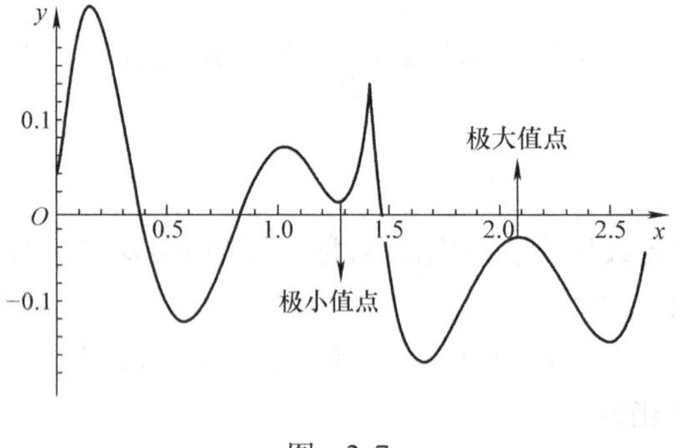

图 2.7

6. 凹凸性

设函数$f(x)$在区间(a, b)上连续，如果任取x_1，$x_2\in(a, b)$，都有

$$f\left(\frac{x_1+x_2}{2}\right)<\frac{f(x_1)+f(x_2)}{2}\left(f\left(\frac{x_1+x_2}{2}\right)>\frac{f(x_1)+f(x_2)}{2}\right),$$

则称函数$f(x)$在区间(a, b)上为**下凸(上凸)函数**. 有时我们把下(上)凸函数称为**凹(凸)函数**. 函数上凸和下凸的分界点称为函数的**拐点**, 例如, 图 2.8 中的点(1, 0)和点 (1.5, 0)都是拐点.

在图 2.8 中, 当$0.5<x<1$或$1.5<x<2$时, $f(x)$是下凸函数, 当$1<x<1.5$时, $f(x)$是上凸函数.

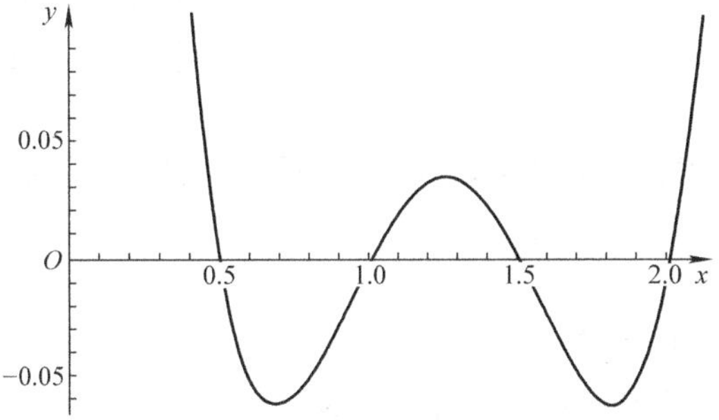

图　2.8

习题 2.3

1. 求下列函数的定义域和值域.

(1) $f(x)=1$;　　(2) $f(x)=\frac{1}{x-2}$;

(3) $f(x)=|x-1|$;　　(4) $f(x)=\frac{1}{[x-1]}$;

(5) $f(x)=\mathrm{sgn}x$;　　(6) 狄利克雷函数 $D(x)$;

(7) $f(x)=\frac{1}{1-x^3}+\sqrt{1+x}$;　　(8) $f(n)=2n$(n 为自然数);

(9) $y=\begin{cases}\sin\frac{1}{x}, & x\neq 0,\\ 0, & x=0.\end{cases}$.

2. 下列函数f和g是否相同? 为什么?

(1) $f(x)=\frac{x}{x}$, $g(x)=1$;　　(2) $f(x)=|x|$, $g(x)=x\mathrm{sgn}x$;

(3) $f(x)=1$, $g(x)=\sin^2x+\cos^2x$;　　(4) $f(x)=\ln x^2$, $g(x)=2\ln x$.

3. 画出下列函数的图形.

(1) $y=\frac{1}{x}$;　　(2) $y=\sqrt{x+1}$;

(3) $\operatorname{sgn}(\sin x)$;　　　　(4) $y=[x]$.

4. 设$f(x)=\sqrt{1+x^2}$，求下列函数值.

$$f(0),\ f(1),\ f(a),\ f(-a),\ f\left(\frac{1}{a}\right),\ f(t_0),\ f(x_0+h).$$

5. 求下列函数的反函数与反函数的定义域.

(1) $y=\dfrac{1-x}{1+x}$;　　　　(2) $y=\sqrt{1-x^2}$, $0\leqslant x\leqslant 1$;

(3) $y=\dfrac{e^x}{e^x+1}$;　　　　(4) $y=\begin{cases} x, & -\infty<x<1, \\ x^2, & 1\leqslant x. \end{cases}$

6. 设$f(x)=\begin{cases} 1, & |x|<1 \\ 0, & |x|=1 \\ -1, & |x|>1 \end{cases}$，$g(x)=e^x$，求$f[g(x)]$和$g[f(x)]$，并做出这两个函数的图形.

7. (1) 若$f(x-1)=x^2-2x+3$，求$f(x+1)$;

(2) 若$f\left(x+\dfrac{1}{x}\right)=x^2+\dfrac{1}{x^2}+1$，求$f(x)$.

8. 讨论下列函数的有界性、奇偶性与周期性.

(1) $y=x^2-x^4$;　　　　(2) $\dfrac{1-x^2}{1+x^2}$;

(3) $y=a+b\cos x$;　　　　(4) $\dfrac{x}{[x]}$, $[x]\neq 0$.

9. 讨论下列函数的单调性与凹凸性.

(1) $y=x^2$;　　　　(2) $y=x^3+1$.

10. 证明：两个偶(奇)函数的和(或差)函数仍然是偶(奇)函数，两个偶函数的乘积仍然是偶函数，两个奇函数的乘积是偶函数，但一个奇函数与一个偶函数的乘积是奇函数.

11. 试证明定义在对称区间$(-l, l)$上的任何函数都可以表示成一个偶函数与一个奇函数的和.

12. 设函数$f(x)$在X上有定义，试证：函数$f(x)$在X上有界的充分必要条件是它在X上既有上界又有下界.

2.4 初等函数

2.4.1 基本初等函数

基本初等函数是指幂函数、指数函数、对数函数、三角函数和反三角函数等五类函数.

2.4.1.1　幂函数

形如 $y=x^{\alpha}$(α 为常数)的函数称为**幂函数**，其图形如图 2.9 所示.

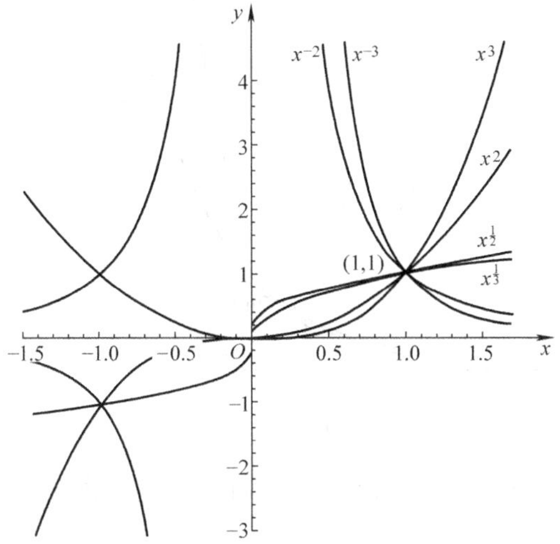

图　2.9

根据指数的性质，不难看出，幂函数具有运算性质

$$x^{a}\cdot x^{b}=x^{a+b},\frac{x^{a}}{x^{b}}=x^{a-b},(x^{a})^{b}=x^{ab},x^{\frac{a}{b}}=\sqrt[b]{x^{a}}.$$

当 α 为不同实数时，幂函数的定义域也不同．但无论 α 为何值，$y=x^{\alpha}$ 在 $(0,\ +\infty)$ 内总有定义，而且图形都经过(1，1)点．如函数 $y=x$，$y=x^{2}$，$y=x^{\frac{2}{3}}$ 的定义域为 $(-\infty,\ +\infty)$，函数 $y=x^{-1}$ 的定义域为 $(-\infty,\ 0)\cup(0,\ +\infty)$，而函数 $y=x^{\frac{1}{2}}$ 的定义域为 $[0,\ +\infty)$.

当 α 为不同实数时，幂函数的值域也随之不同，但都包含区间 $(0,\ +\infty)$，因此，$y=x^{\alpha}$ 在其定义域内都是无界函数.

幂函数在其定义域内并不一定是单调递增或单调递减的函数，它与 α 的取值有着直接的联系．如 $y=x^{\frac{1}{2}}$ 在其定义域内是单调递增的，$y=x^{-\frac{1}{2}}$ 在其定义域内是单调递减的，而 $y=x^{2}$ 在其定义域内不具备单调性．但是，幂函数 $y=x^{\alpha}$ 在区间 $(0,\ +\infty)$ 内都是单调的，因此，在区间 $(0,\ +\infty)$ 上，它存在反函数 $y=x^{\frac{1}{\alpha}}$.

当 α 为有理数 $\frac{q}{p}$(p，q 互质)时，如果 q 为偶数，则 $y=x^{\frac{q}{p}}$ 为偶函数；如果 q 为奇数，则当 p 为奇数时 $y=x^{\frac{q}{p}}$ 为奇函数．其他情况幂函数不具备奇偶性．例如：$y=x^{\frac{2}{3}}$ 为偶函数，$y=x^{\frac{1}{3}}$ 为奇函数，而 $y=x^{\frac{1}{2}}$ 不具备奇偶性.

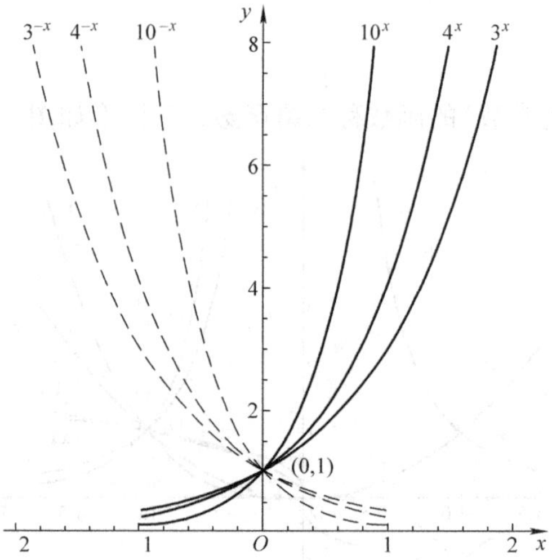

图 2.10

例 1 求函数$f(x)=(3x+1)^{\frac{1}{2}}-(1-x)^{-1}$的定义域.

解 要使函数$f(x)$有意义，必须有$3x+1\geqslant 0$且$1-x\neq 0$，即$x\geqslant -\dfrac{1}{3}$且$x\neq 1$，因此，函数的定义域为$\left[-\dfrac{1}{3},\ 1\right)\cup(1,\ +\infty)$.

2.4.1.2 指数函数

形如$y=a^x$($a>0$，$a\neq 1$为常数)的函数称为**指数函数**，其图形如图 2.10 所示.

指数函数$y=a^x$的定义域为$(-\infty,\ +\infty)$，值域为$(0,\ +\infty)$，因此在其定义域内无界.

当$a>1$时，$y=a^x$为单调递增函数，当$0<a<1$时，$y=a^x$为单调递减函数. 因此，$y=a^x$在其定义域内存在反函数，其反函数为$y=\log_a x$($a>0$，$a\neq 1$).

例 2 解不等式$a^{2x^2+1}<a^{x^2+5}$.

解 根据指数函数的定义要使原不等式成立，须分$a>1$和$0<a<1$两种情况讨论.

(1) 当$a>1$时，由于$y=a^x$是单调增加函数，故要使原不等式成立，只需$2x^2+1<x^2+5$，即$x^2<4$，由此得解集为$\{x\mid -2<x<2\}$.

(2) 当$0<a<1$时，由于$y=a^x$是单调减少函数，故要使原不等式成立，只需$2x^2+1>x^2+5$，即$x^2>4$，得解集为$\{x\mid x>2\}\cup\{x\mid x<-2\}$.

2.4.1.3 对数函数

形如$y=\log_a x$($a>0$，$a\neq 1$为常数)的函数称为**对数函数**，其图形如图 2.11 所示.

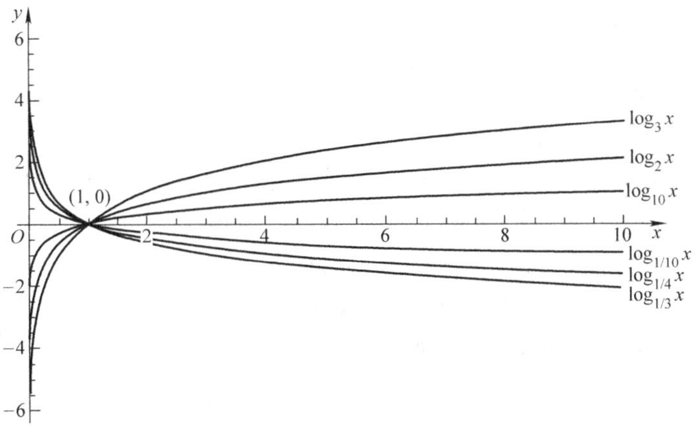

图　2.11

对数函数 $y=\log_a x$ 的定义域为 $(0, +\infty)$，值域为 $(-\infty, +\infty)$，从而在其定义域内无界.

当 $a>1$ 时，$y=\log_a x$ 为单调递增函数，当 $0<a<1$ 时，$y=\log_a x$ 为单调递减函数. 因此，$y=\log_a x$ 在其定义域内存在反函数，其反函数为 $y=a^x$ $(a>0, a\neq 1)$.

我们把以 10 为底的对数函数称为常用对数函数，记为 $\lg x$，即有 $\lg x=\log_{10}x$，把以无理数 $e=2.718281828459\cdots$（我们在第 3 章介绍数 e）为底的对数函数称为自然对数函数，记为 $\ln x$，即有 $\ln x=\log_e x$.

在对数函数的计算中，我们经常用到如下的指数与对数运算性质（$a, b>0$，$a\neq1$，$b\neq1$）：

$$\log_a b=\frac{1}{\log_b a};\ \log_a N=\frac{\log_b N}{\log_b a};$$

$$\log_a MN=\log_a M+\log_a N;\ \log_a\frac{M}{N}=\log_a M-\log_a N;$$

$$\log_a M^b=b\log_a M;\log_a a^x=x;a^{\log_a x}=x.$$

例 3　计算 $\dfrac{\log_3 1-4^{1+\log_4 3}}{\log_{0.6}0.6-2\log_8 1}$ 的值.

解　$\dfrac{\log_3 1-4^{1+\log_4 3}}{\log_{0.6}0.6-2\log_8 1}=\dfrac{0-4\times4^{\log_4 3}}{1-2\times0}=\dfrac{-4\times3}{1}=-12.$

例 4　计算 $(\log_4 3+\log_8 3)(\log_3 2+\log_9 2)$ 的值.

解　$(\log_4 3+\log_8 3)(\log_3 2+\log_9 2)=\left(\dfrac{\log_2 3}{\log_2 4}+\dfrac{\log_2 3}{\log_2 8}\right)\left(\dfrac{\log_2 2}{\log_2 3}+\dfrac{\log_2 2}{\log_2 9}\right)$

$=\left(\dfrac{\log_2 3}{2}+\dfrac{\log_2 3}{3}\right)\left(\dfrac{1}{\log_2 3}+\dfrac{2}{2\log_2 3}\right)$

$$=\frac{5}{6}\log_2 3\cdot\frac{3}{2\log_2 3}=\frac{5}{4}.$$

2.4.1.4 三角函数

1. 三角函数的定义及其特性

三角函数包含正弦函数 $y=\sin x$，余弦函数 $y=\cos x$，正切函数 $y=\tan x$，余切函数 $y=\cot x$，正割函数 $y=\sec x$ 和余割函数 $y=\csc x$.

设 $P(x,y)$ 是单位圆上的一个点，且线段 OP 与 x 轴的夹角为 θ，如图 2.12 所示，由于 $|OP|=1$，六个三角函数的定义如下：

$$\sin\theta=y,\cos\theta=x,$$

$$\tan\theta=\frac{y}{x},\cot\theta=\frac{x}{y},$$

$$\sec\theta=\frac{1}{x},\csc\theta=\frac{1}{y},$$

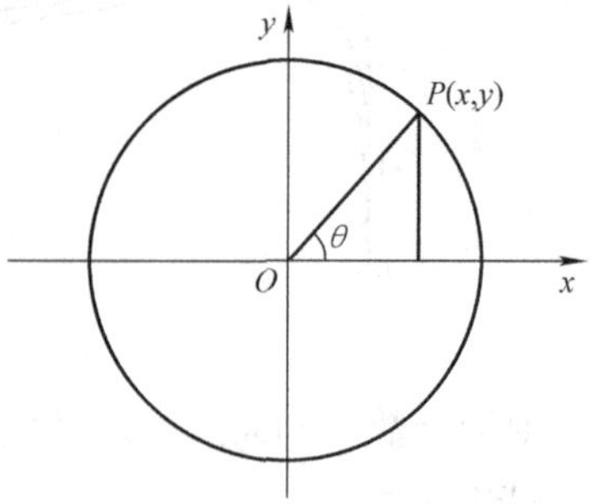

图 2.12

对于 $\tan\theta$ 和 $\sec\theta$ 我们假设 $x\neq 0$，对于 $\cot\theta$ 和 $\csc\theta$ 我们假设 $y\neq 0$.

在三角函数中，$\sin\theta$ 和 $\cos\theta$ 是最基本的，其他四个三角函数都可以用 $\sin\theta$ 和 $\cos\theta$ 来定义，即

$$\tan\theta=\frac{\sin\theta}{\cos\theta},\cot\theta=\frac{\cos\theta}{\sin\theta},\sec\theta=\frac{1}{\cos\theta},\csc\theta=\frac{1}{\sin\theta}.$$

在图 2.12 中，$x=\cos\theta$，$y=\sin\theta$ 且 $x^2+y^2=1$，由此可得三角函数的重要等式

$$\sin^2\theta+\cos^2\theta=1,$$

上式两边分别同除以 $\cos^2\theta$ 和 $\sin^2\theta$ 可得等式：

$$1+\tan^2\theta=\sec^2\theta;\ 1+\cot^2\theta=\csc^2\theta.$$

在上述六个三角函数中，$y=\sin x$ 和 $y=\cos x$ 的定义域为 $(-\infty,+\infty)$，值域为 $[-1,1]$，从而是有界函数；$y=\tan x$ 和 $y=\sec x$ 的定义域为 $\{x\mid x\neq k\pi+\frac{\pi}{2},k\in\mathbb{Z}\}$，$y=\cot x$ 和 $y=\csc x$ 的定义域为 $\{x\mid x\neq k\pi,k\in\mathbb{Z}\}$，它们的值域均为 $(-\infty,+\infty)$.

$y=\sin x$，$y=\tan x$，$y=\cot x$ 和 $y=\csc x$ 为奇函数，而 $y=\cos x$ 和 $y=\sec x$ 为偶函数.

三角函数都是周期函数，$y=\sin x$，$y=\cos x$，$y=\sec x$ 和 $y=\csc x$ 的周期均为 2π，$y=\tan x$ 和 $y=\cot x$ 的周期为 π.

2. 三角函数的图形

为了让大家从直观上了解三角函数的特性，下面给出 $y=\sin x$，$y=\cos x$，$y=\tan x$，$y=\cot x$，$y=\sec x$ 和 $y=\csc x$ 在区间 $[-\pi,2\pi]$ 上的图形，如图 2.13 所示.

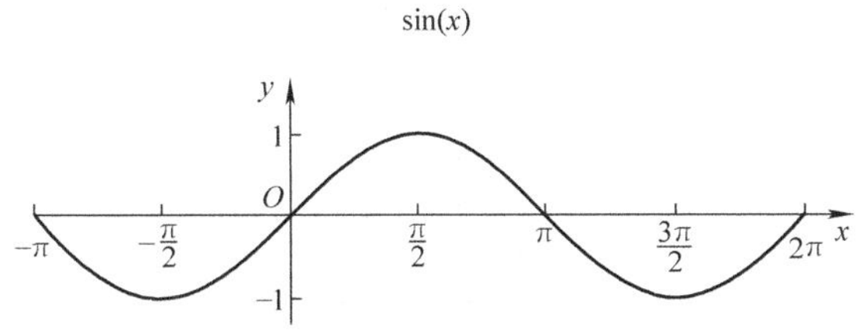
sin(x)
y
1
O
−1
−π
−π/2
π/2
π
3π/2
2π
x

a)

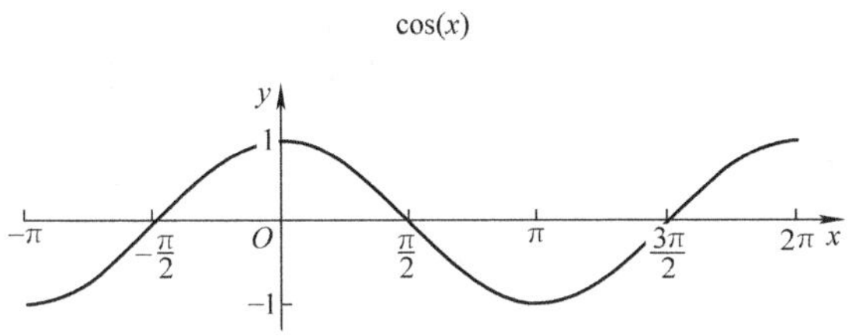
cos(x)
y
1
−1
O
−π
−π/2
π/2
π
3π/2
2π
x

b)

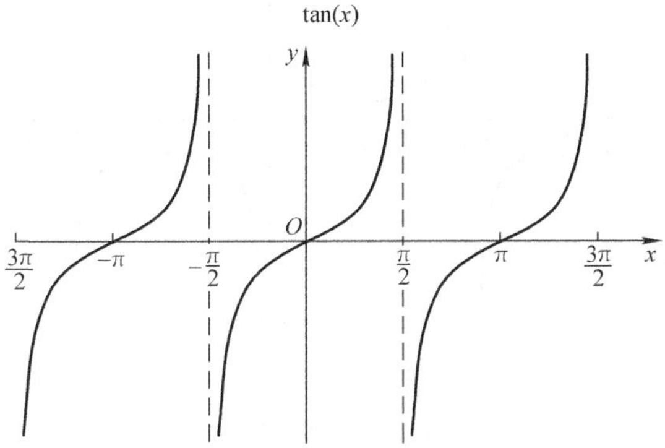
tan(x)
y
O
−3π/2
−π
−π/2
π/2
π
3π/2
x

c)

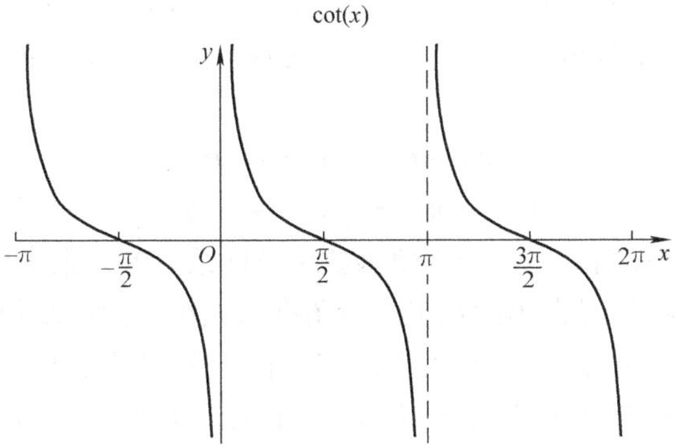
cot(x)
y
O
−π
−π/2
π/2
π
3π/2
2π
x

d)

图　2. 13

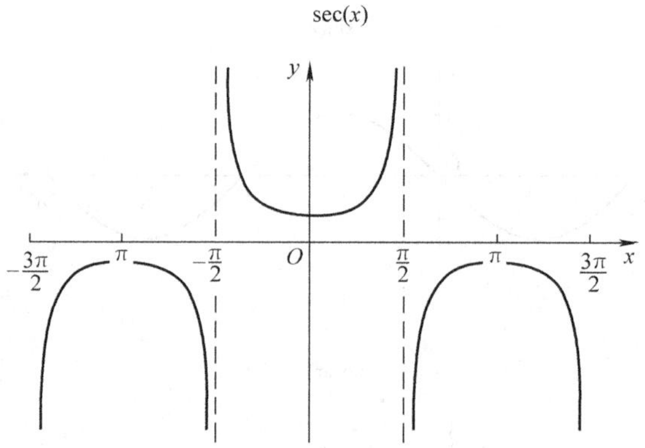

e)

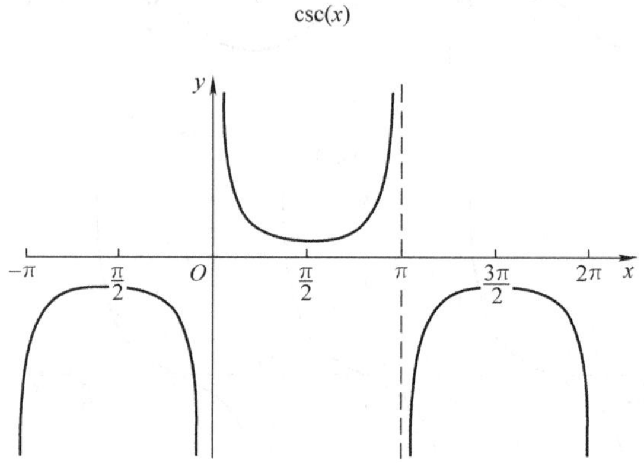

f)

图 2.13 （续）

3. 任意角的概念与弧度制

通过单位圆来刻画三角函数，角度 θ 的取值范围不再限制为锐角，而是任意值．在图 2.12 中，如果取点 $Q(x,\ -y)$，则 OQ 与 x 轴的夹角为 $-\theta$，由此我们看到

$$\cos(-\theta) = x = \cos\theta,$$
$$\sin(-\theta) = -y = -\sin\theta.$$

在图 2.14 中，我们给出六个三角函数在坐标系的各象限中取正数的情况．

在初等数学中我们经常用度数来度量角度的大小，而在微积分学中，一般利用弧度来度量角度．一个角 $\theta°$ 的弧度值表示位于单位圆上与角 $\theta°$ 对应的弧长，我们仅在需要区别的时候把弧度记为 rad，本书后面默认的角度计量单位是弧度．

由于单位圆上 360°对应的弧长是其周长 2π，故有

$$2\pi \text{rad} = 360°,\ \pi \text{rad} = 180°.$$

由此推出弧度和角度的换算公式：

（1）角度 $\theta°$ 所对应的弧度为 $\dfrac{\theta°}{180°}\pi$；

（2）弧度 x 所对应的角度为 $\dfrac{x}{\pi} \times 180°$.

例如，角度 30°，45°，60°，90°，120°，135°，180°，270°，360°分别对应弧度 $\dfrac{\pi}{6}$，$\dfrac{\pi}{4}$，$\dfrac{\pi}{3}$，$\dfrac{\pi}{2}$，$\dfrac{2\pi}{3}$，$\dfrac{3\pi}{4}$，π，$\dfrac{3\pi}{2}$，2π.

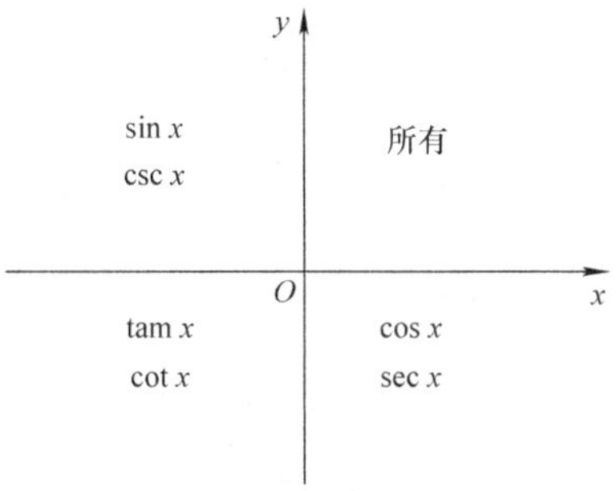

图 2.14

下面考虑弧度为 θ 半径为 r 的扇形，如果用 s 表示位于 θ 相对的弧长，则容易得知 $s = r\theta$，于是此扇形的面积为 $S = \dfrac{1}{2}r^2\theta$.

4. 三角函数的常用计算公式

（1）两角和、差与倍角公式

1）$\cos(\alpha+\beta) = \cos\alpha\cos\beta - \sin\alpha\sin\beta$，

$\cos 2x = \cos^2 x - \sin^2 x = 1 - 2\sin^2 x = 2\cos^2 x - 1$，

$\cos^2 x = \dfrac{1+\cos 2x}{2}$，$\sin^2 x = \dfrac{1-\cos 2x}{2}$.

2）$\cos(\alpha-\beta) = \cos\alpha\cos\beta + \sin\alpha\sin\beta$，

$\cos(\pi-\beta) = -\cos\beta$，$\cos\left(\dfrac{\pi}{2}-\beta\right) = \sin\beta$.

3）$\sin(\alpha+\beta) = \sin\alpha\cos\beta + \cos\alpha\sin\beta$，

$\sin 2x = 2\sin x\cos x$.

4）$\sin(\alpha-\beta) = \sin\alpha\cos\beta - \cos\alpha\sin\beta$，

$\sin(\pi-\beta) = -\sin\beta$，$\sin\left(\dfrac{\pi}{2}-\beta\right) = \cos\beta$.

5）$\tan(\alpha+\beta) = \dfrac{\tan\alpha+\tan\beta}{1-\tan\alpha\tan\beta}$，$\tan(\alpha-\beta) = \dfrac{\tan\alpha-\tan\beta}{1+\tan\alpha\tan\beta}$.

（2）万能公式

$$\sin\alpha = \frac{2\tan\dfrac{\alpha}{2}}{1+\tan^2\dfrac{\alpha}{2}};\cos\alpha = \frac{1-\tan^2\dfrac{\alpha}{2}}{1+\tan^2\dfrac{\alpha}{2}};\ \tan\alpha = \frac{2\tan\dfrac{\alpha}{2}}{1-\tan^2\dfrac{\alpha}{2}}.$$

（3）和差化积公式

$$\cos\alpha + \cos\beta = 2\cos\frac{\alpha+\beta}{2}\cos\frac{\alpha-\beta}{2};$$

$$\cos\alpha-\cos\beta=-2\sin\frac{\alpha+\beta}{2}\sin\frac{\alpha-\beta}{2};$$

$$\sin\alpha+\sin\beta=2\sin\frac{\alpha+\beta}{2}\cos\frac{\alpha-\beta}{2};$$

$$\sin\alpha-\sin\beta=2\cos\frac{\alpha+\beta}{2}\sin\frac{\alpha-\beta}{2}.$$

(4) 积化和差公式

$$\cos\alpha\cos\beta=\frac{1}{2}[\cos(\alpha+\beta)+\cos(\alpha-\beta)];$$

$$\sin\alpha\cos\beta=\frac{1}{2}[\sin(\alpha+\beta)+\sin(\alpha-\beta)];$$

$$\cos\alpha\sin\beta=\frac{1}{2}[\sin(\alpha+\beta)-\sin(\alpha-\beta)];$$

$$\sin\alpha\sin\beta=-\frac{1}{2}[\cos(\alpha+\beta)-\cos(\alpha-\beta)].$$

2.4.1.5 反三角函数

三角函数在其定义域内是不具备单调性的，故它不存在反函数．但如果我们将三角函数定义在某些特定的区间上，则它就具有了单调性，从而在此区间上三角函数就有了相应的反三角函数．

1. 反三角函数的定义及其特性

国际上公认的做法是：将 $y=\sin x$ 的定义域限定为单调区间$\left[-\frac{\pi}{2},\frac{\pi}{2}\right]$，从而得到它的反函数 $y=\arcsin x$；将 $y=\cos x$ 的定义域限定为单调区间$[0,\pi]$，从而得到它的反函数 $y=\arccos x$；将 $y=\tan x$ 的定义域限定为单调区间$\left(-\frac{\pi}{2},\frac{\pi}{2}\right)$，从而得到它的反函数 $y=\arctan x$；将 $y=\cot x$ 的定义域限定为单调区间$(0,\pi)$，从而得到它的反函数 $y=\mathrm{arccot}\,x$.

函数 $y=\arcsin x$，$y=\arccos x$，$y=\arctan x$ 和 $y=\mathrm{arccot}\,x$ 统称为反三角函数，它们的图形如图 2.15 所示．

$y=\arcsin x$ 和 $y=\arccos x$ 的定义域为$[-1,1]$，$y=\arctan x$ 和 $y=\mathrm{arccot}\,x$ 的定义域为$(-\infty,+\infty)$.

$y=\arcsin x$ 的值域为$\left[-\frac{\pi}{2},\frac{\pi}{2}\right]$，$y=\arctan x$ 的值域为$\left(-\frac{\pi}{2},\frac{\pi}{2}\right)$，$y=\arccos x$的值域为$[0,\pi]$，$y=\mathrm{arccot}\,x$ 的值域为$(0,\pi)$，从而反三角函数在其定义域内都是有界的．

$y=\arcsin x$ 和 $y=\arctan x$ 在定义域内为单调递增函数，$y=\arccos x$ 和 $y=\mathrm{arccot}\,x$在定义域内为单调递减函数，因此，反三角函数都存在反函数，它们的反

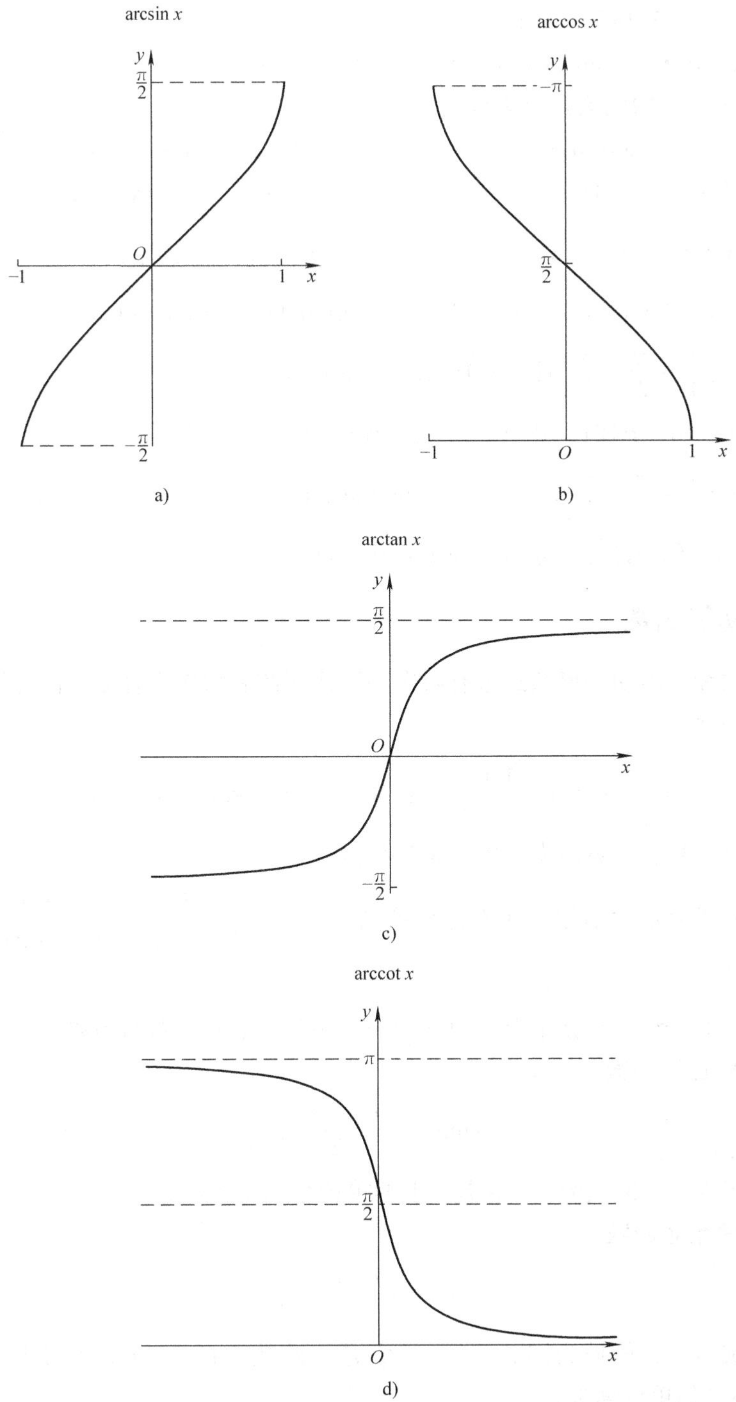
arcsin x
y
π/2
O
−1
1
x
−π/2
a)
arccos x
y
−π
π/2
−1
O
1
x
b)
arctan x
y
π/2
O
x
−π/2
c)
arccot x
y
π
π/2
O
x
d)

图　2. 15

函数就是与之相对应的三角函数.

$y=\arcsin x$ 和 $y=\arctan x$ 在其定义域内是奇函数.

2. 反三角函数的常用计算公式

$\arcsin(-x)=\arcsin x$; $\arccos(-x)=\pi-\arccos x$;

$\arctan(-x)=\arctan x$; $\operatorname{arccot}(-x)=\pi-\operatorname{arccot} x$;

$\arcsin x+\arccos x=\dfrac{\pi}{2}$; $\arctan x+\operatorname{arccot} x=\dfrac{\pi}{2}$;

$\sin(\arcsin x)=x=\cos(\arccos x)$; $\tan(\arctan x)=x=\cot(\operatorname{arccot} x)$;

仅当 $x\in\left[-\dfrac{\pi}{2},\dfrac{\pi}{2}\right]$时，才有 $\arcsin(\sin x)=x$;

仅当 $x\in[0,\pi]$时，才有 $\arccos(\cos x)=x$;

仅当 $x\in\left(-\dfrac{\pi}{2},\dfrac{\pi}{2}\right)$时，才有 $\arctan(\tan x)=x$;

仅当 $x\in(0,\pi)$时，才有 $\operatorname{arccot}(\cot x)=x$.

2.4.2 初等函数

由常数和基本初等函数经过有限次四则运算和有限次复合运算而得的函数统称为**初等函数**.

例如，$y=\ln x+\arctan\sqrt{\dfrac{1+\cos x}{1-\cos x}}$是由基本初等函数 $\ln x$ 和 $\cos x$，$\arctan x$，$\sqrt{x}$ 经四则运算和复合运算所得，因而是初等函数.

通常分段表示的函数往往不是初等函数，例如 $y=\begin{cases}x^2, & x>0,\\ \sin x+2, & x\leqslant 0\end{cases}$ 就不是初等函数.

下面我们介绍工程技术上常用到的一类初等函数——双曲函数.

1. 双曲正弦函数

$$\sinh x=\frac{e^x-e^{-x}}{2},$$

它的定义域为$\mathbb{R}$，值域为$\mathbb{R}$，它是$\mathbb{R}$上的单调增加奇函数.

2. 双曲余弦函数

$$\cosh x=\frac{e^x+e^{-x}}{2},$$

它的定义域为$\mathbb{R}$，值域为$[1,+\infty)$，它是偶函数，在$(-\infty,0]$上单调减少，在$[0,+\infty)$的单调增加.

3. 双曲正切函数

$$\tanh x = \frac{e^x - e^{-x}}{e^x + e^{-x}},$$

它的定义域是$\mathbb{R}$，它是$\mathbb{R}$上的单调增加奇函数．由于对任意的 $x \in \mathbb{R}$，

$$\tanh x = \frac{e^x - e^{-x}}{e^x + e^{-x}} = \frac{e^{2x} - 1}{e^{2x} + 1} = 1 - \frac{2}{e^{2x} + 1} < 1,$$

又

$$\tanh x = \frac{e^x - e^{-x}}{e^x + e^{-x}} = \frac{1 - e^{-2x}}{1 + e^{-2x}} = -1 + \frac{2}{1 + e^{-2x}} > -1,$$

故双曲正切函数的值域为$(-1, 1)$，这表明双曲函数的图形夹在直线 $y = 1$ 和 $y = -1$ 之间．

习题 2.4

1. 求下列函数的定义域和值域．

(1) $\sin\sqrt{x}$；　　(2) $\tan(x-1)$；

(3) $\arcsin(x-2)$；　　(4) $x^{\frac{1}{3}}+1$；

(5) $\ln(x+\sqrt{1+x^2})$；　　(6) $2^{\frac{1}{x}}+1$.

2. 设 $f(x)=\frac{1}{2}\arcsin\frac{x}{2}$，求下列函数值．

$$f(0), f(1), f(\sqrt{2}), f(-1), f(-\sqrt{3}), f(1)f(\sqrt{2}),$$
$$f(-1)f(-\sqrt{3}), \frac{f(1)}{f(\sqrt{2})}.$$

3. 设 $f(x)=\log_2(x+1)$，求下列函数值．

$$f(0), f(1), f(3), f(7), f(2)+f(4), f(2)f(5), \frac{f(1)}{f(3)}.$$

4. 画出下列函数的图形．

(1) $y=\frac{1}{2}+\sin x$；　　(2) $y=\cos\left(x+\frac{\pi}{3}\right)$；

(3) $y=3\sin\left(2x+\frac{\pi}{3}\right)$；　　(4) $y=\tan 2x$；

(5) $y=\arcsin\frac{x}{2}$；　　(6) $y=\operatorname{arccot}(x+1)$；

(7) $y=\sin x+\cos x$；　　(8) $y=x+\frac{1}{x}$；

(9) $y=\ln(x+1)+2$；　　(10) $y=2^x3^x+1$.

5. 将下列弧度值转换为度数，将度数转换为弧度值．

(1) $\frac{\pi}{8}$rad； (2) 20rad； (3) 1.5rad；

(4) 32°； (5) 15°； (6) 260°.

6. 计算下列三角函数值.

(1) $\sin\frac{\pi}{12}$； (2) $\cos\frac{\pi}{12}$； (3) $\tan\frac{\pi}{12}$；

(4) $\cot\frac{\pi}{12}$； (5) sin75°； (6) cos75°；

(7) tan75°； (8) cot75°；

(9) sin105° + cos15°； (10) sin105°sin15°.

7. 分段表示的函数有可能是初等函数，请举例说明.

2.5 一元多项式及其运算

形如

$$a_nx^n + a_{n-1}x^{n-1} + \cdots + a_1x + a_0$$

的函数称为**一元多项式**，其中 n 是任意非负整数，x 称为未知量，$a_i \in \mathbb{R}$ 称为系数，$i=0, 1, \cdots, n$，a_ix^i称为 i 次项，零次项 $a_0x^0 = a_0$ 有时也称为常数项.

我们一般用$f(x)$，$g(x)$(或简记为f，g)等来代表一元多项式.

一元多项式$f(x) = a_nx^n + a_{n-1}x^{n-1} + \cdots + a_1x + a_0$，如果 $a_n \neq 0$，则 a_nx^n 称为首项，a_n 称为首项系数，$f(x)$称为一元 n 次多项式，n 称为$f(x)$的次数，记作 $\deg f$.

和其他函数一样多项式也可实行加减运算. 设$f(x)$，$g(x)$是两个一元多项式，且

$$f(x) = a_nx^n + a_{n-1}x^{n-1} + \cdots + a_1x + a_0,$$
$$g(x) = b_mx^m + b_{m-1}x^{m-1} + \cdots + b_1x + b_0,$$

如果 $m > n$，令 $r = m - n$，则

$$\begin{aligned} f(x) \pm g(x) &= b_mx^m + \cdots + b_{m-r+1}x^{m-r+1} \\ &\quad + (a_n \pm b_n)x^n + (a_{n-1} \pm b_{n-1})x^{n-1} + \cdots + (a_0 \pm b_0), \end{aligned}$$

如果 $n > m$，也有类似的公式. 因此，两个多项式进行加减法之后的表达式仍然是一个多项式，而且多项式的次数不高于 $\deg f$ 和 $\deg g$.

例 1 设$f(x) = 3x^4 + x^3 - 2x^2 + 5x - 4$，$g(x) = 2x^3 + 3x^2 - 4x + 1$，则

$$\begin{aligned} f(x) + g(x) &= 3x^4 + (1+2)x^3 + (-2+3)x^2 + (5-4)x - 4 + 1 \\ &= 3x^4 + 3x^3 + x^2 + x - 3, \end{aligned}$$

$$f(x) - g(x) = 3x^4 + (1-2)x^3 + (-2-3)x^2 + (5+4)x - 4 - 1$$

$$= 3x^4 + x^3 - 5x^2 + 9x - 5.$$

多个多项式的加减法也类似于两个多项式的加减法.

例 2　设 $f(x) = x^3 - 5x - 4$, $g(x) = 2x^3 + 3x^2 + 1$, $h(x) = x^2 + 2$, 则

$$\begin{aligned} f(x) + g(x) - h(x) &= (1+2)x^3 + (3-1)x^2 - 5x - 4 + 1 - 2 \\ &= 3x^3 + 2x^2 - 5x - 5. \end{aligned}$$

例 3　设 $f(x) = x^3 - 5x - 4$, $g(x) = x^3 + 3x^2 + 1$, 则有

$$f(x) - g(x) = (x^3 - 5x - 4) - (x^3 + 3x^2 + 1) = -3x^2 - 5x - 5,$$

虽然 $\deg f = \deg g = 3$, 但 $\deg(f - g) = 2$.

注　多项式通过加减法之后其次数可能减少.

设 $f(x)$, $g(x)$ 是两个一元多项式, 且

$$f(x) = a_n x^n + a_{n-1}x^{n-1} + \cdots + a_1 x + a_0,$$

$$g(x) = b_m x^m + b_{m-1}x^{m-1} + \cdots + b_1 x + b_0,$$

则

$$f(x) \cdot g(x) = a_n b_m x^{n+m} + (a_{n-1}b_m + b_{m-1}a_n)x^{n+m-1} + \cdots + (a_0 b_1 + b_0 a_1)x + a_0 b_0.$$

从上面的公式可以看出, 如果 $\deg f = n$, $\deg g = m$, 则 $\deg f \cdot g = n + m$.

例 4　设 $f(x) = x^3 - 3x - 4$, $g(x) = x^3 + 1$, 则

$$f(x) \cdot g(x) = (x^3 - 3x - 4) \cdot (x^3 + 1) = x^6 - 3x^4 - 3x^3 - 3x - 4$$

类似于整数的带余除法, 我们可以对两个一元多项式实施带余除法.

例 5　对于一元多项式 $f(x) = 2x^3 + 3x^2 + x + 5$ 和 $g(x) = x^2$, 我们实施类似于整数的带余除法如下:

$$\begin{array}{r} 2x + 3 \\ x^2 \overline{\big) 2x^3 + 3x^2 + x + 5} \\ \underline{2x^3 } \\ 3x^2 + x + 5 \\ \underline{3x^2 } \\ x + 5 \end{array}$$

由此我们得到 $2x^3 + 3x^2 + x + 5 = x^2(2x + 3) + (x + 5)$, 其中 $2x + 3$ 称为 $f(x)$ 除以 $g(x)$ 所得的**商**, $x + 5$ 称为**余式**, 这种除法称为**带余除法**.

例 6　设 $f(x) = x^3 - 3x^2 - 2x - 1$, $g(x) = x - 1$, 求 $f(x)$ 除以 $g(x)$ 所得的商与余式.

解　由于

$$
\begin{array}{r}
x^2-2x-4 \\
x-1\,\overline{)\,x^3-3x^2-2x-1} \\
\underline{x^3-\ \ x^2} \\
-2x^2-2x-1 \\
\underline{-2x^2+2x} \\
-4x-1 \\
\underline{-4x+4} \\
-5
\end{array}
$$

故

$$x^2-3x^2-2x-1=(x-1)(x^2-2x-4)-5,$$

从而$f(x)$除以$g(x)$所得的商为x^2-2x-4，余式为-5.

习题 2.5

1. 说出下列多项式的首项、首项系数、次数和常数项.

(1) $f(x)=-4x^5+x^3-3x+5$;

(2) $f(x)=2+x^2-4x^4-x^6$;

(3) $f(x)=-7x^{t+4}+3x^4+5x-1$，t为某一自然数.

2. 对于下列函数$f(x)$和$g(x)$分别求$f(x)\pm g(x)$和$f(x)\cdot g(x)$.

(1) $f(x)=2x^3+x^2-1$，$g(x)=2x^2+1$;

(2) $f(x)=x^4-2x^3+x^2+3$，$g(x)=x^2-1$;

(3) $f(x)=x^3+3x^2-2$，$g(x)=4x^3+x$;

(4) $f(x)=-3x^3-2x^2+5$，$g(x)=2x+1$.

3. 求下列各题中$f(x)$除以$g(x)$所得的商与余式.

(1) $f(x)=5x^4+x^3-2x+3$，$g(x)=x^2-x+2$;

(2) $f(x)=3x^4-5x^2+2x-1$，$g(x)=x-4$;

(3) $f(x)=5x^3-3x+4$，$g(x)=x+2$.

第 3 章　极限与连续

微积分学是一门研究变化的科学，而极限是微积分学中最基本的概念. 只有准确理解和掌握极限思想，才能学好微积分.

在本章中，我们将系统地阐述极限概念和性质以及运算法则，并介绍微积分学中另一个基本概念——连续及其性质.

3.1　数列的极限

3.1.1　引例

在中学时，大家都已知道半径为 R 的圆的面积为 $S=\pi R^2$，其中 π 是圆周率，它是一个常数. 那么常数 π 的值是怎么计算出来的呢?

早在魏景元四年(公元 263 年)，我国杰出的数学家刘徽发明了“割圆术”来求圆周率. 他的“割圆术”思想是：

对给定的一个圆，首先作其内接正六边形，把它的面积记为 A_1；再作内接十二边形，其面积为 A_2；再作内接二十四边形，其面积为 A_3；以此类推，每次把边数增加一倍.

如果把内接正 $6\times 2^{n-1}$边形的面积记为 $A_n(n\in\mathbb{N})$，则上述作法将得到一系列内接正多边形的面积：

$$A_1,\ A_2,\ A_3,\ \cdots,\ A_n,\ \cdots,$$

它们构成一列有次序的数. 从直观上看，随着 n 的增大，内接正多边形的面积将越来越接近圆的面积，从而以 A_n 作为圆面积的近似值也越精确.

但是无论 n 取的如何大，只要 n 取定了，A_n 终究只是多边形的面积，而不是圆的面积. 刘徽断言“割之弥细，所失弥少，割之又割，以至于不可割，则与圆合体，而无所失矣”. 因此设 n 无限增大(记为 $n\to\infty$，读作 n 趋于无穷大)，即内接正多边形的边数无限增加，在这个过程中，内接多边形无限接近于圆，同时 A_n 也无限接近于某一数值，这个确定的数值就理解为圆的面积.

利用这样的“割圆术”，刘徽得到了圆周率的近似值 3.1416.

3.1.2　数列极限的描述性定义

假设 $\{x_n\}$ 是一个数列，如果当 n 无限增大时，数列 $\{x_n\}$ 的一般项 x_n 无限接近于某一取定的数值 a，则称该数值为数列 $\{x_n\}$ 的极限.

例 1 讨论下面数列的极限

(1) $\left\{\frac{1}{n}\right\}$; (2) $\left\{1+\frac{(-1)^{n+1}}{n+(-1)^{n+1}}\right\}$; (3) $\left\{\frac{n+1}{n}\right\}$; (4) $\{(-1)^n\}$.

解 (1) 考虑数列 $\left\{\frac{1}{n}\right\}$ 的前 n 项的变化趋势

$$1,\ \frac{1}{2},\ \frac{1}{3},\ \frac{1}{4},\ \frac{1}{5},\ \cdots,\ \frac{1}{n},$$

不难发现，随着 n 的增大，$\frac{1}{n}$ 将逐渐减少，但无论怎么减少，它也不会小于等于 0，最终 $\frac{1}{n}$ 将会无限接近于 0，即数列 $\left\{\frac{1}{n}\right\}$ 的极限为 0.

(2) 考虑数列 $\left\{1+\frac{(-1)^{n+1}}{n+(-1)^{n+1}}\right\}$ 的前 n 项的变化趋势

$$\frac{3}{2},\ 0,\ \frac{5}{4},\ \frac{2}{3},\ \frac{7}{6},\ \frac{4}{5},\ \cdots,\ 1+\frac{(-1)^{n+1}}{n+(-1)^{n+1}},$$

通过对数列一般项变化规律的观察，我们发现，无论 n 怎么增大，原数列都不会呈现上升或下降趋势，但随着 n 的增大，数列一般项 $1+\frac{(-1)^{n+1}}{n+(-1)^{n+1}}$ 与 1 之间的距离无限接近于 0，这表明原数列 $\left\{1+\frac{(-1)^{n+1}}{n+(-1)^{n+1}}\right\}$ 的极限为 1.

(3) 考虑数列 $\left\{\frac{n+1}{n}\right\}$ 的前 n 项的变化趋势

$$2,\ \frac{3}{2},\ \frac{4}{3},\ \frac{5}{4},\ \cdots,\ \frac{n+1}{n},$$

不难发现，随着 n 的增大，$\frac{n+1}{n}$ 将逐渐减小，但无论怎么减小，它也不会小于等于 1，最终 $\frac{n+1}{n}$ 将会无限接近于 1，即数列 $\left\{\frac{n+1}{n}\right\}$ 的极限为 1.

(4) 考虑数列 $\{(-1)^n\}$ 的前 n 项的变化趋势

$$-1,\ 1,\ -1,\ 1,\ -1,\ 1,\ -1,\ \cdots,\ (-1)^n,$$

容易发现，无论 n 怎么增大，原数列都不能保证趋向于 1 或者趋向于 -1，根据数列极限的定义可知，原数列没有极限.

虽然我们自认为理解了上述定义和例题，但经过认真思考后，我们发现这里存在很多问题. 比如，例 1(2) 明确告诉我们，“无限接近”不等于

$$|x_{n+1}-a| < |x_n-a|. \tag{3.1}$$

例 1(3) 中“$\frac{n+1}{n}$ 将会无限接近于 1”为什么不能说成“$\frac{n+1}{n}$ 将会无限接近于 0”，

毕竟一般项$\frac{n+1}{n}$与 0 的距离也是越来越小，这说明数列即使满足不等式(3.1)，也不能保证 a 就是数列$\{x_n\}$的极限．例 1(4)中有无穷多个一般项接近 1，但 1 为什么不是给定数列的极限？

引起这么多问题的主要原因就是术语“无限接近”的准确含义很模糊，它仅仅是一个自然语言的描述，而没有给出具体数量的刻画．

那么，大家理解的“无限接近”究竟是什么概念呢？

事实上，我们所理解的“数列$\{x_n\}$的极限为 a”是这样一个意思：不管你给出多么小的正数 $\varepsilon>0$，只要一般项的下标足够大，即存在自然数 N，当一般项的下标 $n>N$ 时，就有

$$|x_n-a|<\varepsilon.$$

例 2　利用上述思想来解释数列$\left\{\frac{1}{n}\right\}$的极限是 0.

解　不管你给出多么小的正数 $\varepsilon>0$，比如 $\varepsilon=0.01$，那么，当下标 $n>100$ 时，就有

$$|x_n-0|=\left|\frac{1}{n}-0\right|=\frac{1}{n}<0.01=\varepsilon,$$

即从第 101 项起，后面的一切项 x_{101}，x_{102}，x_{103}，…，x_n，…都满足不等式

$$|x_n-0|<0.01.$$

当然，你可以给出比 0.01 更小的数，比如 $\varepsilon=10^{-30}$，那么从第 $10^{30}+1$ 项 $x_{10^{30}+1}$ 起，后面的一切项仍然满足不等式

$$|x_n-0|<10^{-30}=\varepsilon.$$

3.1.3　数列极限的规范化定义

定义 1　如果数列$\{x_n\}$与常数 a 满足下列关系：对于任意给定的 $\varepsilon>0$(无论它多么小)，总存在自然数 N，使得对于 $n>N$ 时的一切 x_n，不等式

$$|x_n-a|<\varepsilon$$

都成立，则称常数 a 是数列$\{x_n\}$的极限，或者称数列$\{x_n\}$**收敛于 a**，记为

$$\lim_{n\to\infty}x_n=a,$$

或

$$x_n\to a\ (n\to\infty).$$

如果数列没有极限，就称数列是**发散的**．

数列极限的规范化定义的几何解释：将常数 a 及数列 x_1，x_2，…，x_n，…在数轴上表示出来，再在数轴上作点 a 的 ε 邻域，即开区间$(a-\varepsilon, a+\varepsilon)$，如图 3.1 所示．

因不等式$|x_n-a|<\varepsilon$与不等式 $a-\varepsilon<x_n<a+\varepsilon$ 等价，所以当 $n>N$ 时，

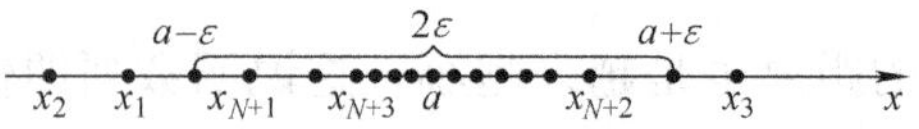

图 3.1

所有的点都落在开区间$(a-\varepsilon,\ a+\varepsilon)$内，而只有有限个(至多只有 N 个)点在这个区间以外.

例 3 证明数列$\left\{\dfrac{n+1}{n}\right\}$的极限为 1.

证 根据数列极限的定义，对任意给定的 $\varepsilon>0$，要使

$$|x_n-1|=\left|\frac{n+1}{n}-1\right|=\frac{1}{n}<\varepsilon,$$

只需 $n>\dfrac{1}{\varepsilon}$即可，由于$\dfrac{1}{\varepsilon}$并不一定总是整数，因此我们取定 $N=\left[\dfrac{1}{\varepsilon}\right]+1$，则当 $n>N$时必然有 $n>\dfrac{1}{\varepsilon}$. 这表明对任意给定的 $\varepsilon>0$，我们已经找到了一个 $N=\left[\dfrac{1}{\varepsilon}\right]+1$，满足当 $n>N$ 时总有

$$\left|\frac{n+1}{n}-1\right|=\frac{1}{n}<\frac{1}{N}=\frac{1}{\left[\dfrac{1}{\varepsilon}\right]+1}<\frac{1}{\dfrac{1}{\varepsilon}}=\varepsilon.$$

例 4 证明数列$\dfrac{n^2+(-1)^n}{2n^2}$的极限是 $\dfrac{1}{2}$.

证 对任意给定的 $\varepsilon>0$，要使

$$\left|x_n-\frac{1}{2}\right|=\left|\frac{n^2+(-1)^n}{2n^2}-\frac{1}{2}\right|=\left|\frac{n^2+(-1)^n-n^2}{2n^2}\right|=\frac{1}{2n^2}<\varepsilon,$$

只需$\dfrac{1}{2\varepsilon}<n^2$，即$\dfrac{1}{\sqrt{2\varepsilon}}<n$ 即可，从而取 $N=\left[\dfrac{1}{\sqrt{2\varepsilon}}\right]+1$，则当 $n>N$ 时，总有

$$\left|\frac{n^2+(-1)^n}{2n^2}-\frac{1}{2}\right|=\frac{1}{2n^2}<\frac{1}{2N^2}=\frac{1}{2\left(\left[\sqrt{\dfrac{1}{2\varepsilon}}\right]+1\right)^2}<\frac{1}{2\left(\sqrt{\dfrac{1}{2\varepsilon}}\right)^2}=\varepsilon.$$

例 5 证明$\lim\limits_{n\to\infty}q^n=0$，$|q|<1$.

证 当 $q=0$ 时，结论显然成立. 当 $q\neq0$ 时，对任意给定的 $\varepsilon>0$，要使

$$|q^n-0|=|q|^n<\varepsilon,$$

对上式两边同时取对数得

$$n\ln|q|<\ln\varepsilon.$$

易知当 $\varepsilon\geqslant1$ 时上式必然成立，当 $\varepsilon<1$ 时，我们有 $n>\dfrac{\ln\varepsilon}{\ln|q|}$，此时取 $N=$

$\left[\dfrac{\ln\varepsilon}{\ln|q|}\right]+1$，则当 $n>N$ 时，总有

$$|q^n-0|=|q|^n<\varepsilon.$$

3.1.4　数列极限的性质

性质 1（极限的唯一性）　如果数列 $\{x_n\}$ 存在极限，则其极限必定唯一．

证　采用反证法．假设数列 $\{x_n\}$ 同时收敛于两个不同的数 a，b，不妨设 $a<b$. 取定 $\varepsilon=\dfrac{b-a}{2}$. 因 $\lim\limits_{n\to\infty}x_n=a$，故存在正整数 N_1，使得对于 $n>N_1$ 的一切 x_n，不等式

$$|x_n-a|<\varepsilon \tag{3.2}$$

成立．同理，因为 $\lim\limits_{n\to\infty}x_n=b$，故存在正整数 N_2，使得对于 $n>N_2$ 的一切 x_n，不等式

$$|x_n-b|<\varepsilon \tag{3.3}$$

成立．取定 $N=\max\{N_1, N_2\}$，则当 $n>N$ 时上面两个不等式同时成立．而由式(3.2)知 $a-\varepsilon<x_n<a+\varepsilon$，代入 $\varepsilon=\dfrac{b-a}{2}$，得

$$\frac{3a-b}{2}<x_n<\frac{a+b}{2},$$

由式(3.3)知 $b-\varepsilon<x_n<b+\varepsilon$，代入 $\varepsilon=\dfrac{b-a}{2}$，得

$$\frac{a+b}{2}<x_n<\frac{3b-a}{2},$$

这表明 $x_n<\dfrac{a+b}{2}$ 及 $x_n>\dfrac{a+b}{2}$ 必须同时成立，从而推出矛盾．矛盾表明前面的假设不成立，从而数列极限是唯一的．

例 6　证明数列 $\{(-1)^{n+1}\}$ 是发散的．

证　采用反证法．假设数列 $\{(-1)^{n+1}\}$ 是收敛的，即存在常数 a，使得 $\lim\limits_{n\to\infty}(-1)^{n+1}=a$. 故对任意给定的 $\varepsilon>0$，存在自然数 N，使得当 $n>N$ 时，有

$$|(-1)^{n+1}-a|<\varepsilon.$$

特别取 $\varepsilon=\dfrac{1}{2}$，则 $(-1)^{n+1}$ 都要落入开区间 $\left(a-\dfrac{1}{2}, a+\dfrac{1}{2}\right)$ 内，而这显然是不可能的，因为开区间 $\left(a-\dfrac{1}{2}, a+\dfrac{1}{2}\right)$ 的长度为 1，而与 $(-1)^{n+1}$ 对应的两个数 -1，1 之间的距离为 2，故假设不成立，从而数列 $\{(-1)^{n+1}\}$ 是发散的．

性质 2（收敛数列的有界性）　如果数列 $\{x_n\}$ 收敛，则数列 $\{x_n\}$ 一定有界．

证 因为数列$\{x_n\}$收敛，不妨假设$\lim\limits_{n\to\infty}x_n=a$. 根据数列极限的定义对$\varepsilon=1$，存在着正整数$N$，使得对于$n>N$时的一切$x_n$，不等式

$$|x_n-a|<1$$

都成立. 于是，当$n>N$时

$$|x_n|=|(x_n-a)+a|\leqslant|x_n-a|+|a|<1+|a|,$$

取$M=\max\{|x_1|, |x_2|, \cdots, |x_N|, 1+|a|\}$，这时，数列$\{x_n\}$中的一切$x_n$都满足不等式

$$|x_n|\leqslant M,$$

这表明数列$\{x_n\}$是有界的.

性质2表明，如果数列$\{x_n\}$无界，则数列$\{x_n\}$一定发散. 但如果数列$\{x_n\}$有界，却不能断言数列$\{x_n\}$一定收敛，比如例6当中的数列$\{(-1)^{n+1}\}$是有界的，但它却是发散的数列.

在学习下一性质之前，我们首先了解一下数列的子列的概念.

在数列$\{x_n\}$中任意抽取无限多项并保持这些项在原数列$\{x_n\}$中的先后次序，这样得到的一个数列称为原数列$\{x_n\}$的**子数列**(或称子列). 通常我们可以假设数列$\{x_n\}$中，第一次抽取x_{n_1}，第二次在x_{n_1}后抽取x_{n_2}，第三次在x_{n_2}后抽取x_{n_3}，…，这样无休止地抽取下去，得到一个数列x_{n_1}，x_{n_2}，…，x_{n_k}，…，就是数列$\{x_n\}$的一个子数列. 易知在子数列$\{x_{n_k}\}$中，一般项x_{n_k}是第k项，而x_{n_k}在原数列$\{x_n\}$中却是第n_k项. 显然，$n_k\geqslant k$.

性质3(收敛数列与其子列间的关系) 如果数列$\{x_n\}$收敛于a，则它的任意一个子列也收敛，且也收敛于a.

证 设数列$\{x_{n_k}\}$是数列$\{x_n\}$的任意一个子列. 由于$\lim\limits_{n\to\infty}x_n=a$，故对任意给定的$\varepsilon>0$，存在着正整数$N$，使得当$n>N$时，等式$|x_n-a|<\varepsilon$成立. 取$K=N$，则当$k>K$时$n_k>n_K=n_N\geqslant N$，此时必然有$|x_{n_k}-a|<\varepsilon$，这就证明了$\lim\limits_{n\to\infty}x_{n_k}=a$.

性质3表明，如果数列$\{x_n\}$有两个子列收敛于不同的极限，则数列$\{x_n\}$是发散的，比如例6当中的数列$\{(-1)^{n+1}\}$的子列$\{x_{2k-1}\}$收敛于1，而子列$\{x_{2k}\}$收敛于-1，因此数列$\{(-1)^{n+1}\}$是发散的. 同时，这个例子表明发散的数列也有可能存在收敛的子列.

性质4(数列极限的夹逼准则) 如果数列$\{x_n\}$，$\{y_n\}$及$\{z_n\}$满足下列条件：

(1)$x_n\leqslant y_n\leqslant z_n(n=1, 2, 3, \cdots)$，

(2)$\lim\limits_{n\to\infty}x_n=a$，$\lim\limits_{n\to\infty}z_n=a$，

则数列$\{y_n\}$的极限存在，且$\lim\limits_{n\to\infty}y_n=a$.

证　因 $\lim\limits_{n\to\infty}x_n=a$，$\lim\limits_{n\to\infty}z_n=a$，所以根据数列极限的定义，对于任意给定的 $\varepsilon>0$，存在正整数 N_1，N_2，使得

（1）当 $n>N_1$ 时，有 $|x_n-a|<\varepsilon$，即 $a-\varepsilon<x_n<a+\varepsilon$；

（2）当 $n>N_2$ 时，有 $|z_n-a|<\varepsilon$，即 $a-\varepsilon<z_n<a+\varepsilon$.

取 $N=\max\{N_1,N_2\}$，则当 $n>N$ 时，不等式 $a-\varepsilon<x_n<a+\varepsilon$ 及 $a-\varepsilon<z_n<a+\varepsilon$ 同时成立，从而

$$a-\varepsilon<x_n\leqslant y_n\leqslant z_n<a+\varepsilon,$$

这表明当 $n>N$ 时，$|y_n-a|<\varepsilon$，即 $\lim\limits_{n\to\infty}y_n=a$.

在学习下一性质之前，我们首先了解一下数列单调性的概念.

称数列 $\{x_n\}$ 是**单调数列**，如果它满足下述条件之一：

（1）对任意的自然数 n 均有 $x_n\leqslant x_{n+1}$，即 $x_1\leqslant x_2\leqslant x_3\leqslant\cdots\leqslant x_n\leqslant x_{n+1}\leqslant\cdots$，此时也称数列 $\{x_n\}$ 是单调增加的；

（2）对任意的自然数 n 均有 $x_n\geqslant x_{n+1}$，即 $x_1\geqslant x_2\geqslant x_3\geqslant\cdots\geqslant x_n\geqslant x_{n+1}\geqslant\cdots$，此时也称数列 $\{x_n\}$ 是单调减少的.

性质 5　单调有界数列必有极限.（证明略）

例 7　利用性质 5 证明数列 $\left\{\left(1+\frac{1}{n}\right)^n\right\}$ 存在极限.

证　根据性质 5 只需证明 $\left\{\left(1+\frac{1}{n}\right)^n\right\}$ 是单调有界数列. 利用二项式定理，我们有

$$\begin{aligned}1&\leqslant\left(1+\frac{1}{n}\right)^n\\&=1+\frac{n}{1!}\cdot\frac{1}{n}+\frac{n(n-1)}{2!}\cdot\frac{1}{n^2}+\frac{n(n-1)(n-2)}{3!}\cdot\frac{1}{n^3}+\cdots+\\&\quad\frac{n(n-1)\cdots(n-n+1)}{n!}\cdot\frac{1}{n^n}\\&=1+1+\frac{1}{2!}\left(1-\frac{1}{n}\right)+\frac{1}{3!}\left(1-\frac{1}{n}\right)\left(1-\frac{2}{n}\right)+\cdots+\\&\quad\frac{1}{n!}\left(1-\frac{1}{n}\right)\left(1-\frac{2}{n}\right)\cdots\left(1-\frac{n-1}{n}\right)\\&<1+1+\frac{1}{2!}+\frac{1}{3!}+\cdots+\frac{1}{n!}<1+1+\frac{1}{2\cdot1}+\frac{1}{3\cdot2}+\cdots+\frac{1}{n\cdot(n-1)}\\&=1+1+1-\frac{1}{2}+\frac{1}{2}-\frac{1}{3}+\cdots+\frac{1}{n-1}-\frac{1}{n}=1+1+1-\frac{1}{n}<3,\end{aligned}$$

这表明数列 $\left\{\left(1+\frac{1}{n}\right)^n\right\}$ 是有界的. 而另一方面，由于

$$\begin{aligned}\left(1+\frac{1}{n+1}\right)^{n+1} &= 1+1+\frac{1}{2!}\left(1-\frac{1}{n+1}\right)+\frac{1}{3!}\left(1-\frac{1}{n+1}\right)\left(1-\frac{2}{n+1}\right)+\cdots+\\ &\quad \frac{1}{n!}\left(1-\frac{1}{n+1}\right)\left(1-\frac{2}{n+1}\right)\cdots\left(1-\frac{n-1}{n+1}\right)+\\ &\quad \frac{1}{(n+1)!}\left(1-\frac{1}{n+1}\right)\left(1-\frac{2}{n+1}\right)\cdots\left(1-\frac{n}{n+1}\right)\\ &> 1+1+\frac{1}{2!}\left(1-\frac{1}{n}\right)+\frac{1}{3!}\left(1-\frac{1}{n}\right)\left(1-\frac{2}{n}\right)+\cdots+\\ &\quad \frac{1}{n!}\left(1-\frac{1}{n}\right)\left(1-\frac{2}{n}\right)\cdots\left(1-\frac{n-1}{n}\right)+\\ &\quad \frac{1}{(n+1)!}\left(1-\frac{1}{n+1}\right)\left(1-\frac{2}{n+1}\right)\cdots\left(1-\frac{n}{n+1}\right)\\ &> 1+1+\frac{1}{2!}\left(1-\frac{1}{n}\right)+\frac{1}{3!}\left(1-\frac{1}{n}\right)\left(1-\frac{2}{n}\right)+\cdots+\\ &\quad \frac{1}{n!}\left(1-\frac{1}{n}\right)\left(1-\frac{2}{n}\right)\cdots\left(1-\frac{n-1}{n}\right)\\ &= \left(1+\frac{1}{n}\right)^{n},\end{aligned}$$

故数列$\left\{\left(1+\frac{1}{n}\right)^{n}\right\}$是单调增加的数列．因此根据性质5数列$\left\{\left(1+\frac{1}{n}\right)^{n}\right\}$必存在极限．

而这一极限也是我们今后要学习的两大重要极限之一，记这个极限为e，即

$$\lim_{n\to\infty}\left(1+\frac{1}{n}\right)^{n}=\mathrm{e},$$

e是一个无理数，它的近似值为e＝2.718281828459045．数e也是我们初等数学当中所学的指数函数$y=\mathrm{e}^{x}$及自然对数$y=\ln x$中的底数．

习题3.1

1. 用数列极限的定义证明．

(1) $\lim\limits_{n\to\infty}\left(2+\frac{1}{n}\right)=2$； (2) $\lim\limits_{n\to\infty}\left(2+\frac{1}{n^2}\right)=2$；

(3) $\lim\limits_{n\to\infty}\left[1+\frac{(-1)^{n+1}}{n+(-1)^{n+1}}\right]=1$； (4) $\lim\limits_{n\to\infty}\frac{1}{n+10}=0$.

2. 若$\lim\limits_{n\to\infty}u_n=a$，证明$\lim\limits_{n\to\infty}|u_n|=|a|$，并举例说明反之未必成立．

3. 设数列$\{x_n\}$有界，又$\lim\limits_{n\to\infty}y_n=0$，证明：$\lim\limits_{n\to\infty}x_ny_n=0$.

4. 对数列$\{x_n\}$，若$x_{2k-1}\to a(k\to\infty)$，$x_{2k}\to a(k\to\infty)$，证明：$\lim\limits_{n\to\infty}x_n=a$.

5. 利用数列极限的性质证明：

（1）$\lim\limits_{n\to\infty}\sqrt{1+\dfrac{1}{n}}=1$；

（2）数列$\sqrt{2}$，$\sqrt{2+\sqrt{2}}$，$\sqrt{2+\sqrt{2+\sqrt{2}}}$，…的极限存在，并求其极限.

3.2　函数的极限

数列是一个特殊的函数，其自变量是离散型的，本节我们学习自变量为连续型的一般函数的极限.

3.2.1　自变量趋于无穷大时函数的极限

类似于数列的极限，我们在中学课程中接触的函数极限（自变量趋于无穷大时）的定义为：如果当 $x\to\infty$ 时，对应的函数值 $f(x)$ 无限接近于确定的数值 A，则称 A 为函数 $f(x)$ 当 $x\to\infty$ 时的极限. 利用这个定义，我们可以判定函数 $f(x)=\dfrac{1}{x}$ 当 $x\to\infty$ 时的极限为 0.

跟数列的描述性定义一样，这种定义是含糊的. 下面我们给出函数极限（自变量趋于无穷大时）的严格定义.

定义 3.2　假设函数 $f(x)$ 当 $|x|$ 大于某一正数时有定义，如果对任意 $\varepsilon>0$，总存在着正数 X，使得对于适合不等式 $|x|>X$ 的一切 x，对应的函数值 $f(x)$ 满足不等式

$$|f(x)-A|<\varepsilon,$$

则称常数 A 为函数 $f(x)$ 当 $x\to\infty$ 时的极限，记作

$$\lim_{n\to\infty}f(x)=A \text{ 或 } f(x)\to A(x\to x_0).$$

如果把上面定义中的 $|x|>X$ 改为 $x>X$，就可得 $\lim\limits_{n\to+\infty}f(x)=A$ 的定义. 同样把上面定义中的 $|x|>X$ 改为 $-x>X$，便得 $\lim\limits_{n\to-\infty}f(x)=A$ 的定义.

注　在研究自变量趋于无穷大时函数的极限时，由于极限本身只与 $x\to\infty$ 时有联系，因此对函数本身的要求只需当 x 充分大时 $f(x)$ 有定义即可.

根据自变量趋于无穷大时函数极限的定义可知当 $|x|$ 充分大时，函数 $f(x)$ 将落入 A 点的 ε 邻域内，即 $A-\varepsilon<f(x)<A+\varepsilon$. 因此在平面直角坐标系中作直线 $y=A-\varepsilon$ 和 $y=A+\varepsilon$，则总有一个正整数 X 存在，使得当 $x<-X$ 或 $x>X$ 时，函数 $y=f(x)$ 的图形位于这两条直线之间，如图 3.2 所示.

例 1　证明 $\lim\limits_{x\to\infty}\dfrac{1}{x^2}=0$.

证　任给 $\varepsilon>0$，要证存在正数 X，当 $|x|>X$ 时，有不等式

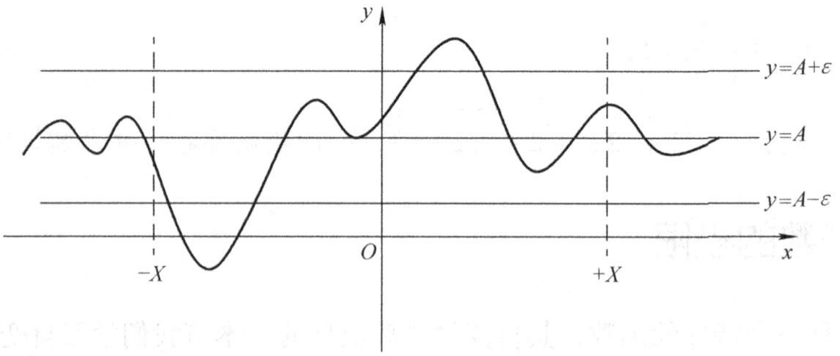

图 3.2

$$\left|\frac{1}{x^2}-0\right|=\frac{1}{x^2}<\varepsilon,$$

而这个不等式等价于 $x^2>\frac{1}{\varepsilon}$，即 $|x|>\frac{1}{\sqrt{\varepsilon}}$. 由此可知，如果取 $X=\frac{1}{\sqrt{\varepsilon}}$，则对于适合 $|x|>X=\sqrt{\frac{1}{\varepsilon}}$ 的一切 x，不等式

$$\left|\frac{1}{x^2}-0\right|=\frac{1}{x^2}<\varepsilon$$

成立，这就证明了 $\lim\limits_{n\to\infty}\frac{1}{x^2}=0$.

3.2.2 自变量趋于有限值时函数的极限

3.2.2.1 函数极限的定义

当自变量趋向于有限值时，函数极限的描述性定义为：如果在 x 趋向于某一定值 x_0 的过程中，对应的函数值 $f(x)$ 无限接近于某一确定的常数 A，则称该常数 A 为函数 $f(x)$ 当 $x\to x_0$ 时的极限. 但这样的定义方式是不严谨的，下面我们给出函数极限(当自变量趋向于有限值时)的严格定义.

定义 3.3 假设函数 $f(x)$ 在点 x_0 的某一去心邻域内有定义. 如果对任意 $\varepsilon>0$，总存在 $\delta>0$，使得对于适合不等式 $0<|x-x_0|<\delta$ 的一切 x，对应的函数值 $f(x)$ 都满足不等式

$$|f(x)-A|<\varepsilon,$$

则称常数 A 为函数 $f(x)$ 当 $x\to x_0$ 时的极限，记作

$$\lim_{x\to x_0}f(x)=A \text{ 或 } f(x)\to A(x\to x_0).$$

注 在研究 $x\to x_0$ 时函数的极限时，由于极限本身只与 x_0 点附近的点有关，因此对函数本身的要求也只需在 x_0 点的某一去心邻域内有定义即可.

任意给定一个 $\varepsilon>0$，作平行于 x 轴的两条直线 $y=A-\varepsilon$ 和 $y=A+\varepsilon$，根据

$\lim\limits_{x \to x_0} f(x) = A$ 的定义，当 x 落入 x_0 点的某一去心 δ 邻域内时这些点的纵坐标 $y = f(x)$ 都满足不等式

$$|f(x) - A| < \varepsilon \text{ 或 } A - \varepsilon < f(x) < A + \varepsilon.$$

这表明，这些点落在上面所作的两条横条区域内，如图 3.3 所示.

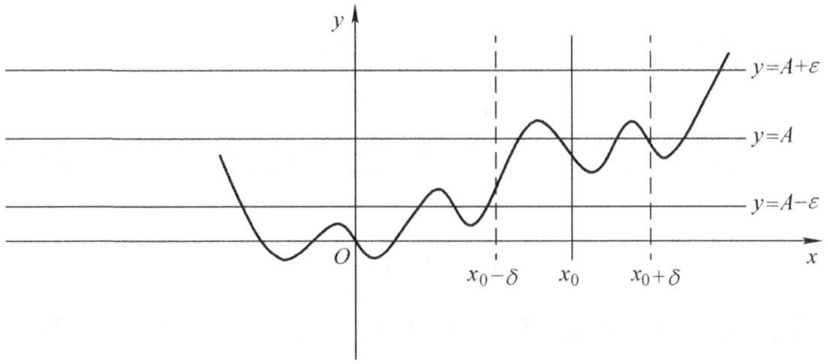

图　3.3

例 2　证明 $\lim\limits_{x \to x_0} c = c$，此处 c 为常数.

证　对任意给定的 $\varepsilon > 0$，由于 $|f(x) - A| = |c - c| = 0 < \varepsilon$，故 δ 可取为任意一个正数，当 $0 < |x - x_0| < \delta$ 时，不等式 $|f(x) - A| = |c - c| = 0 < \varepsilon$ 均成立，即 $\lim\limits_{x \to x_0} c = c$.

例 3　证明 $\lim\limits_{x \to 1} \dfrac{x^2 - 1}{x - 1} = 2$.

证　由于函数 $f(x) = \dfrac{x^2 - 1}{x - 1}$ 当 $x \to 1$ 时的极限与函数 $f(x)$ 在 $x = 1$ 点处是否有定义无关，因此函数 $f(x)$ 当 $x \to 1$ 时的极限可能存在. 事实上，对任意 $\varepsilon > 0$，由于

$$\left| \frac{x^2 - 1}{x - 1} - 2 \right| = \left| \frac{(x + 1)(x - 1)}{x - 1} - 2 \right| = |x - 1|,$$

因此，如果我们取定 $\delta = \varepsilon$，则对于适合不等式 $0 < |x - 1| < \delta$ 的一切 x，均有

$$\left| \frac{x^2 - 1}{x - 1} - 2 \right| = \left| \frac{(x + 1)(x - 1)}{x - 1} - 2 \right| = |x - 1| < \delta = \varepsilon,$$

即

$$\lim_{x \to 1} \frac{x^2 - 1}{x - 1} = 2.$$

3.2.2.2　左极限与右极限

$\lim\limits_{x \to x_0} f(x) = A$ 的定义中 x 是既从 x_0 点的左侧也是从 x_0 点的右侧趋于 x_0 的，但在许多问题中同时考虑 x_0 点的左右侧的趋向是没有必要的或者是没有意义的. 例如，对于定义在区间 (a, b) 上的函数而言，考虑 a 点的左侧趋向或 b 点的右

侧趋向完全没有必要．因此下面简单介绍一下函数的单侧极限，也称左极限或右极限．

假设函数$f(x)$在x_0点的左侧邻域内有定义，如果对任意$\varepsilon>0$，总存在$\delta>0$，使得对于适合不等式$0<x_0-x<\delta$的一切x，对应的函数值$f(x)$都满足不等式

$$|f(x)-A|<\varepsilon,$$

则称常数A为函数$f(x)$当$x\to x_0-0$时的左极限，记作

$$\lim_{x\to x_0-0}f(x)=A.$$

函数$f(x)$当$x\to x_0$时的**右极限**可类似地定义（具体定义请读者自行完成），其记法为

$$\lim_{x\to x_0+0}f(x)=A.$$

有时候我们以$f(x_0-0)$和$f(x_0+0)$分别表示函数$f(x)$在点x_0处的左极限和右极限．

根据函数在x_0点的左右极限的定义可知，**函数$f(x)$在x_0点存在极限的充分必要条件是函数$f(x)$在x_0点的左右极限存在且相等．**

3.2.3 函数极限的性质和两个重要极限

3.2.3.1 函数极限的性质

性质1（函数极限的局部保号性） 如果$\lim\limits_{x\to x_0}f(x)=A$且$A>0$（或$A<0$），则存在点$x_0$的某一去心邻域，当$x$在该邻域内时，就有$f(x)>0$（或$f(x)<0$）.

证 由于$A>0$且A为某一常数，因此必存在ε，满足$A\geqslant\varepsilon>0$. 根据$\lim\limits_{x\to x_0}f(x)=A$可知，对上述$\varepsilon$，存在一个正数$\delta$，当$x\in\mathring{U}(x_0,\delta)$时，不等式

$$|f(x)-A|<\varepsilon \text{ 或 } A-\varepsilon<f(x)<A+\varepsilon$$

成立．因$A-\varepsilon\geqslant0$，故$f(x)>0$. 同理可证$A<0$的情形．

性质2 如果在x_0的某一去心邻域内$f(x)\geqslant0$（或$f(x)\leqslant0$）且$\lim\limits_{x\to x_0}f(x)=A$，则$A\geqslant0$（或$A\leqslant0$）.

证 采用反证法．假设$f(x)\geqslant0$，但$A<0$，则由性质1知，存在x_0的某一去心邻域，在该邻域内$f(x)<0$，这与$f(x)\geqslant0$的假设矛盾．

性质3（函数极限的夹逼准则） 如果当$x\in\mathring{U}(x_0,\delta)$（或$|x|>M$）时，有

$$g(x)\leqslant f(x)\leqslant h(x),$$

且

$$\lim_{\substack{x\to x_0\\(x\to\infty)}}g(x)=A,\quad \lim_{\substack{x\to x_0\\(x\to\infty)}}h(x)=A,$$

则 $\lim\limits_{\substack{x \to x_0 \\ (x \to \infty)}} f(x)$ 存在，且等于 A.

证明从略.

3.2.3.2　两个重要极限

1. $\lim\limits_{x \to 0} \dfrac{\sin x}{x} = 1$.

对函数 $f(x) = \dfrac{\sin x}{x}$ 而言，它在一切 $x \neq 0$ 的点都有定义.

如图 3.4 所示，在一个单位圆中，设圆心角 $\angle AOB = x\left(0 < x < \dfrac{\pi}{2}\right)$，点 A 处的切线与 OB 的延长线相交于 D，又 $BC \perp OA$，则

$$\sin x = CB, \ x = \overset{\frown}{AB}, \ \tan x = AD,$$

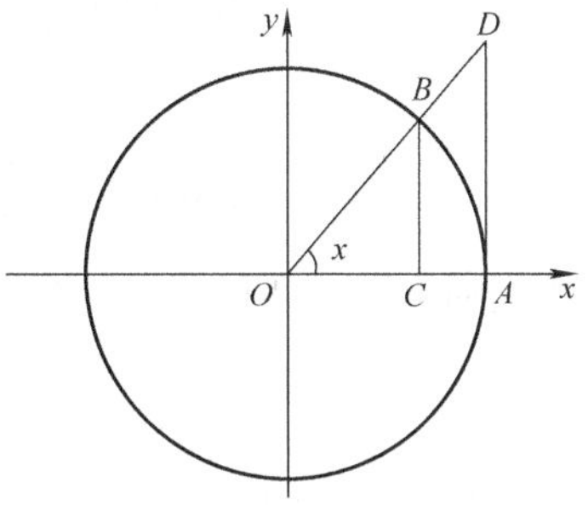

图　3.4

因为

$$\triangle AOB \text{ 的面积} < \text{扇形 } AOB \text{ 的面积} < \triangle AOD \text{ 的面积},$$

所以

$$\frac{1}{2}\sin x < \frac{1}{2}x < \frac{1}{2}\tan x,$$

即

$$\sin x < x < \tan x.$$

不等号各边都除以 $\sin x$，考虑到 $0 < x < \dfrac{\pi}{2}$，就有

$$1 < \frac{x}{\sin x} < \frac{1}{\cos x},$$

上述不等式分子分母互换，可得

$$\cos x < \frac{\sin x}{x} < 1.$$

因为当 x 用 $-x$ 替换时，$\cos x$ 与 $\dfrac{\sin x}{x}$ 都不变，所以上述不等式对于开区间 $\left(-\dfrac{\pi}{2}, \dfrac{\pi}{2}\right)$ 内的一切 x 都成立.

对不等式 $\cos x < \dfrac{\sin x}{x} < 1$ 两边同时取极限，即令 $x \to 0$，由性质 3 得

$$\lim_{x \to 0} \frac{\sin x}{x} = 1.$$

2. $\lim\limits_{x \to \infty}\left(1 + \dfrac{1}{x}\right)^x = \mathrm{e}$.

设 $n \leqslant x \leqslant n+1$，则

$$\left(1+\frac{1}{n+1}\right)^{n} \leqslant\left(1+\frac{1}{x}\right)^{x} \leqslant\left(1+\frac{1}{n}\right)^{n+1},$$

且当 $n \to +\infty$ 时 $x \to +\infty$，

$$\lim_{n \to +\infty}\left(1+\frac{1}{n+1}\right)^{n}=\lim_{n \to +\infty} \frac{\left(1+\dfrac{1}{n+1}\right)^{n+1}}{1+\dfrac{1}{n+1}}=\mathrm{e},$$

$$\lim_{n \to +\infty}\left(1+\frac{1}{n}\right)^{n+1}=\lim_{n \to +\infty}\left[\left(1+\frac{1}{n}\right)^{n} \cdot\left(1+\frac{1}{n}\right)\right]=\mathrm{e},$$

应用夹逼准则，即得

$$\lim_{x \to +\infty}\left(1+\frac{1}{x}\right)^{x}=\mathrm{e}.$$

令 $x=-(t+1)$，则 $x \to -\infty$ 时，$t \to +\infty$. 从而

$$\lim_{x \to -\infty}\left(1+\frac{1}{x}\right)^{x}=\lim_{t \to +\infty}\left(1-\frac{1}{t+1}\right)^{-(t+1)}=\lim_{t \to +\infty}\left(\frac{t}{t+1}\right)^{-(t+1)}=\lim_{t \to +\infty}\left(1+\frac{1}{t}\right)^{t+1}=\mathrm{e}.$$

这样 $\lim\limits_{x \to +\infty}\left(1+\frac{1}{x}\right)^{x}=\mathrm{e}$ 与 $\lim\limits_{x \to -\infty}\left(1+\frac{1}{x}\right)^{x}=\mathrm{e}$，所以

$$\lim_{x \to \infty}\left(1+\frac{1}{x}\right)^{x}=\mathrm{e}.$$

习题 3.2

1. 利用函数极限的定义证明：

(1) $\lim\limits_{x \to 1}(2x-1)=1$；　　(2) $\lim\limits_{x \to -1}(2x-1)=-3$；

(3) $\lim\limits_{x \to 1}(x-3)=-2$；　　(4) $\lim\limits_{x \to -2} \dfrac{x+1}{x+3}=-1$.

2. 证明：若 $x \to +\infty$ 和 $x \to -\infty$ 时，函数 $f(x)$ 的极限存在且都等于 A，则 $\lim\limits_{x \to \infty} f(x)=A$.

3. 函数 $f(x)$ 当 $x \to x_0$ 时的极限存在的充分必要条件是左极限、右极限各自存在并且相等.

3.3 无穷大与无穷小

3.3.1 无穷大

假设函数 $f(x)$ 在 x_0 点的某一去心邻域内有定义(或 $|x|$ 大于某一正数时有

定义）. 如果对任意给定的正数 M（不论它多么大），总存在正数 δ（或正数 X），使得对于适合不等式 $0<|x-x_0|<\delta$（或 $|x|>X$）的一切 x，对应的函数值 $f(x)$ 总满足不等式

$$|f(x)|>M,$$

则称函数 $f(x)$ 当 $x\to x_0$（或 $x\to\infty$）时为无穷大.

如果函数 $f(x)$ 当 $x\to x_0$（或 $x\to\infty$）时为无穷大，根据函数极限定义，它是不存在极限的，但为了便于叙述函数的这一性态，我们也说“函数的极限是无穷大”，并记作

$$\lim_{x\to x_0}f(x)=\infty\ (\text{或}\lim_{x\to\infty}f(x)=\infty).$$

在无穷大的定义中通常 M 越大越好，而在通常极限当中的 ε 越小越好. 其中 M 是用来体现一个数趋向于无穷大的事实，而 ε 则用来叙述两个数的接近程度，要想让两个数任意接近 ε 当然越小越好.

特别注意的是，大家千万不要把非常大的数和无穷大混为一谈. 无穷大（∞）不是一个数.

例 1　证明 $\lim\limits_{x\to 0}\dfrac{1}{x}=\infty$.

证　任给 $M>0$，要使 $\left|\dfrac{1}{x}\right|>M$，只要 $\dfrac{1}{M}>|x|$，所以，取 $\delta=\dfrac{1}{M}$，这时，对于适合不等式 $0<|x-0|<\delta$ 的一切 x，总有

$$\left|\frac{1}{x}\right|>\frac{1}{\delta}=M.$$

这就证明了 $\lim\limits_{x\to 0}\dfrac{1}{x}=\infty$.

3.3.2　无穷小

3.3.2.1　无穷小的定义与性质

定义 3.4　如果 $\lim\limits_{\substack{x\to x_0\\(x\to\infty)}}f(x)=0$，则称函数 $f(x)$ 为当 $x\to x_0$（$x\to\infty$）时的无穷小.

例如，因为 $\lim\limits_{x\to 2}(x-2)=0$，所以，函数 $f(x)=x-2$ 为当 $x\to 2$ 时的无穷小. 同样，由于 $\lim\limits_{x\to\infty}\dfrac{1}{x}=0$，故函数 $f(x)=\dfrac{1}{x}$ 为当 $x\to\infty$ 时的无穷小.

与无穷大一样，大家不能把很小的数和无穷小混为一谈，在自变量的变化过程中无穷小是绝对值可以小于任意给定正数的，而很小的数只能达到一定的小，不能达到任意的小. 当然，0 作为无穷小的唯一常数，这是因为 $f(x)\equiv 0$ 意味着对任意 $\varepsilon>0$，总有 $|f(x)|<\varepsilon$.

定理 3.1(无穷小与函数极限的关系) $\lim\limits_{\substack{x\to x_0\\(x\to\infty)}} f(x)=A$ 成立的充分必要条件是 $f(x)=A+\alpha$，其中 α 为 $x\to x_0(x\to\infty)$时的无穷小.

证 假设$\lim\limits_{x\to x_0}f(x)=A$，则对任意 $\varepsilon>0$，存在$\delta>0$，使得当$0<|x-x_0|<\delta$时，总有

$$|f(x)-A|<\varepsilon,$$

令 $\alpha=f(x)-A$，则 α 为 $x\to x_0$ 时的无穷小，且$f(x)=A+\alpha$. 这就证明了$f(x)$等于它的极限 A 与一个无穷小 α 之和.

反之，如果$f(x)=A+\alpha$，其中 A 是常数，α 为 $x\to x_0$时的无穷小，于是对任意 $\varepsilon>0$，存在$\delta>0$，使得当$0<|x-x_0|<\delta$时，总有

$$|\alpha|<\varepsilon,$$

即

$$|f(x)-A|=|\alpha|<\varepsilon,$$

故$\lim\limits_{x\to x_0}f(x)=A$.

同理可证 $x\to\infty$ 的情形.

性质 1 有限个无穷小的和也是无穷小.

证 假设 α_1，α_2，…，α_n 为 n 个当 $x\to x_0$ 时的无穷小. 任给 $\varepsilon>0$，因为 $\alpha_k(k=1,2,\cdots,n)$是无穷小，根据无穷小的定义，对于$\dfrac{\varepsilon}{n}>0$，存在 $\delta_k(k=1,2,\cdots,n)$，使得当$0<|x-x_0|<\delta_k$ 时，总有

$$|\alpha_k|<\frac{\varepsilon}{n}\quad(k=1,2,\cdots,n)$$

成立. 取 $\delta=\min\{\delta_1,\delta_2,\cdots,\delta_n\}$，则当$0<|x-x_0|<\delta$时，对任何的 $k(k=1,2,\cdots,n)$，不等式

$$|\alpha_k|<\frac{\varepsilon}{n}(k=1,2,\cdots,n)$$

都成立. 从而

$$|\alpha_1+\alpha_2+\cdots+\alpha_n|\leqslant|\alpha_1|+|\alpha_2|+\cdots+|\alpha_n|<\frac{\varepsilon}{n}+\frac{\varepsilon}{n}+\cdots+\frac{\varepsilon}{n}=\varepsilon,$$

这表明 $\alpha_1+\alpha_2+\cdots+\alpha_n$ 为当 $x\to x_0$ 时的无穷小.

同理可证 $x\to\infty$ 时的情形，这表明有限个无穷小的和也是无穷小.

由于 $-\alpha$ 为当 $\alpha\to 0$ 时的无穷小，因此有限个无穷小的差也是无穷小.

性质 2 有界函数与无穷小的乘积是无穷小. 特别地，常数和无穷小的乘积是无穷小，有限个无穷小的乘积也是无穷小.

证明从略.

3.3.2.2　无穷小的比较

我们已经知道有限个无穷小的和、差、积仍然是无穷小．那么，有限个无穷小的商是否为无穷小呢？答案是否定的．例如，当 $x\to 0$ 时，x，$\sin x$，x^2 都是无穷小，但

$$\lim_{x\to 0}\frac{\sin x}{x}=1,\ \lim_{x\to 0}\frac{x^2}{x}=0,\ \lim_{x\to 0}\frac{x}{x^2}=\infty.$$

这表明两个无穷小之比的极限可能是各种各样的，这些不同情况，反映了不同的无穷小趋于零的“快慢”程度．下面我们就两个无穷小之比的极限存在或为无穷大，来说明两个无穷小之间的比较．

假设 α 和 β 都是在同一个自变量的变化过程中的无穷小，且 $\alpha\neq 0$，而 $\lim\frac{\beta}{\alpha}$ 也是在这个变化过程中的极限．

如果 $\lim\frac{\beta}{\alpha}=0$，则称 β 是比 α **高阶的无穷小**，记作 $\beta=o(\alpha)$；

如果 $\lim\frac{\beta}{\alpha}=\infty$，则称 β 是比 α **低阶的无穷小**．记作 $\alpha=o(\beta)$；

如果 $\lim\frac{\beta}{\alpha}=c\neq 0$，则称 β 与 α 是**同阶的无穷小**，记作 $\beta=O(\alpha)$；

如果 $\lim\frac{\beta}{\alpha}=1$，则称 β 与 α 是**等价的无穷小**，记作 $\alpha\sim\beta$.

由于 $\lim\limits_{x\to 0}\frac{\sin x}{x}=1$，$\lim\limits_{x\to 0}\frac{x^2}{x}=0$，$\lim\limits_{x\to 3}\frac{x^2-9}{x-3}=6$，故 $\sin x\sim x\,(x\to 0)$，x^2 是比 x 高阶的无穷小，即 $x^2=o(x)\,(x\to 0)$，x^2-9 与 $x-3$ 是当 $x\to 3$ 时的同阶无穷小，即 $x^2-9=O(x-3)\,(x\to 3)$.

定理 3.2　$\alpha\sim\beta$ 的充分必要条件是 $\beta=\alpha+o(\alpha)$.

定理 3.3　设 $\alpha\sim\alpha'$，$\beta\sim\beta'$，且 $\lim\frac{\beta'}{\alpha'}$ 存在，则 $\lim\frac{\beta}{\alpha}=\lim\frac{\beta'}{\alpha'}$.

3.3.3　无穷大与无穷小的关系

定理 3.4　$f(x)$ 为当 $x\to x_0$（或 $x\to\infty$）时的无穷大的充分必要条件是 $\frac{1}{f(x)}$ 为当 $x\to x_0$（或 $x\to\infty$）时的无穷小，这里假设 $f(x)$ 在 x_0 点的某一去心邻域内 $f(x)\neq 0$.

证　设 $\lim\limits_{x\to x_0}f(x)=\infty$，则对任意 $\varepsilon>0$，根据无穷大的定义，对于 $M=\frac{1}{\varepsilon}$，存在着 $\delta>0$，使得当 $0<|x-x_0|<\delta$ 时，总有

$$|f(x)|>M=\frac{1}{\varepsilon},$$

即有

$$\left|\frac{1}{f(x)}\right|<\varepsilon,$$

所以$\frac{1}{f(x)}$为 $x\to x_0$ 时的无穷小.

反过来，设$\lim\limits_{x\to x_0}\frac{1}{f(x)}=0$，则对任意 $M>0$，由无穷小的定义，存在着 $\delta>0$，使得当$0<|x-x_0|<\delta$时，总有

$$\left|\frac{1}{f(x)}\right|<\frac{1}{M},$$

即有

$$|f(x)|>M,$$

所以$f(x)$为 $x\to x_0$（或 $x\to\infty$）时的无穷大.

同理可证 $x\to\infty$ 的情形.

习题 3.3

当 $x\to\infty$ 时，下列函数中哪些是无穷大量？哪些是无穷小量？

(1) $f(x)=2x-1$；　　(2) $f(x)=\frac{x+2}{x^2+3}$；　　(3) $f(x)=\frac{2x+3}{1-x^2}$.

3.4 极限运算法则

本节将建立极限的四则运算法则和复合函数的极限运算法则.

定理 3.5 如果 $\lim\limits_{\substack{x\to x_0\\(x\to\infty)}}f(x)=A$，$\lim\limits_{\substack{x\to x_0\\(x\to\infty)}}g(x)=B$，则 $\lim\limits_{\substack{x\to x_0\\(x\to\infty)}}[f(x)\pm g(x)]$存在，且

$$\lim_{\substack{x\to x_0\\(x\to\infty)}}[f(x)\pm g(x)]=A\pm B=\lim_{\substack{x\to x_0\\(x\to\infty)}}f(x)\pm\lim_{\substack{x\to x_0\\(x\to\infty)}}g(x),$$

即存在极限的两个函数和(差)的极限等于其极限的和(差).

证 因 $\lim\limits_{\substack{x\to x_0\\(x\to\infty)}}f(x)=A$，$\lim\limits_{\substack{x\to x_0\\(x\to\infty)}}g(x)=B$，由上节定理 3.1 可知

$$f(x)=A+\alpha,\ g(x)=B+\beta,$$

其中 α 及 β 为无穷小. 于是

$$f(x)\pm g(x)=(A+\alpha)\pm(B+\beta)=(A\pm B)+(\alpha\pm\beta),$$

再根据上节定理 3.1 及无穷小的性质可得

$$\lim_{\substack{x\to x_0\\(x\to\infty)}}[f(x)\pm g(x)]=A\pm B=\lim_{\substack{x\to x_0\\(x\to\infty)}}f(x)\pm\lim_{\substack{x\to x_0\\(x\to\infty)}}g(x).$$

定理 3.5 可以推广到有限个函数的情形，即有限个存在极限的函数和(差)的极限等于其极限的和(差).

定理 3.6 如果 $\lim\limits_{\substack{x\to x_0\\(x\to\infty)}} f(x)=A$，$\lim\limits_{\substack{x\to x_0\\(x\to\infty)}} g(x)=B$，则 $\lim\limits_{\substack{x\to x_0\\(x\to\infty)}} [f(x)\cdot g(x)]$存在，且

$$\lim_{\substack{x\to x_0\\(x\to\infty)}} [f(x)\cdot g(x)]=AB=\lim_{\substack{x\to x_0\\(x\to\infty)}} f(x)\cdot\lim_{\substack{x\to x_0\\(x\to\infty)}} g(x),$$

即存在极限的两个函数乘积的极限等于其极限的乘积.

证 因 $\lim\limits_{\substack{x\to x_0\\(x\to\infty)}} f(x)=A$，$\lim\limits_{\substack{x\to x_0\\(x\to\infty)}} g(x)=B$，由上节定理 3.1 可知

$$f(x)=A+\alpha,\ g(x)=B+\beta,$$

由此可得

$$\begin{aligned}f(x)\cdot g(x)-AB&=f(x)g(x)-Ag(x)+Ag(x)-AB\\&=g(x)[f(x)-A]+A[g(x)-B]\\&=g(x)\alpha+A\beta.\end{aligned}$$

由于 $\lim\limits_{\substack{x\to x_0\\(x\to\infty)}} g(x)=B$，故存在 x_0 点的某一去心邻域，当 x 属于该去心邻域(或当 $|x|>X$)时 $g(x)$有界，故由无穷小的性质 2 可知，$f(x)\cdot g(x)-AB$ 为无穷小，从而有

$$\lim_{\substack{x\to x_0\\(x\to\infty)}} [f(x)\cdot g(x)]=AB=\lim_{\substack{x\to x_0\\(x\to\infty)}} f(x)\cdot\lim_{\substack{x\to x_0\\(x\to\infty)}} g(x).$$

定理 3.6 可以推广到有限个函数的情形，即有限个存在极限的函数乘积的极限等于其极限的乘积.

推论 1 如果 $\lim\limits_{\substack{x\to x_0\\(x\to\infty)}} f(x)$存在，而 c 为常数，则

$$\lim_{\substack{x\to x_0\\(x\to\infty)}} cf(x)=c\lim_{\substack{x\to x_0\\(x\to\infty)}} f(x),$$

即在求极限时常数因子可以提到极限符号外面.

推论 2 如果 $\lim\limits_{\substack{x\to x_0\\(x\to\infty)}} f(x)$存在，而 n 为正整数，则

$$\lim_{\substack{x\to x_0\\(x\to\infty)}} [f(x)]^n=[\lim_{\substack{x\to x_0\\(x\to\infty)}} f(x)]^n.$$

定理 3.7 因 $\lim\limits_{\substack{x\to x_0\\(x\to\infty)}} f(x)=A$，$\lim\limits_{\substack{x\to x_0\\(x\to\infty)}} g(x)=B$，且 $B\neq 0$，则 $\lim\limits_{\substack{x\to x_0\\(x\to\infty)}} \dfrac{f(x)}{g(x)}$存在，且

$$\lim_{\substack{x\to x_0\\(x\to\infty)}} \frac{f(x)}{g(x)}=\frac{A}{B}=\frac{\lim\limits_{\substack{x\to x_0\\(x\to\infty)}} f(x)}{\lim\limits_{\substack{x\to x_0\\(x\to\infty)}} g(x)},$$

即两个存在极限函数商的极限等于其极限的商.

证明请读者自行完成.

上述定理都可以应用到数列极限上，即对数列也有类似的极限四则运算法则.

定理 3.8　假设数列$\{x_n\}$和数列$\{y_n\}$存在极限，且$\lim\limits_{n\to\infty}x_n=A$，$\lim\limits_{n\to\infty}y_n=B$，则

(1) $\lim\limits_{n\to\infty}(x_n\pm y_n)=A\pm B$;

(2) $\lim\limits_{n\to\infty}(x_n\cdot y_n)=A\cdot B$;

(3) $\lim\limits_{n\to\infty}\dfrac{x_n}{y_n}=\dfrac{A}{B}$，在这里$y_n\neq 0$　$(n=1,2,\cdots)$，且$B\neq 0$.

定理 3.9　如果$f(x)\geqslant g(x)$，而$\lim\limits_{\substack{x\to x_0\\(x\to\infty)}}f(x)=A$，$\lim\limits_{\substack{x\to x_0\\(x\to\infty)}}g(x)=B$，则$A\geqslant B$.

证　令$h(x)=f(x)-g(x)$，则$h(x)\geqslant 0$，此时由定理3.5得

$$\lim_{\substack{x\to x_0\\(x\to\infty)}}h(x)=\lim_{\substack{x\to x_0\\(x\to\infty)}}[f(x)-g(x)]=\lim_{\substack{x\to x_0\\(x\to\infty)}}f(x)-\lim_{\substack{x\to x_0\\(x\to\infty)}}g(x)=A-B,$$

而由函数极限的性质2知$\lim\limits_{\substack{x\to x_0\\(x\to\infty)}}h(x)\geqslant 0$，即$A-B\geqslant 0$，故$A\geqslant B$.

定理 3.10(复合函数的极限运算法则)　假设有复合函数$f[g(x)]$满足下述几个条件:

(1) $\lim\limits_{x\to x_0}g(x)=a$;

(2) 对任意$x\in\mathring{U}(x_0)$，有$u=g(x)\in\mathring{U}(a)$;

(3) $\lim\limits_{u\to a}f(u)=A$;

则$\lim\limits_{x\to x_0}f[g(x)]=\lim\limits_{u\to a}f(u)=A$.

证明从略.

例 1　求$\lim\limits_{x\to 1}(3x-1)$.

解　$\lim\limits_{x\to 1}(3x-1)=\lim\limits_{x\to 1}3x-\lim\limits_{x\to 1}1=3\lim\limits_{x\to 1}x-1=3\cdot 1-1=2.$

例 2　求$\lim\limits_{x\to 0}\dfrac{\tan x}{x}$.

解　$\lim\limits_{x\to 0}\dfrac{\tan x}{x}=\lim\limits_{x\to 0}\left(\dfrac{\sin x}{x}\cdot\dfrac{1}{\cos x}\right)=\lim\limits_{x\to 0}\dfrac{\sin x}{x}\cdot\lim\limits_{x\to 0}\dfrac{1}{\cos x}=1.$

例 3　求$\lim\limits_{x\to 2}\dfrac{x-2}{x^2-4}$.

解　$\lim\limits_{x\to 2}\dfrac{x-2}{x^2-4}=\lim\limits_{x\to 2}\dfrac{x-2}{(x+2)(x-2)}=\lim\limits_{x\to 2}\dfrac{1}{x+2}=\dfrac{1}{2+2}=\dfrac{1}{4}.$

例 4　求$\lim\limits_{x\to 0}\dfrac{1-\cos x}{x^2}$.

解　$\lim\limits_{x\to 0}\dfrac{1-\cos x}{x^2}=\lim\limits_{x\to 0}\dfrac{2\sin^2\dfrac{x}{2}}{x^2}=\dfrac{1}{2}\lim\limits_{x\to 0}\dfrac{\sin^2\dfrac{x}{2}}{\left(\dfrac{x}{2}\right)^2}=\dfrac{1}{2}\lim\limits_{x\to 0}\left(\dfrac{\sin\dfrac{x}{2}}{\dfrac{x}{2}}\right)^2=\dfrac{1}{2}\cdot 1^2=\dfrac{1}{2}.$

例 5 证明$\lim\limits_{x\to0}(1+x)^{\frac{1}{x}}=\mathrm{e}$.

证 引进变量替换 $t=\dfrac{1}{x}$，则当 $x\to0$ 时有 $t\to\infty$，且 $x=\dfrac{1}{t}$，从而

$$\lim_{x\to0}(1+x)^{\frac{1}{x}}=\lim_{t\to\infty}\left(1+\frac{1}{t}\right)^{t}=\mathrm{e}.$$

注 在求解极限过程中如果引进变量替换，则变量的趋向也要同时改变．

例 6 求$\lim\limits_{x\to0}\dfrac{\ln(1+x)}{x}$.

解 $\lim\limits_{x\to0}\dfrac{\ln(1+x)}{x}=\lim\limits_{x\to0}\dfrac{1}{x}\ln(1+x)=\lim\limits_{x\to0}\ln(1+x)^{\frac{1}{x}}=\ln\lim\limits_{x\to0}(1+x)^{\frac{1}{x}}=\ln\mathrm{e}=1$.

例 7 求$\lim\limits_{x\to0}\dfrac{\mathrm{e}^{x}-1}{x}$.

解 令 $\mathrm{e}^{x}-1=t$，则由 $x=\ln(1+t)$ 可知，当 $x\to0$ 时有 $t\to0$，因此

$$\lim_{x\to0}\frac{\mathrm{e}^{x}-1}{x}=\lim_{t\to0}\frac{t}{\ln(1+t)}=1.$$

例 8 求$\lim\limits_{x\to0}\dfrac{\sqrt{1+x}-1}{x}$.

解
$$\lim_{x\to0}\frac{\sqrt{1+x}-1}{x}=\lim_{x\to0}\frac{(\sqrt{1+x}-1)(\sqrt{1+x}+1)}{x(\sqrt{1+x}+1)}=\lim_{x\to0}\frac{x}{x(\sqrt{1+x}+1)}$$
$$=\lim_{x\to0}\frac{1}{(\sqrt{1+x}+1)}=\frac{1}{2}.$$

例 9 求$\lim\limits_{x\to0}\dfrac{\arcsin x}{x}$.

解 令 $\arcsin x=t$，则 $x=\sin t$，当 $x\to0$ 时 $t\to0$，此时

$$\lim_{x\to0}\frac{\arcsin x}{x}=\lim_{t\to0}\frac{t}{\sin t}=\lim_{t\to0}\frac{1}{\frac{\sin t}{t}}=1.$$

通过上述例题，我们得到了一系列等价无穷小的公式，即当 $x\to0$ 时，有

$$x\sim\sin x;\ x\sim\tan x;\ x\sim\arcsin x;\ x\sim\ln(1+x);$$
$$x\sim\mathrm{e}^{x}-1;\ x\sim2(\sqrt{1+x}-1);\ 1-\cos x\sim\frac{x^{2}}{2}.$$

例 10 求

(1) $\lim\limits_{x\to\infty}\dfrac{2x^{3}+3x^{2}-4}{5x^{3}-x}$;

(2) $\lim\limits_{x\to\infty}\dfrac{2x^{3}+3x^{2}-4}{5x^{4}-x}$;

(3) $\lim\limits_{x\to\infty}\dfrac{2x^4+3x^2-4}{5x^3-x}$.

解 (1) $\lim\limits_{x\to\infty}\dfrac{2x^3+3x^2-4}{5x^3-x}=\lim\limits_{x\to\infty}\dfrac{2+\dfrac{3x^2}{x^3}-\dfrac{4}{x^3}}{5-\dfrac{x}{x^3}}=\lim\limits_{x\to\infty}\dfrac{2+\dfrac{3}{x}-\dfrac{4}{x^3}}{5-\dfrac{1}{x^2}}=\dfrac{2+0-0}{5-0}=\dfrac{2}{5}$.

(2) $\lim\limits_{x\to\infty}\dfrac{2x^3+3x^2-4}{5x^4-x}=\lim\limits_{x\to\infty}\dfrac{\dfrac{2x^3}{x^4}+\dfrac{3x^2}{x^4}-\dfrac{4}{x^4}}{5-\dfrac{x}{x^4}}=\dfrac{0+0-0}{5-0}=0$.

(3) $\lim\limits_{x\to\infty}\dfrac{2x^4+3x^2-4}{5x^3-x}=\lim\limits_{x\to\infty}\dfrac{2x+\dfrac{3}{x}-\dfrac{4}{x^3}}{5-\dfrac{x}{x^3}}=\infty$.

通过例 10，我们总结出这类多项式之比的极限计算公式如下：

$$\lim_{x\to\infty}\frac{a_0x^m+a_1x^{m-1}+\cdots+a_m}{b_0x^n+b_1x^{n-1}+\cdots+b_n}=\begin{cases}\dfrac{a_0}{b_0}, & n=m,\\ 0, & n>m,\\ \infty, & n<m.\end{cases}$$

例 11 求 $\lim\limits_{x\to\infty}\dfrac{\sin x}{x}$.

解 当 $x\to\infty$ 时，分子及分母的极限都不存在，故关于商的极限的运算法则不能应用．但 $\dfrac{\sin x}{x}=\dfrac{1}{x}\cdot\sin x$ 是无穷小与有界函数的乘积，所以 $\lim\limits_{x\to\infty}\dfrac{\sin x}{x}=0$.

习题 3.4

1. 求下列极限．

(1) $\lim\limits_{x\to4}\left(x^2+\dfrac{2}{x}\right)$；

(2) $\lim\limits_{x\to-1}\left(5x^3-\dfrac{2}{x^2}\right)$；

(3) $\lim\limits_{x\to-2}x(x+2)(x^2-1)$；

(4) $\lim\limits_{x\to2}\dfrac{\tan x-\ln(x-1)}{x+1}$；

(5) $\lim\limits_{x\to1}\dfrac{1-2x}{1+x}$；

(6) $\lim\limits_{x\to2}\left(\dfrac{1-x}{1+2x}\right)^{\frac{1}{x}}$；

(7) $\lim\limits_{x\to0}\dfrac{\arctan x}{x}$；

(8) $\lim\limits_{x\to0}x\arctan\dfrac{1}{x}$；

(9) $\lim\limits_{x\to0}\dfrac{e^x-1}{2x}$；

(10) $\lim\limits_{x\to0}\dfrac{1-\cos x}{x\sin x}$；

(11) $\lim\limits_{x\to0}\dfrac{\ln(1+x)}{2x}$;　　(12) $\lim\limits_{x\to1}\dfrac{\ln x}{\sin(x-1)}$;

(13) $\lim\limits_{x\to0}(1-x)^{\frac{1}{x}}$;　　(14) $\lim\limits_{x\to0}(1+2x)^{-\frac{1}{x}}$;

(15) $\lim\limits_{n\to\infty}\left(1+\dfrac{1}{n+1}\right)^{n}$;　　(16) $\lim\limits_{x\to\infty}\left(1+\dfrac{2}{x}\right)^{x+2}$;

(17) $\lim\limits_{x\to0}\dfrac{\sin3x}{x}$;　　(18) $\lim\limits_{x\to0}\dfrac{\sin nx}{\sin mx}$;

(19) $\lim\limits_{n\to\infty}n\sin\dfrac{\pi}{n}$;　　(20) $\lim\limits_{x\to0}x\sin\dfrac{2}{x}$;

(21) $\lim\limits_{x\to\infty}\dfrac{3x^3-x^2-4}{x^4-x}$;　　(22) $\lim\limits_{n\to\infty}\dfrac{n^4+3n^2-4}{7n^3+n}$.

2. 证明：当 $x\to0$ 时，$\sec x-1\sim\dfrac{x^2}{2}$.

3. 当 $x\to1$ 时，将下列函数表示为一个常数及无穷小量的和.

(1) $f(x)=\dfrac{x+1}{x+3}$;　　(2) $f(x)=\dfrac{x-1}{2x}$.

3.5　函数的连续性

3.5.1　连续与间断

3.5.1.1　连续的概念

自然界中有许多现象，如气温的变化，河水的流动，植物的生长等，都是连续变化着的. 这些现象都有一个共同的特点，那就是当时间产生微小变化时与其对应的量也产生微小的变化. 为了在数学上把这种现象刻画出来，我们下面先引入增量的概念，并通过分析增量之间的关系来定义函数连续的概念.

假设变量 u 从它的初值 u_1 变到终值 u_2，终值与初值的差 u_2-u_1 就称为变量 u 的增量，记作 Δu，即 $\Delta u=u_2-u_1$.

设函数 $f(x)$ 在 x_0 点的某一邻域 $U(x_0,\delta)$ 内有定义，则对任意 $x\in U(x_0,\delta)$，自变量的增量为 $\Delta x=x-x_0$，相应的函数的增量为 $\Delta y=f(x)-f(x_0)=f(x_0+\Delta x)-f(x_0)$. 我们根据常识所理解的连续应当是：当 $\Delta x\to0$ 时，必有 $\Delta y\to0$，即

$$\lim_{\Delta x\to0}\Delta y=0. \tag{3.4}$$

事实上，数学中连续的概念就是由式(3.1)定义的. 由于 $\Delta x\to0$ 等价于 $x\to x_0$，$\Delta y\to0$ 等价于 $f(x)\to f(x_0)$，因此，在本书中我们采用如下的等价定义.

定义 3.5 设函数$f(x)$在x_0点的某一邻域内有定义，如果函数$f(x)$在x_0处满足

$$\lim_{x \to x_0} f(x) = f(x_0),$$

则称函数$f(x)$在x_0点处**连续**，否则称函数$f(x)$在x_0点处**不连续**或**间断**．如果函数$f(x)$在x_0处满足

$$\lim_{x \to x_0 - 0} f(x) = f(x_0 - 0) = f(x_0),$$

则称函数$f(x)$在x_0点处**左连续**．如果函数$f(x)$在x_0处满足

$$\lim_{x \to x_0 + 0} f(x) = f(x_0 + 0) = f(x_0),$$

则称函数$f(x)$在x_0点处**右连续**．

不难看出，函数$f(x)$在x_0处连续的充分必要条件是函数$f(x)$在x_0处左、右均连续且

$$f(x_0 - 0) = f(x_0) = f(x_0 + 0).$$

定义 3.6 设函数$f(x)$在(a, b)内有定义，如果对任意$x_0 \in (a, b)$，$f(x)$都在x_0点连续，则称函数$f(x)$在**开区间(a, b)内连续**．

设函数$f(x)$在$[a, b]$内有定义，如果函数$f(x)$在(a, b)内连续，且

$$\lim_{x \to b - 0} f(x) = f(b), \quad \lim_{x \to a + 0} f(x) = f(a),$$

则称函数$f(x)$ 在**闭区间$[a, b]$上连续**．

例 1 证明函数$y = \sin x$在$(-\infty, +\infty)$上是连续的．

证 设x是区间$(-\infty, +\infty)$内的任意一点．当x有增量Δx时，对应函数的增量

$$\Delta y = \sin(x + \Delta x) - \sin x = 2\sin\frac{\Delta x}{2}\cos\left(x + \frac{\Delta x}{2}\right).$$

由于对任意的角度有$|\sin x| \leqslant |x|$，$|\cos x| \leqslant 1$，从而

$$|\Delta y| = \left|2\sin\frac{\Delta x}{2}\cos\left(x + \frac{\Delta x}{2}\right)\right| \leqslant \left|2\sin\frac{\Delta x}{2}\right| \leqslant 2\left|\frac{\Delta x}{2}\right| = |\Delta x|,$$

这表明$\lim\limits_{\Delta x \to 0} \Delta y = 0$，即$y = \sin x$在$(-\infty, +\infty)$内的任意一点都连续．

3.5.1.2 函数的间断点

从连续的定义看出，函数$f(x)$在x_0点处连续必须满足如下三个条件：

(1) $f(x)$在x_0点有定义；

(2) 左极限$\lim\limits_{x \to x_0 - 0} f(x)$和右极限$\lim\limits_{x \to x_0 + 0} f(x)$都存在；

(3) $\lim\limits_{x \to x_0 - 0} f(x) = f(x_0) = \lim\limits_{x \to x_0 + 0} f(x)$．

因此，如果函数$f(x)$在x_0点不连续，则上面的三个条件中至少有一个不成立，此时点x_0就是函数$f(x)$ 的间断点．

设点 x_0 是函数 $f(x)$ 的间断点，如果 $f(x)$ 在间断点 x_0 处的左、右极限都存在，则称 x_0 为**第一类间断点**，否则称为**第二类间断点**.

设点 x_0 是第一类间断点，如果左、右极限存在且相等，则称 x_0 为**可去间断点**；如果左、右极限存在但不相等，则称 x_0 为**跳跃间断点**.

在第二类间断点中，如果 $\lim\limits_{x\to x_0}f(x)=\infty$，则称 x_0 为**无穷间断点**.

例 2　讨论正切函数 $y=\tan x$ 在 $x=\dfrac{\pi}{2}$ 处的连续性.

解　因为 $\lim\limits_{x\to\frac{\pi}{2}}\tan x=\infty$，故 $x=\dfrac{\pi}{2}$ 是无穷间断点.

例 3　讨论函数 $y=\sin\dfrac{1}{x}$ 在点 $x=0$ 处的连续性.

解　因为当 $x\to 0$ 时，$\sin\dfrac{1}{x}$ 在 -1 与 1 之间振荡摆动，左、右极限均不存在，所以点 $x=0$ 是函数 $\sin\dfrac{1}{x}$ 的第二类间断点，我们形象地把这种类型的间断点称为**振荡间断点**.

例 4　讨论函数 $f(x)=\dfrac{x^2-1}{x-1}$ 在 $x=1$ 处的连续性.

解　因为

$$\lim_{x\to 1}\frac{x^2-1}{x-1}=\lim_{x\to 1}(x+1)=2,$$

即左右极限存在且相等，故点 $x=1$ 是函数的可去间断点. 如果补充定义 $f(1)=2$，则点 $x=1$ 就成为 $f(x)$ 的连续点.

例 5　讨论函数 $f(x)=\begin{cases}x-1, & x<0,\\ 0, & x=0,\\ x+1, & x>0\end{cases}$ 在 $x=0$ 处的连续性.

解　由于

$$\lim_{x\to 0-0}f(x)=\lim_{x\to 0}(x-1)=-1,\quad \lim_{x\to 0+0}f(x)=\lim_{x\to 0}(x+1)=1,$$

故极限 $\lim\limits_{x\to 0}f(x)$ 不存在，从而点 $x=0$ 是函数 $f(x)$ 的间断点. 因为左右极限存在但不相等，故点 $x=0$ 是函数 $f(x)$ 的跳跃间断点.

3.5.2　连续函数的运算与初等函数的连续性

3.5.2.1　连续函数的和、差、积及商的连续性

定理 3.11　有限个在某点连续的函数的和(差)是一个在该点连续的函数.

证　我们只对两个函数的情形加以证明.

假设函数$f(x)$，$g(x)$都在x_0点连续．令$F(x)=f(x)+g(x)$．根据连续函数的定义及极限的性质可知

$$\begin{aligned}\lim_{x\to x_0}F(x)&=\lim_{x\to x_0}[f(x)+g(x)]\\&=\lim_{x\to x_0}f(x)+\lim_{x\to x_0}g(x)=f(x_0)+g(x_0)=F(x_0),\end{aligned}$$

这就证明了$F(x)$在x_0点也是连续的．

类似地可以证明下面两个定理．

定理 3.12 有限个在某点连续的函数的乘积是一个在该点连续的函数．

定理 3.13 如果函数$f(x)$，$g(x)$都在x_0点连续，且$g(x_0)\neq 0$，则函数$\dfrac{f(x)}{g(x)}$也在x_0点连续．

例 6 讨论$\tan x$的连续性．

解 由于$\sin x$和$\cos x$都在区间$(-\infty,+\infty)$上连续，且$\tan x=\dfrac{\sin x}{\cos x}$，故由定理3.13可知，$\tan x$在其定义域内是连续函数．

3.5.2.2 反函数与复合函数的连续性

定理 3.14 如果函数$y=f(x)$在区间I_x上单调增加(或单调减少)且连续，则它的反函数$x=\varphi(y)$也在对应的区间$I_y=\{y\mid y=f(x),x\in I_x\}$上单调增加(或单调减少)且连续．

证明从略．

例如，由于$y=\sin x$在闭区间$\left[-\dfrac{\pi}{2},\dfrac{\pi}{2}\right]$上是单调增加且连续的，所以它的反函数$y=\arcsin x$在闭区间$[-1,1]$上也是单调增加且连续的．类似地，我们可以证明反三角函数$\arccos x$，$\arctan x$，$\operatorname{arccot} x$在它们的定义域内都是连续的．

定理 3.15 设函数$u=\varphi(x)$当$x\to x_0$时的极限存在且等于a，即

$$\lim_{x\to x_0}\varphi(x)=a,$$

而函数$y=f(u)$在点$u=a$连续，那么，当$x\to x_0$时，复合函数$y=f[\varphi(x)]$的极限存在且等于$f(a)$，即

$$\lim_{x\to x_0}f[\varphi(x)]=f[\lim_{x\to x_0}\varphi(x)]=f(a).$$

证明从略．

例 7 求$\lim\limits_{x\to 3}\sqrt{\dfrac{x-3}{x^2-9}}$.

解 $y=\sqrt{\dfrac{x-3}{x^2-9}}$可看作由函数$y=\sqrt{u}$与$u=\dfrac{x-3}{x^2-9}$复合而成．

因为$\lim\limits_{x\to 3}\dfrac{x-3}{x^2-9}=\dfrac{1}{6}$，而函数$y=\sqrt{u}$在点$u=\dfrac{1}{6}$上连续，所以

$$\lim_{x\to3}\sqrt{\frac{x-3}{x^2-9}}=\sqrt{\lim_{x\to3}\frac{x-3}{x^2-9}}=\sqrt{\frac{1}{6}}=\frac{\sqrt{6}}{6}.$$

定理 3.16　设函数 $u=\varphi(x)$ 在 $x=x_0$ 点连续，且 $\varphi(x_0)=u_0$，而函数 $y=f(u)$ 在点 $u=u_0$ 连续，那么复合函数 $y=f(\varphi(x))$ 在 $x=x_0$ 点也是连续的，即有

$$\lim_{x\to x_0}f[\varphi(x)]=f[\lim_{x\to x_0}\varphi(x)]=f[\varphi(x_0)].$$

证　结论由定理 3.15 及连续的定义可以得到．

3.5.2.3　初等函数的连续性

在基本初等函数中，我们已经证明了三角函数及反三角函数在它们的定义域内是连续的．

我们还可以证明，指数函数 $y=a^x(a>0,\ a\neq1)$，对数函数 $y=\log_a x(a>0,\ a\neq1)$ 和幂函数 $y=x^\alpha$（α 为常数）在它们的定义域内都是连续的，从而**基本初等函数在它们的定义域内都是连续的**．

进一步，根据初等函数的定义，我们可以证明：**一切初等函数在它们的定义区间内都是连续的**．这里所说的定义区间，是指包含在定义域内的区间．

例 8　求 $\lim\limits_{x\to0}\sqrt{1-x^2}$.

解　初等函数 $f(x)=\sqrt{1-x^2}$ 在点 $x_0=0$ 是有定义的，故

$$\lim_{x\to0}\sqrt{1-x^2}=\sqrt{\lim_{x\to0}(1-x^2)}=1.$$

例 9　求 $\lim\limits_{x\to\frac{\pi}{2}}\ln\sin x$.

解　由于初等函数 $f(x)=\ln\sin x$ 在点 $x_0=\frac{\pi}{2}$ 有定义，故

$$\lim_{x\to\frac{\pi}{2}}\ln\sin x=\ln(\lim_{x\to\frac{\pi}{2}}\sin x)=\ln\sin\frac{\pi}{2}=0.$$

例 10　求 $\lim\limits_{x\to0}\frac{\sqrt{1+x^2}-1}{x}$.

解　$$\lim_{x\to0}\frac{\sqrt{1+x^2}-1}{x}=\lim_{x\to0}\frac{(\sqrt{1+x^2}-1)(\sqrt{1+x^2}+1)}{x(\sqrt{1+x^2}+1)}=\lim_{x\to0}\frac{x}{\sqrt{1+x^2}+1}=0.$$

例 11　求 $\lim\limits_{x\to0}\frac{\log_a(1+x)}{x}(a>0,\ a\neq1)$.

解　$$\lim_{x\to0}\frac{\log_a(1+x)}{x}=\lim_{x\to0}\log_a(1+x)^{\frac{1}{x}}=\log_a e=\frac{1}{\ln a}.$$

例 12　求 $\lim\limits_{x\to0}\frac{a^x-1}{x}(a>0,\ a\neq1)$.

解　令 $t=a^x-1$，则 $x=\ln(1+t)$，且当 $x\to0$ 时有 $t\to0$，于是

$$\lim_{x\to 0}\frac{a^x-1}{x}=\lim_{t\to 0}\frac{t}{\log_a(1+t)}=\ln a.$$

习题 3.5

1. 下列函数在指定点处间断，说明这些间断点属于哪一类．如果是可去间断点，则补充或改变函数的定义使它连续．

(1) $y=\dfrac{x^2-1}{x^2-3x+2}$, $x=1$, $x=2$;

(2) $y=\dfrac{x}{\tan x}$, $x=k\pi$, $x=k\pi+\dfrac{\pi}{2}(k=0,\ \pm 1,\ \pm 2,\ \cdots)$;

(3) $y=\cos^2\dfrac{1}{x}$, $x=0$;

(4) $y=\begin{cases}x-1, & x\leqslant 1,\\ 3-x, & x>1,\end{cases}$ $x=1$.

2. 设函数 $f(x)=\begin{cases}\mathrm{e}^x, & x\leqslant 0,\\ a+x, & x\geqslant 0,\end{cases}$ 当 a 为多少时，$f(x)$ 能成为在 $(-\infty,\ +\infty)$ 内连续的函数．

3. 求函数 $f(x)=\dfrac{x^3+3x^2-x-3}{x^2+x-6}$ 的连续区间，并求极限 $\lim\limits_{x\to 0}f(x)$，$\lim\limits_{x\to -3}f(x)$ 及 $\lim\limits_{x\to 2}f(x)$.

4. 求下列极限．

(1) $\lim\limits_{x\to\pi}\dfrac{\sin x}{\pi-x}$;

(2) $\lim\limits_{x\to 0}\dfrac{\sqrt{1-\cos x^2}}{1-\cos x}$;

(3) $\lim\limits_{x\to 0}(1+\sin x)^{\frac{1}{x}}$;

(4) $\lim\limits_{x\to\frac{\pi}{2}}(1+\cos x)^{3\sec x}$;

(5) $\lim\limits_{n\to\infty}(\sqrt{n^4+n+1}-n^2)(n+3)$;

(6) $\lim\limits_{n\to\infty}\dfrac{\sqrt[3]{x}\sin x}{x+1}$;

(7) $\lim\limits_{x\to 0}\dfrac{\sqrt[3]{1+x}-1}{\sqrt{1+x}-1}$;

(8) $\lim\limits_{x\to 0}\dfrac{\sqrt{1+x\sin x}-1}{\mathrm{e}^{x^2}-1}$;

(9) $\lim\limits_{x\to+\infty}(\sin\sqrt{x+1}-\sin\sqrt{x})$;

(10) $\lim\limits_{x\to+\infty}\left(\sqrt{x+\sqrt{x+\sqrt{x}}}-\sqrt{x}\right)$.

3.6 闭区间上连续函数的性质

性质 1（最大值与最小值定理） 闭区间上连续的函数在该区间上一定可以取得最大值和最小值，即如果函数 $f(x)$ 在闭区间 $[a,\ b]$ 上连续，则至少有两点 ξ_1,

ξ_2，使得$f(x)$在ξ_1点处取得最小值，在ξ_2点处取得最大值.

证明从略.

注　上面定理的连续性不能去掉，即闭区间上非连续函数并不一定取得最大值或最小值. 例如分段函数

$$f(x)=\begin{cases}-x+1, & 0\leqslant x<1\\ 1, & x=1\\ -x+3, & 1<x\leqslant 2\end{cases}$$

在闭区间[0, 2]上有间断点$x=1$，但这个函数在闭区间[0, 2]上既没有最大值也没有最小值.

性质 2(有界性定理)　闭区间上连续的函数一定在该区间上有界.

证　根据性质 1 可知，闭区间上连续函数的有界性是显然的.

性质 3(零点存在定理)　若函数$f(x)$在闭区间$[a, b]$上连续，且$f(a)\cdot f(b)<0$，则在(a, b)内至少存在一点ξ，使得$f(\xi)=0$.

证明从略.

几何上的解释是：如果连续曲线$y=f(x)$的两个端点位于x轴的不同侧，则这段曲线与x轴至少有一个交点，如图 3.5 所示.

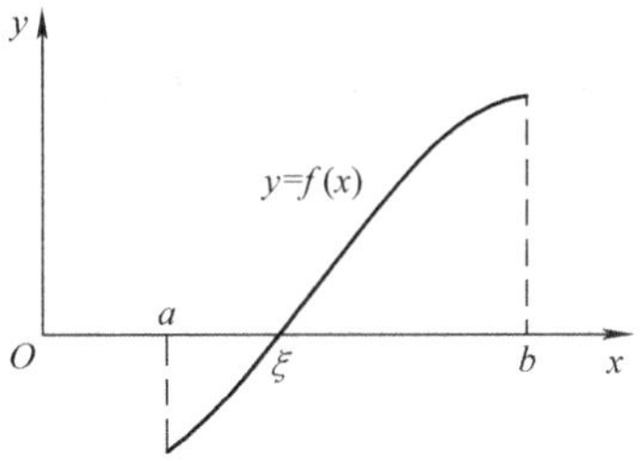

图　3.5

例 1　证明方程$\cos x+x-x^2=0$在[0, 2]上必存在一个根.

证　令$f(x)=\cos x+x-x^2$，则由于函数是一个初等函数，且其定义域为$\mathbb{R}$，因此$f(x)$在闭区间[0, 2]上连续. 又因

$$f(0)=\cos 0+0-0^2=1>0,\ f(2)=\cos 2+2-2^2=\cos 2-2<0,$$

故根据零点存在定理函数$f(x)=\cos x+x-x^2$在[0, 2]上存在零点. 这表明方程

$$2\cos x+x-x^2=0$$

在[0, 2]上必存在一个根.

性质 4(介值定理)　若函数$f(x)$在闭区间$[a, b]$上连续，则$f(x)$必能取到最大值M与最小值m之间的一切值，即对于M与m之间的任何一个数C，在(a, b)内至少存在一点ξ，使得$f(\xi)=C$.

证　由性质 1 可知，在闭区间$[a, b]$上存在两点ξ_1，ξ_2，使得

$$f(\xi_1)=m,\ f(\xi_2)=M,$$

令$F(x)=f(x)-C$，$F(x)$在$[a, b]$上连续，又

$$F(\xi_1)=m-C<0,\ F(\xi_2)=M-C>0,$$

故由零点存在定理可知，在以ξ_1，ξ_2为端点的开区间内至少存在一点ξ，使得$F(\xi)=0$. 即在(a, b)内至少存在一点ξ，使得$f(\xi)=C$.

习题 3.6

1. 证明方程 $x^3-4x^2+x+1=0$ 在区间 $(0, 1)$ 内至少有一个根.

2. 证明方程 $x=a\sin x+b$ 至少有一个正根，其中 $a>0$，$b>0$，并且它不超过 $a+b$.

3. 验证方程 $4x=2^x$ 有一个根在 0 与 $\frac{1}{2}$ 之间.

4. 证明方程 $e^x\cos x=0$ 在区间 $(0, \pi)$ 内至少有一个根.

5. 若 $f(x)$ 在 $[a, b]$ 上连续，$a<x_1<x_2<\cdots<x_n<b$，则必存在 $\xi\in[x_1, x_n]$，使得

$$f(\xi)=\frac{f(x_1)+f(x_2)+\cdots+f(x_n)}{n}.$$

6. 若函数 $f(x)$ 在 $[0, a]$ 上连续 $(a>0)$，且 $f(0)=f(a)$，则方程

$$f(x)-f\left(x+\frac{a}{2}\right)=0$$

在 $(0, a)$ 内至少有一个实根（提示：令 $g(x)=f(x)-f\left(x+\frac{a}{2}\right)$）.

第 4 章　导数与微分

微分学是微积分的两大分支之一，它的核心概念是导数与微分．本章主要讲解导数和微分的概念及其计算方法．

4.1　导数的概念

4.1.1　引例

例 1　（变速直线运动的瞬时速度）设质点作变速直线运动，其所走路程 s 与时间 t 的函数关系为 $s=s(t)$，求任意时刻 t_0 时质点的运动速度．

设从 t_0 到 $t_0+\Delta t$ 这段时间内，质点所走的路程为

$$\Delta s=s(t_0+\Delta t)-s(t_0).$$

对匀速直线运动来说，其速度可用公式

$$v=\frac{\Delta s}{\Delta t}$$

来计算．而对变速直线运动来说，比值

$$\bar{v}=\frac{\Delta s}{\Delta t}=\frac{s(t_0+\Delta t)-s(t_0)}{\Delta t}$$

是在时间段$[t_0,\ t_0+\Delta t]$上的平均速度．我们从生活经验知道，当 Δt 很小时，变速直线运动的速度的改变也很小，这时，可以把变速直线运动近似地看成匀速直线运动，即时间段$[t_0,\ t_0+\Delta t]$内的任意时刻的质点速度都可以看成近似等于 $\bar{v}$. 很显然，Δt 越小，变速直线运动的速度变化越小，从而近似程度就越好．但是无论 Δt 有多小，$\bar{v}$ 始终是平均速度．

经过合理的想象，我们认为当 $\Delta t\to 0$ 时 $\bar{v}$ 的极限 v_0 就是该运动质点在 t_0 时刻的速度，并称 v_0 为变速直线运动 $s=s(t)$ 在时刻 t_0 时的瞬时速度，即

$$v_0=\lim_{\Delta t\to 0}\bar{v}=\lim_{\Delta t\to 0}\frac{\Delta s}{\Delta t}=\lim_{\Delta t\to 0}\frac{s(t_0+\Delta t)-s(t_0)}{\Delta t}. \tag{4.1}$$

例 2　（曲线在某一点处的切线斜率）我们以前接触过的曲线的切线一般是圆的切线，而圆的切线是指与圆有且只有一个交点的直线，当然，这样的定义不能应用到其他曲线．事实上，我们所理解的一般曲线的切线应按如下定义：

设有曲线 C 及 C 上的一点 P_0，如图 4.1 所示，在 P_0 外另取 C 上一点 P，作

割线 P_0P. 当点 P 沿着曲线 C 趋于点 P_0 时，如果割线 P_0P 绕点 P_0 旋转而趋于极限位置 P_0Q，直线 P_0Q 就称为**曲线 C 在点 P_0 处的切线**.

设平面上一条处处有切线的曲线 C 方程为 $y=f(x)$，求曲线上一点 $P_0(x_0, f(x_0))$处切线的斜率. 在曲线 C 上取一点 $P(x, f(x))$，如图 4.2 所示，这里 $P\neq P_0$，那么割线 P_0P 的斜率 k 为

$$k=\frac{f(x)-f(x_0)}{x-x_0}. \tag{4.2}$$

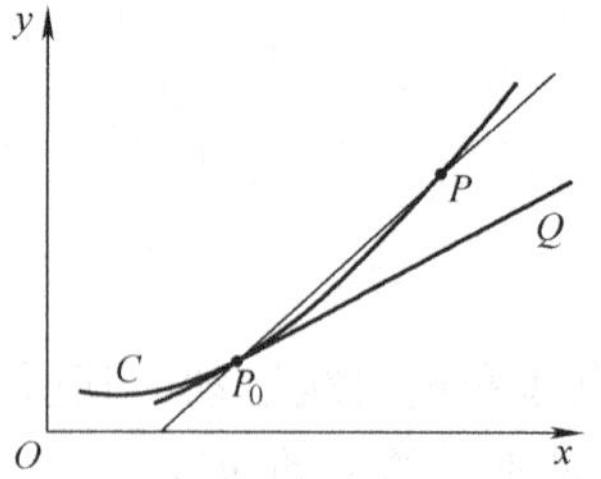

图 4.1

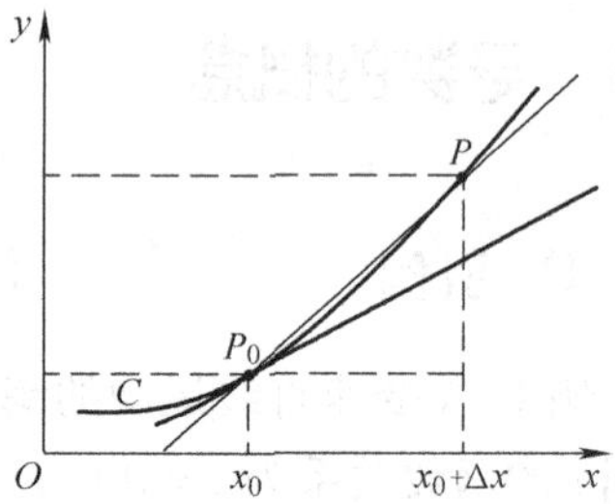

图 4.2

根据切线的定义，当点 P 沿着曲线 C 无限接近点 P_0 时，割线 P_0P 的极限位置就是曲线 C 上点 $P_0(x_0, f(x_0))$处的切线. 这时 $P\to P_0$ 意味着 $x\to x_0$，根据极限思想，当 $x\to x_0$ 时，如果式(4.2)的极限存在，即

$$\lim_{P\to P_0}k=\lim_{x\to x_0}\frac{f(x)-f(x_0)}{x-x_0}=k_0, \tag{4.3}$$

则其极限值 k_0 就是曲线 C 在点 $P_0(x_0, f(x_0))$处切线的斜率. 如果令

$$\Delta x=x-x_0,\ \Delta y=f(x)-f(x_0),$$

则式(4.3)可写成

$$k_0=\lim_{P\to P_0}k=\lim_{\Delta x\to 0}\frac{\Delta y}{\Delta x}=\lim_{x\to x_0}\frac{f(x_0+\Delta x)-f(x_0)}{\Delta x}. \tag{4.4}$$

4.1.2 导数的定义

从上面的两个例子中我们发现在数学上具有共性的因素——一个函数 $y=f(x)$在某点的增量 Δy 与自变量增量 Δx 之比当 $\Delta x\to 0$ 时的极限. 事实上，除了上面的两个例子，在科学和工程技术领域中还有大量类似的问题. 为此，我们引入导数的概念.

定义 4.1 设 $y=f(x)$在点 x_0 的某个邻域内有定义，如果极限 $\lim\limits_{\Delta x\to 0}\frac{\Delta y}{\Delta x}$存在，则称函数 $y=f(x)$在点 x_0 处**可导**，并称这个极限为函数 $y=f(x)$在点 x_0 处的导

数，记为$\left.\frac{\mathrm{d}y}{\mathrm{d}x}\right|_{x=x_0}$，

即

$$\left.\frac{\mathrm{d}y}{\mathrm{d}x}\right|_{x=x_0}=\lim_{\Delta x\to 0}\frac{\Delta y}{\Delta x}=\lim_{\Delta x\to 0}\frac{f(x_0+\Delta x)-f(x_0)}{\Delta x}. \tag{4.5}$$

导数也可记为$\left.\frac{\mathrm{d}f}{\mathrm{d}x}\right|_{x=x_0}$，$f'(x_0)$或$y'|_{x=x_0}$.

函数$y=f(x)$在点x_0处可导也可以说成函数$y=f(x)$在点x_0处具有导数或导数存在.

导数定义中的极限式(4.5)也可以写成

$$f'(x_0)=\lim_{x\to x_0}\frac{f(x)-f(x_0)}{x-x_0}\text{或}\left.\frac{\mathrm{d}y}{\mathrm{d}x}\right|_{x=x_0}=\lim_{h\to 0}\frac{f(x_0+h)-f(x_0)}{h}. \tag{4.6}$$

如果导数的定义中的极限$\lim\limits_{\Delta x\to 0}\frac{\Delta y}{\Delta x}$不存在，则称函数$y=f(x)$在点$x_0$处**不可导**. 当$\lim\limits_{\Delta x\to 0}\frac{f(x_0+\Delta x)-f(x_0)}{\Delta x}=\infty$时，我们有时候也说函数$y=f(x)$在点$x_0$处的导数为无穷大.

根据导数的定义，引例中的变速直线运动在时刻t_0时瞬时速度等于$s'(t_0)$，曲线C上一点$P_0(x_0, f(x_0))$处切线的斜率等于$f'(x_0)$.

例 3 设函数$f(x)=x^2-8x+9$，求$f'(a)$.

解 由式(4.6)，我们有

$$\begin{aligned}f'(a)&=\lim_{x\to a}\frac{f(x)-f(a)}{x-a}=\lim_{x\to a}\frac{(x^2-8x+9)-(a^2-8a+9)}{x-a}\\&=\lim_{x\to a}\frac{x^2-a^2-8(x-a)}{x-a}=\lim_{x\to a}(x+a-8)\\&=2a-8.\end{aligned}$$

例 4 求函数$f(x)=\frac{1}{x}$在$x=a(a\neq 0)$处的导数.

解 由式(4.6)，我们有

$$\begin{aligned}f'(a)&=\lim_{h\to 0}\frac{1}{h}\left(\frac{1}{a+h}-\frac{1}{a}\right)\\&=\lim_{h\to 0}\frac{1}{h}\frac{a-(a+h)}{(a+h)a}=-\lim_{h\to 0}\frac{1}{(a+h)a}\\&=-\frac{1}{a^2}.\end{aligned}$$

例 5 已知$f'(a)=3$，则求极限$I=\lim\limits_{h\to 0}\frac{f(a-3h)-f(a+h)}{2h}$.

解 因为$f'(a)=3$，因此由式(4.6)有

$$f'(a)=\lim_{h\to 0}\frac{f(a+h)-f(a)}{h}=3,$$

从而有

$$\begin{aligned}I&=\lim_{h\to 0}\frac{f(a-3h)-f(a+h)}{2h}\\&=\lim_{h\to 0}\frac{1}{2}\frac{[f(a-3h)-f(a)]-[f(a+h)-f(a)]}{h}\\&=\frac{1}{2}\left[\lim_{h\to 0}\frac{f(a-3h)-f(a)}{h}-\lim_{h\to 0}\frac{f(a+h)-f(a)}{h}\right]\\&=\frac{1}{2}\left\{\lim_{h\to 0}\left[-3\frac{f(a+(-3h))-f(a)}{-3h}\right]-\lim_{h\to 0}\frac{f(a+h)-f(a)}{h}\right]\\&=\frac{1}{2}\left\{-3\lim_{h\to 0}\frac{f(a+(-3h))-f(a)}{(-3h)}-\lim_{h\to 0}\frac{f(a+h)-f(a)}{h}\right\}\\&=\frac{1}{2}[-3f'(a)-f'(a)]=\frac{1}{2}(-3\times 3-3)=-6.\end{aligned}$$

例6 设$f(x)$在$x=0$处连续，且$\lim\limits_{x\to 0}\frac{f(x)}{x}=A$，证明：$f(x)$在$x=0$处可导.

解 由于$\lim\limits_{x\to 0}\frac{f(x)}{x}=A$，故

$$\lim_{x\to 0}f(x)=\lim_{x\to 0}x\frac{f(x)}{x}=\lim_{x\to 0}x\lim_{x\to 0}\frac{f(x)}{x}=0,$$

又因为$f(x)$在$x=0$处连续，所以$f(0)=0$. 于是由导数的定义得

$$f'(0)=\lim_{x\to 0}\frac{f(x)-f(0)}{x-0}=\lim_{x\to 0}\frac{f(x)}{x}=A,$$

故$f(x)$在$x=0$处可导.

前面讨论的是函数在某一点处的可导问题，如果一个函数$y=f(x)$在开区间(a, b)内的每个点处都可导，那么我们称函数$y=f(x)$**在开区间(a, b)内可导**. 这时，在开区间(a, b)内的每个点x，都存在唯一与之对应的点$f'(x)$，从而导数$f'(x)$确定了关于自变量x的一个函数关系，我们把这个函数称为函数$y=f(x)$的**导函数**，记为$\frac{dy}{dx}$，$\frac{df}{dx}$，$f'(x)$或y'. 导函数$f'(x)$也简称为函数$y=f(x)$的**导数**.

显然，函数$y=f(x)$在点x_0处的导数$f'(x_0)$就是导函数$f'(x)$在点$x=x_0$处的函数值，即

$$f'(x_0)=f'(x)\Big|_{x=x_0}.$$

下面我们来求一些简单函数的导数.

例 7　求函数 $f(x)=C$（C 为常数）的导数.

解　由于函数值的增量 $\Delta y=f(x+\Delta x)-f(x)=C-C\equiv 0$，故

$$f'(x)=\lim_{\Delta x\to 0}\frac{\Delta y}{\Delta x}=\lim_{\Delta x\to 0}0=0,$$

即

$$C'=0,$$

也就是说，常数的导数等于零.

例 8　求函数 $f(x)=x^n$（n 为正整数）的导数.

解　由于函数值的增量为

$$\begin{aligned}\Delta y&=f(x+\Delta x)-f(x)=(x+\Delta x)^n-x^n\\&=(x+\Delta x-x)[(x+\Delta x)^{n-1}+(x+\Delta x)^{n-2}x+\cdots+(x+\Delta x)x^{n-2}+x^{n-1}]\\&=\Delta x[(x+\Delta x)^{n-1}+(x+\Delta x)^{n-2}x+\cdots+(x+\Delta x)x^{n-2}+x^{n-1}],\end{aligned}$$

故

$$\begin{aligned}f'(x)&=\lim_{\Delta x\to 0}\frac{\Delta y}{\Delta x}\\&=\lim_{\Delta x\to 0}[(x+\Delta x)^{n-1}+(x+\Delta x)^{n-2}x+\cdots+(x+\Delta x)x^{n-2}+x^{n-1}]=nx^{n-1}\end{aligned}$$

即

$$(x^n)'=nx^{n-1}.$$

更一般地，对于幂函数 $f(x)=x^\mu$（μ 为实常数）有

$$(x^\mu)'=\mu x^{\mu-1}.$$

利用这个公式可以方便地求出任何幂函数的导数，如：

$$(\sqrt{x})'=(x^{\frac{1}{2}})'=\frac{1}{2}x^{-\frac{1}{2}}=\frac{1}{2\sqrt{x}},$$

$$\left(\frac{1}{x}\right)'=(x^{-1})'=-x^{-2}=-\frac{1}{x^2}.$$

例 9　求函数 $f(x)=\sin x$ 的导数.

解　$$\begin{aligned}f'(x)&=\lim_{h\to 0}\frac{f(x+h)-f(x)}{h}=\lim_{h\to 0}\frac{\sin(x+h)-\sin x}{h}\\&=\lim_{h\to 0}\frac{2\cos\left(x+\frac{h}{2}\right)\sin\frac{h}{2}}{h}\text{（这里用三角函数的和差化积公式）}\\&=\lim_{h\to 0}\cos\left(x+\frac{h}{2}\right)\lim_{h\to 0}\frac{\sin\frac{h}{2}}{\frac{h}{2}}=\cos x,\end{aligned}$$

即

$$(\sin x)'=\cos x,$$

也就是说，正弦函数的导数为余弦函数.

同理可得

$$(\cos x)'=-\sin x,$$

也就是说，余弦函数的导数为负的正弦函数.

例 10 求下列函数的导数：

(1)对数函数 $f(x)=\log_a x(a>0,\ a\neq 1)$，

(2)指数函数 $f(x)=a^x(a>0,\ a\neq 1)$.

解 (1)任取 $x>0$，由导数的定义，有

$$f'(x)=\lim_{h\to 0}\frac{f(x+h)-f(h)}{h}=\lim_{h\to 0}\frac{\log_a(x+h)-\log_a x}{h}$$

$$=\lim_{h\to 0}\frac{1}{h}\log_a\left(1+\frac{h}{x}\right)=\lim_{h\to 0}\frac{1}{x}\log_a\left(1+\frac{h}{x}\right)^{\frac{x}{h}}$$

$$=\frac{1}{x}\log_a \mathrm{e}=\frac{1}{x\ln a},$$

即

$$(\log_a x)'=\frac{1}{x\ln a},$$

特别地，当 $a=\mathrm{e}$ 时，有

$$(\ln x)'=\frac{1}{x}.$$

(2) $f'(x)=\lim\limits_{h\to 0}\dfrac{f(x+h)-f(h)}{h}=\lim\limits_{h\to 0}\dfrac{a^{x+h}-a^x}{h}=a^x\lim\limits_{h\to 0}\dfrac{a^h-1}{h}=a^x\ln a$，

最后一个等式由 3.4 节例 7 得到，即

$$(a^x)'=a^x\ln a,$$

特别地，当 $a=\mathrm{e}$ 时，有

$$(\mathrm{e}^x)'=\mathrm{e}^x.$$

下面引入左右导数的概念. 由于函数 $y=f(x)$ 在点 x_0 处的导数

$$f'(x_0)=\lim_{\Delta x\to 0}\frac{f(x_0+\Delta x)-f(x_0)}{\Delta x}$$

是通过极限定义的，而极限存在的充分必要条件是左右极限存在并且相等，因此我们对导数也引入相应的概念.

如果极限 $\lim\limits_{h\to 0-0}\dfrac{f(x_0+h)-f(x_0)}{h}$ 存在，则称此极限值为函数在点 x_0 处的**左导数**，记作 $f'_-(x_0)$；如果极限 $\lim\limits_{h\to 0+0}\dfrac{f(x_0+h)-f(x_0)}{h}$ 存在，则称此极限值为函数在

点 x_0 处的**右导数**，记作 $f'_+(x_0)$，即有

$$f'_-(x_0)=\lim_{h\to0-0}\frac{f(x_0+\Delta x)-f(x_0)}{\Delta x},\ f'_+(x_0)=\lim_{h\to0+0}\frac{f(x_0+\Delta x)-f(x_0)}{\Delta x}.$$

由极限的性质可知，函数 $f(x)$ 在点 x_0 处可导的充分必要条件是函数 $f(x)$ 在点 x_0 处的左导数 $f'_-(x_0)$ 及右导数 $f'_+(x_0)$ 存在并且相等.

如果函数 $f(x)$ 在开区间 (a,b) 内可导，且 $f'_+(a)$ 及 $f'_-(b)$ 都存在，则称函数 $f(x)$ 在**闭区间 $[a,b]$ 上可导**.

例 11　设 $f(x)=\begin{cases}x, & x<0,\\ \sin x, & x\geqslant0,\end{cases}$ 求 $f'(x)$.

解　当 $x<0$ 时，有 $f'(x)=(x)'=1$；当 $x>0$ 时，有 $f'(x)=(\sin x)'=\cos x$；当 $x=0$ 时，由于

$$f'_-(x_0)=\lim_{\Delta x\to0-0}\frac{f(0+\Delta x)-f(0)}{\Delta x}=\lim_{\Delta x\to0-0}\frac{\Delta x}{\Delta x}=1,$$

$$f'_+(x_0)=\lim_{\Delta x\to0+0}\frac{f(0+\Delta x)-f(0)}{\Delta x}=\lim_{\Delta x\to0+0}\frac{\sin\Delta x}{\Delta x}=1,$$

且 $f'_-(x_0)=f'_+(x_0)=1$，故 $f'(0)=1$.

综上所述，得

$$f'(x)=\begin{cases}1, & x<0,\\ \cos x, & x\geqslant0.\end{cases}$$

4.1.3　导数的几何意义

由前面的讨论可知，函数 $y=f(x)$ 在点 x_0 处的导数 $f'(x_0)$ 在几何上表示曲线 $y=f(x)$ 在点 $P_0(x_0,f(x_0))$ 处切线的斜率，即

$$f'(x_0)=\tan\alpha,$$

其中 α 是切线的倾角.

过曲线 $y=f(x)$ 上一点 $P_0(x_0,f(x_0))$ 与该点切线垂直的直线称为曲线在点 P_0 处的**法线**.

下面我们来讨论曲线上任一点 $P_0(x_0,f(x_0))$ 处的切线方程和法线方程.

如果函数 $y=f(x)$ 在点 x_0 处的导数存在且 $f'(x_0)\neq0$，根据平面解析几何中直线的点斜式方程，可知曲线 $y=f(x)$ 在点 $P_0(x_0,f(x_0))$ 处切线方程为

$$y-y_0=f'(x_0)(x-x_0),$$

法线方程为

$$y-y_0=-\frac{1}{f'(x_0)}(x-x_0),$$

这里 $y_0=f(x_0)$.

如果函数 $y=f(x)$ 在点 x_0 处的导数存在且 $f'(x_0)=0$，则曲线 $y=f(x)$ 在点 $P_0(x_0, f(x_0))$ 处切线方程为 $y=y_0$，法线方程为 $x=x_0$.

如果函数 $y=f(x)$ 在点 x_0 处连续且 $f'(x_0)=\infty$，则曲线 $y=f(x)$ 在点 $P_0(x_0, f(x_0))$ 处切线方程为 $x=x_0$，法线方程为 $y=y_0$.

例 12 求双曲线 $y=\frac{1}{x}$ 在点 $\left(\frac{1}{2}, 2\right)$ 处的切线方程和法线方程.

解 由例 4 知，函数 $y=\frac{1}{x}$ 在 a 处的导数为 $f'(a)=-\frac{1}{a^2}$，因此在点 $\left(\frac{1}{2}, 2\right)$ 处的切线斜率为 $f'\left(\frac{1}{2}\right)=-4$，于是，我们得到所求的切线方程为

$$y-2=(-4)\left(x-\frac{1}{2}\right) \text{或} 4x+y-4=0.$$

而所求的法线斜率为 $\frac{1}{4}$，于是所求的法线方程为

$$y-2=\frac{1}{4}\left(x-\frac{1}{2}\right) \text{或} 2x-8y+15=0.$$

4.1.4 函数可导性与连续性的关系

定理 4.1 如果函数 $y=f(x)$ 在点 x_0 处可导，则函数 $y=f(x)$ 在点 x_0 处必定连续.

证 设函数 $y=f(x)$ 在点 x_0 处可导，即 $\lim\limits_{\Delta x\to 0}\frac{\Delta y}{\Delta x}=f(x_0)$，这表明当 $\Delta x\to 0$ 时，有

$$\Delta y=f'(x_0)\Delta x+\alpha\Delta x,$$

其中 α 是无穷小($\Delta x\to 0$)，因此

$$\lim_{\Delta x\to 0}\Delta y=\lim_{\Delta x\to 0}[f'(x_0)\Delta x+\alpha\Delta x]=0,$$

即函数 $y=f(x)$ 在点 x_0 处连续.

注 定理 4.1 的逆命题不一定成立，即函数 $y=f(x)$ 在点 x_0 处连续并不能保证函数 $y=f(x)$ 在点 x_0 处可导. 下面我们通过实例来说明这一点.

例 13 讨论函数 $f(x)=x^{\frac{2}{3}}$ 在 $x=0$ 处的连续性和可导性.

解 由于 $\lim\limits_{x\to 0}f(x)=\lim\limits_{x\to 0}x^{\frac{2}{3}}=0=f(0)$，故函数在点 $x=0$ 处连续. 但

$$\lim_{h\to 0}\frac{f(0+h)-f(0)}{h}=\lim_{h\to 0}\frac{h^{\frac{2}{3}}-0}{h}=\lim_{h\to 0}\frac{1}{h^{\frac{1}{3}}}=\infty,$$

故函数 $f(x)$ 在 $x=0$ 处不可导.

例 14　讨论函数 $f(x)=\begin{cases}x\sin\dfrac{1}{x}, & x\neq 0,\\ 0, & x=0\end{cases}$ 在点 $x=0$ 处的连续性和可导性.

解　因为 $\lim\limits_{x\to 0}f(x)=\lim\limits_{x\to 0}x\sin\dfrac{1}{x}=0$ 且 $f(0)=0$，所以 $\lim\limits_{x\to 0}f(x)=f(0)$，即函数在 $x=0$ 点处连续. 但是导数定义中的极限

$$\lim_{h\to 0}\frac{f(0+h)-f(0)}{h}=\lim_{h\to 0}\frac{h\sin\dfrac{1}{h}}{h}=\lim_{h\to 0}\sin\frac{1}{h}$$

不存在，故函数在点 $x=0$ 处不可导.

例 15　讨论函数 $f(x)=|x|$ 在 $x=0$ 点处的连续性与可导性.

解　由于 $f(x)=|x|=\sqrt{x^2}$ 是初等函数，故在其定义区间连续，从而在 $x=0$ 点处连续. 而由

$$f'_-(0)=\lim_{\Delta x\to 0-0}\frac{f(0+\Delta x)-f(0)}{\Delta x}=\lim_{\Delta x\to 0-0}\frac{-\Delta x}{\Delta x}=-1;$$

$$f'_+(0)=\lim_{\Delta x\to 0+0}\frac{f(0+\Delta x)-f(0)}{\Delta x}=\lim_{\Delta x\to 0+0}\frac{\Delta x}{\Delta x}=1,$$

即 $f'_-(x_0)\neq f'_+(x_0)$ 可知，函数在 $x=0$ 点处不可导.

习题 4.1

1. 求下列函数在点 a 处的导数 $f'(a)$.

(1) $f(x)=x^3$;　　(2) $f(x)=\sqrt{x-1}$.

2. 下列各极限表示函数在点 a 处的导数，请指出对应的 $f(x)$ 和 a.

(1) $\lim\limits_{h\to 0}\dfrac{\sqrt{1+h}-1}{h}$;　　(2) $\lim\limits_{t\to 0}\dfrac{\sin\left(\dfrac{\pi}{2}+t\right)-1}{t}$;

(3) $\lim\limits_{x\to 3\pi}\dfrac{\cos x+1}{x-3\pi}$;　　(4) $\lim\limits_{x\to 0}\dfrac{3^x-1}{x}$.

3. 假设 $f'(a)$ 存在，指出 A 表示什么?

(1) $\lim\limits_{h\to 0}\dfrac{f(a)-f(a+2h)}{h}=A$;　　(2) $\lim\limits_{h\to 0}\dfrac{f(a+h)-f(a-h)}{h}=A$.

4. 如果 $f(x)$ 为偶函数，且 $f'(0)$ 存在，证明 $f'(0)=0$.

5. 证明：$(\cos x)'=-\sin x$.

6. 求下列函数的导数.

(1) x^4;　　(2) $\dfrac{1}{\sqrt[3]{x}}$;　　(3) $\dfrac{x+1}{x^7}$;　　(4) $\dfrac{x^2\cdot\sqrt[3]{x^2}}{\sqrt{x^5}}$.

7. 求 $y=1-x^3$ 在点(0, 1)处的切线方程和法线方程.

8. 求 $y=e^x$ 在点(0, 1)处的切线方程.

9. 在抛物线 $y=x^2$ 上取横坐标为 1 和 3 的两点，并作这两点的割线. 问该抛物线上哪一点的切线平行于这条割线?

10. 判断 $f'(0)$是否存在?

(1) $f(x)=|x|-1$;　　(2) $f(x)=\begin{cases} x^2\sin\dfrac{1}{x}, & x\neq 0, \\ 0, & x=0. \end{cases}$

11. 设函数 $f(x)=\begin{cases} e^x, & x\leqslant 0, \\ bx+c, & x>0. \end{cases}$ 试确定 b 和 c 的值，使 $f(x)$ 在 $x=0$ 处连续且可导.

12. 证明:

(1) 偶函数的导数是奇函数;

(2) 奇函数的导数是偶函数.

4.2 求导法则

通过定义来求函数的导数不仅繁琐，而且对比较复杂的函数求导往往是很困难的. 在本节我们将介绍几个基本的求导法则，利用这些求导法则和基本初等函数的求导公式，我们可以求出复杂初等函数的导数.

4.2.1 函数的和、差、积、商的求导法则

下面我们讨论函数的和、差、积和商的求导方法.

和差的求导法则 如果函数 $f(x)$ 和 $g(x)$ 在点 x 处可导，则函数 $f(x)\pm g(x)$ 也在点 x 处可导，且有

$$(f(x)\pm g(x))'=f'(x)\pm g'(x). \tag{4.7}$$

证 设 $F(x)=f(x)+g(x)$，则由导数的定义有

$$\begin{aligned} F'(x) &= \lim_{h\to 0}\frac{F(x+h)-F(x)}{h} \\ &= \lim_{h\to 0}\frac{[f(x+h)-g(x+h)]-[f(x)+g(x)]}{h} \\ &= \lim_{h\to 0}\left[\frac{f(x+h)-f(x)}{h}+\frac{g(x+h)-g(x)}{h}\right] \\ &= f'(x)+g'(x), \end{aligned}$$

这就证明了 $(f(x)+g(x))'=f'(x)+g'(x)$.

同理可证 $(f(x)-g(x))'=f'(x)-g'(x)$.

以上法则可以推广到任意有限多个可导函数的和(差)的情形．

例 1　设 $f(x)=x^4-\sin x+3^x-\ln x+\log_4 6$，求 $f'(x)$．

解　$$f'(x)=(x^4-\sin x+3^x-\ln x+\log_4 6)'$$
$$=(x^4)'-(\sin x)'+(3^x)'-(\ln x)'+(\log_4 6)'$$
$$=4x^3-\cos x+3^x\ln 3-\frac{1}{x}.$$

积的求导法则　如果函数 $f(x)$ 和 $g(x)$ 在点 x 处可导，则函数 $f(x)g(x)$ 也在点 x 处可导，且有

$$(f(x)g(x))'=f'(x)g(x)+f(x)g'(x). \tag{4.8}$$

证　令 $F(x)=f(x)g(x)$，则由导数的定义有

$$F'(x)=\lim_{h\to 0}\frac{F(x+h)-F(x)}{h}=\lim_{h\to 0}\frac{f(x+h)g(x+h)-f(x)g(x)}{h}$$
$$=\lim_{h\to 0}\frac{f(x+h)g(x+h)-f(x)g(x+h)+f(x)g(x+h)-f(x)g(x)}{h}$$
$$=\lim_{h\to 0}\left[\frac{f(x+h)-f(x)}{h}g(x+h)+f(x)\frac{g(x+h)-g(x)}{h}\right]$$
$$=\lim_{h\to 0}\frac{f(x+h)-f(x)}{h}\lim_{h\to 0}g(x+h)+\lim_{h\to 0}f(x)\lim_{h\to 0}\frac{g(x+h)-g(x)}{h}$$
$$=f'(x)g(x)+f(x)g'(x),$$

在上式中，因为 $f(x)$ 关于变量 h 是常数，所以 $\lim\limits_{h\to 0}f(x)=f(x)$，又因为 $g'(x)$ 存在，从而 $g(x)$ 在 x 处连续，所以 $\lim\limits_{h\to 0}g(x+h)=g(x)$.

特别地，当 $g(x)\equiv C$(C 是常数)时，有

$$(Cf)'=Cf'.$$

以上法则可以推广到任意有限多个可导函数乘积的情形．

例 2　设 $y=e^x\cos x$，求 y'．

解　$y'=(e^x\cos x)'=(e^x)'\cos x+e^x(\cos x)'=e^x\cos x-e^x\sin x.$

例 3　设 $y=x^3 2^x+3x^2$，求 y'.

解　$$y'=(x^3 2^x+3x^2)'=(x^3 2^x)'+(3x^2)'$$
$$=(x^3)2^x+x^3(2^x)'+3(x^2)'=3x^2 2^x+x^3 2^x\ln 2+6x.$$

商的求导法则　如果函数 $f(x)$ 和 $g(x)$ 在点 x 处可导且 $g(x)\neq 0$，则函数 $\dfrac{f(x)}{g(x)}$ 也在点 x 处可导，且有

$$\left[\frac{f(x)}{g(x)}\right]'=\frac{f'(x)g(x)-f(x)g'(x)}{[g(x)]^2} \tag{4.9}$$

证　设 $F(x)=\dfrac{f(x)}{g(x)}$，则由导数的定义有

$$F'(x)=\lim_{h\to0}\frac{F(x+h)-F(x)}{h}=\lim_{h\to0}\frac{\frac{f(x+h)}{g(x+h)}-\frac{f(x)}{g(x)}}{h}$$

$$=\lim_{h\to0}\frac{f(x+h)g(x)-f(x)g(x+h)}{hg(x+h)g(x)}$$

$$=\lim_{h\to0}\frac{f(x+h)g(x)-f(x)g(x)+f(x)g(x)-f(x)g(x+h)}{hg(x+h)g(x)}$$

$$=\lim_{h\to0}\frac{\frac{f(x+h)-f(x)}{h}g(x)-f(x)\frac{g(x+h)-g(x)}{h}}{g(x+h)g(x)}$$

$$=\frac{\lim\limits_{h\to0}\frac{f(x+h)-f(x)}{h}\lim\limits_{h\to0}g(x)-\lim\limits_{h\to0}f(x)\lim\limits_{h\to0}\frac{g(x+h)-g(x)}{h}}{\lim\limits_{h\to0}g(x+h)\lim\limits_{h\to0}g(x)}$$

$$=\frac{f'(x)g(x)-f(x)g'(x)}{[g(x)]^2}.$$

例 4 设 $y=\tan x$，求 y'.

解 $y'=\left(\frac{\sin x}{\cos x}\right)'=\frac{(\sin x)'\cos x-\sin x(\cos x)'}{\cos^2x}$

$$=\frac{\cos x\cos x-\sin x(-\sin x)}{\cos^2x}=\frac{1}{\cos^2x}=\sec^2x$$

即

$$(\tan x)'=\sec^2x.$$

类似地，我们可以得到如下求导公式：

$$(\cot x)'=-\csc^2x,(\sec x)'=\sec x\tan x,(\csc x)'=-\csc x\cot x.$$

4.2.2 反函数求导法则

前面已经得出了反三角函数以外的几种基本初等函数的求导公式，下面先介绍反函数求导法则，并利用这一法则求出反三角函数的求导公式.

反函数求导法则 设函数 $x=\varphi(y)$ 在区间 I_y 内单调并可导，而且 $\varphi'(y)\neq0$，则其反函数 $y=f(x)$ 在对应的区间 $I_x=\{x\mid x=\varphi(y),\ y\in I_y\}$ 内也可导，且有

$$f'(x)=\frac{1}{\varphi'(y)}.\tag{4.10}$$

证 因为函数 $x=\varphi(y)$ 在区间 I_y 内单调并可导，因此函数 $x=\varphi(y)$ 在区间 I_y 内必定单调并且连续，则其反函数 $y=f(x)$ 在对应的区间 I_x 内也必定单调并且连续.

任取 $x\in I_x$，设 x 的增量为 Δx(这里 $\Delta x\neq0$ 且 $x+\Delta x\in I_x$)，则由函数 $y=f(x)$ 的单调性可得，函数值的增量 $\Delta y=f(x_0+\Delta x)-f(x_0)$ 不为零. 于是有

$$\frac{\Delta y}{\Delta x}=\frac{1}{\dfrac{\Delta x}{\Delta y}},$$

由函数 $y=f(x)$ 连续性可知，当 $\Delta x\to 0$ 时，必有 $\Delta y\to 0$. 又因为函数 $x=\varphi(y)$ 可导，而且 $\varphi'(y)\neq 0$，从而有

$$f'(x)=\lim_{\Delta x\to 0}\frac{\Delta y}{\Delta x}=\lim_{\Delta x\to 0}\frac{1}{\dfrac{\Delta x}{\Delta y}}=\lim_{\Delta y\to 0}\frac{1}{\dfrac{\Delta x}{\Delta y}}=\frac{1}{\lim\limits_{\Delta y\to 0}\dfrac{\Delta x}{\Delta y}}=\frac{1}{\varphi'(y)}.$$

例 5　设 $y=\arcsin x$，求 y'.

解　因为反正弦函数 $y=f(x)=\arcsin x$ 是函数 $x=\varphi(y)=\sin y$ 当 $y\in\left[-\frac{\pi}{2},\ \frac{\pi}{2}\right]$ 时的反函数，而函数 $x=\sin y$ 在开区间 $\left(-\frac{\pi}{2},\ \frac{\pi}{2}\right)$，内单调且可导，故由式(4.10)得

$$f'(x)=\frac{1}{\varphi'(y)}=\frac{1}{\cos y},y\in\left(-\frac{\pi}{2},\frac{\pi}{2}\right),$$

注意到 $\cos y$ 在给定的区间满足 $\cos y>0$ 且 $\cos y=\sqrt{1-\sin^2 y}=\sqrt{1-x^2}$，我们有

$$f'(x)=\frac{1}{\sqrt{1-x^2}},$$

即

$$(\arcsin x)'=\frac{1}{\sqrt{1-x^2}},\quad x\in(-1,1).$$

同理可得，反余弦函数的求导公式

$$(\arccos x)'=-\frac{1}{\sqrt{1-x^2}},\quad x\in(-1,1).$$

例 6　设 $y=\arctan x$，求 y'.

解　因为反正切函数 $y=f(x)=\arctan x$ 是函数 $x=\varphi(y)=\tan y$ 当 $y\in\left(-\frac{\pi}{2},\ \frac{\pi}{2}\right)$ 时的反函数，而函数 $x=\tan y$ 在开区间 $\left(-\frac{\pi}{2},\ \frac{\pi}{2}\right)$ 内单调且可导，并且

$$f'(y)=\sec^2 y>0,y\in\left(-\frac{\pi}{2},\frac{\pi}{2}\right),$$

故得

$$f'(x)=\frac{1}{\varphi'(y)}=\frac{1}{\sec^2 y}=\frac{1}{1+\tan^2 y}=\frac{1}{1+x^2},$$

即

$$(\arctan x)'=\frac{1}{1+x^2}.$$

同理可得，反余切函数的求导公式

$$(\operatorname{arccot}x)' = -\frac{1}{1+x^2}.$$

4.2.3 复合函数求导法则

复合函数求导法则 如果函数 $u=\varphi(x)$ 在点 x 处可导，函数 $y=f(u)$ 在对应点 u 处可导，则复合函数 $y=[\varphi(x)]$ 在点 x 处可导，且其导数为

$$\frac{dy}{dx} = f'(u)\varphi'(x). \tag{4.11}$$

证明从略.

复合函数求导公式也可以写成

$$\frac{dy}{dx} = \frac{dy}{du}\cdot\frac{du}{dx} \tag{4.12}$$

注 在式(4.12)中，$\frac{dy}{dx}$是复合函数 $y=f[\varphi(x)]$关于自变量 x 的导数，而$\frac{dy}{du}$是函数 $y=f(u)$关于自变量 u 的导数.

例7 设 $y=\ln(\tan x)$，求 y'.

解 函数 $y=\ln(\tan x)$可看成是由函数 $y=\ln u$ 和 $u=\tan x$ 复合而成的，因此

$$y' = \frac{dy}{du}\frac{du}{dx} = \frac{1}{u}\sec^2 x = \frac{\sec^2 x}{\tan x} = \sec x\csc x.$$

例8 设 $y=\arcsin\frac{2x}{1+x^2}$，求 y'.

解 函数 $y=\arcsin\frac{2x}{1+x^2}$可看作由函数 $y=\arcsin u$ 和 $u=\frac{2x}{1+x^2}$复合而成的，因为

$$\frac{dy}{du} = \frac{1}{\sqrt{1-u^2}} = \left[1-\left(\frac{2x}{1+x^2}\right)^2\right]^{-\frac{1}{2}} = \left[\frac{(1+x^2)^2}{(1-x^2)^2}\right]^{\frac{1}{2}} = \frac{1+x^2}{|1-x^2|},$$

$$\frac{du}{dx} = \left(\frac{2x}{1+x^2}\right)' = 2\,\frac{(1+x^2)\cdot 1 - x(2x)}{(1+x^2)^2} = \frac{2(1-x^2)}{(1+x^2)^2},$$

所以

$$y' = \frac{dy}{du}\cdot\frac{du}{dx} = \frac{1+x^2}{|1-x^2|}\cdot\frac{2(1-x^2)}{(1+x^2)^2} = 2\,\frac{|1-x^2|}{1-x^4}.$$

通过以上例子我们可以看到，使用复合函数求导法则的时候，必须首先搞清楚所讨论的函数是由哪些函数复合而成．也就是说，要把复合函数分解成导数能够直接计算的简单函数.

在熟悉了复合函数的分解后，可以不再写出中间变量，直接从外到里逐层求导．

例 9　设 $y=(x^3-1)^{10}$，求 y'.

解　$y'=[(x^3-1)^{10}]'=10(x^3-1)^9(x^3-1)'$

$=10(x^3-1)^9(3x^2)=30x^2(x^3-1)^9$.

复合函数求导法则可以推广到两个或两个以上中间变量的情形．例如，两个中间变量的情形，$y=f(u)$、$u=g(x)$、$x=h(t)$，其中 f，g，h 都可导，则复合函数 $y=f\{g[h(t)]\}$ 的导数公式为

$$\frac{dy}{dt}=\frac{dy}{du}\cdot\frac{du}{dx}\cdot\frac{dx}{dt}.$$

例 10　设 $y=e^{\arctan\sqrt{x}}$，求 y'.

解　$y=e^{\arctan\sqrt{x}}$可看作由 $y=e^u$，$u=\arctan v$，$v=\sqrt{x}$复合而成．由于

$$\frac{dy}{du}=e^u,\quad \frac{du}{dv}=\frac{1}{1+v^2},\quad \frac{dv}{dx}=\frac{1}{2\sqrt{x}}$$

所以

$$\frac{dy}{dx}=\frac{dy}{du}\frac{du}{dv}\frac{dv}{dx}=e^u\frac{1}{1+v^2}\cdot\frac{1}{2\sqrt{x}}=\frac{1}{2\sqrt{x}(1+x)}e^{\arctan\sqrt{x}}.$$

为简便计算，可以不写出中间变量，也可直接计算如下：

$$\frac{dy}{dx}=\frac{d}{dx}e^{\arctan\sqrt{x}}=e^{\arctan\sqrt{x}}\frac{d}{dx}(\arctan\sqrt{x})$$

$$=e^{\arctan\sqrt{x}}\frac{1}{1+(\sqrt{x})^2}\frac{d}{dx}(\sqrt{x})=\frac{1}{2\sqrt{x}(1+x)}e^{\arctan\sqrt{x}}.$$

4.2.4　初等函数的导数

我们已经掌握常数和基本初等函数的导数公式以及函数的和、差、积、商的求导法则和复合函数求导法则，而初等函数又是由常数和基本初等函数经过有限次的四则运算和有限次的函数复合步骤构成的，所以任何初等函数都可求出其导数并且导数仍为初等函数．

下面将基本初等函数的导数公式、导数的四则运算及复合函数求导法汇集起来，方便大家使用．

1. 基本初等函数的求导公式

(1) $(C)'=0$；　(2) $(x^\mu)'=\mu x^{\mu-1}$；

(3) $(\sin x)'=\cos x$；　(4) $(\cos x)'=\sin x$；

(5) $(\tan x)'=\sec^2 x$；　(6) $(\cot x)'=-\csc^2 x$；

(7) $(\sec x)'=\sec x\tan x$；　(8) $(\csc x)'=-\csc x\cot x$；

(9) $(a^x)'=a^x\ln a$;　　(10) $(e^x)'=e^x$;

(11) $(\log_a x)'=\dfrac{1}{x\ln a}$;　　(12) $(\ln x)'=\dfrac{1}{x}$;

(13) $(\arcsin x)'=\dfrac{1}{\sqrt{1-x^2}}$;　　(14) $(\arccos x)'=-\dfrac{1}{\sqrt{1-x^2}}$;

(15) $(\arctan x)'=\dfrac{1}{1+x^2}$;　　(16) $(\text{arccot})'=-\dfrac{1}{1+x^2}$.

2. 导数的四则运算法则

若函数$f(x)$和$g(x)$可导，则有

(1) $(f\pm g)'=f'\pm g'$;

(2) $(fg)'=f'g+fg'$;

(3) $(Cf)'=Cf'$，C为常数；

(4) $\left(\dfrac{f}{g}\right)'=\dfrac{f'g-fg'}{g^2}$，$g\neq 0$.

3. 复合函数求导法则

如果函数$y=f(u)$和$u=\varphi(x)$都在相应的区间内可导，则复合函数$y=f[\varphi(x)]$的导数为

$$\frac{dy}{dx}=\frac{dy}{du}\frac{du}{dx}\text{或}\frac{dy}{dx}=f'(u)\varphi'(x).$$

4.2.5 一些特殊函数的求导方法

例 11 求由方程$x^3+y^3=6xy$确定的隐函数$y=f(x)$的导数y'.

我们首先来分析一下题目，这是一个由方程确定的隐函数求导问题，易见，从方程$x^3+y^3=6xy$中并不容易解出因变量y.

为了得到这类函数的导数，我们首先看清隐函数的本质，“由方程$x^3+y^3=6xy$确定的隐函数$y=f(x)$”的涵义就是存在函数$y=f(x)$使得等式

$$x^3+[f(x)]^3=6xf(x)$$

对定义域内的每个x恒成立，即关于自变量x的两个函数$x^3+[f(x)]^3$和$6xf(x)$恒相等．既然如此，那么它们的导数也应该恒相等，因此，对隐函数求导问题我们常常采用如下方法．

解 对方程$x^3+y^3=6xy$两端关于变量x求导，并注意y是x的函数，即理解为$y=f(x)$．利用复合函数求导和积法则，我们得到

$$3x^2+3y^2y'=6y+6xy',$$

由此解得

$$y'=\frac{2y-x^2}{y^2-2x}.$$

例 12　设 $e^y-xy+e^x=0$，求 x'.

解　从题目要求看，方程 $e^y-xy+e^x=0$ 中自变量是 y，而 x 是 y 的函数. 因此，我们对方程 $e^y-xy+e^x=0$ 两端关于 y 求导，得

$$e^y-x-yx'+e^x x'=0,$$

由此解得

$$x'=\frac{x-e^y}{e^x-y}.$$

例 13　求椭圆 $\frac{x^2}{16}+\frac{y^2}{9}=1$ 在 $\left(2,\ \frac{3}{2}\sqrt{3}\right)$ 处的切线方程.

解　对椭圆方程的两边分别关于 x 求导，得 $\frac{x}{8}+\frac{2}{9}y\cdot y'=0$，由此解得 $y'=-\frac{9x}{16y}$. 当 $x=2$ 时，$y=\frac{3}{2}\sqrt{3}$，故所求切线的斜率为 $k=y'\big|_{x=2}=-\frac{\sqrt{3}}{4}$，从而所求的切线方程为

$$y-\frac{3}{2}\sqrt{3}=-\frac{\sqrt{3}}{4}(x-2),$$

即 $\sqrt{3}x+4y-8\sqrt{3}=0$.

例 14　求函数 $y=(\ln x)^{\cos x}(x>1)$ 的导数.

这个函数形式也是我们以前并未遇到的，它既不是幂函数，也不是指数函数，因此，前面的求导公式和法则并不适用. 这类函数称为**幂指函数**，其一般形式为 $y=u(x)^{v(x)}(u(x)>0)$，关于幂指函数求导数，我们一般采用如下的**对数求导法**.

解　先对等式两端取对数，得

$$\ln y=\cos x\ln\ln x,$$

然后用隐函数求导法对 x 求导，得

$$\frac{y'}{y}=-\sin x\ln\ln x+\cos x\frac{1}{\ln x}\left(\frac{1}{x}\right),$$

于是

$$y'=y\left(-\sin x\ln\ln x+\frac{\cos x}{x\ln x}\right)=(\ln x)^{\cos x}\left(-\sin x\ln\ln x+\frac{\cos x}{x\ln x}\right).$$

例 15　求 $y=\frac{(x^3+1)^4\sqrt{x^2-1}}{\sqrt[3]{3-x}}$，$1<x<3$ 的导数.

解　鉴于这个函数外层运算由乘、除以及方幂构成，为了简化求导过程，我

们首先对等式两端取对数，得

$$\ln y = 4\ln(x^3+1) + \frac{1}{2}\ln(x^2-1) - \frac{1}{3}\ln(3-x),$$

再用隐函数求导法，对等式两端关于 x 求导，得

$$\frac{y'}{y} = 4\frac{3x^2}{x^3+1} + \frac{1}{2}\frac{2x}{x^2-1} - \frac{1}{3}\frac{-1}{3-x}.$$

由此得

$$y' = y\left(4\frac{3x^2}{x^3+1} + \frac{1}{2}\frac{2x}{x^2-1} - \frac{1}{3}\frac{-1}{3-x}\right)$$

$$= \frac{(x^3+1)^4\sqrt{x^2-1}}{\sqrt[3]{3-x}}\left(4\frac{3x^2}{x^3+1} + \frac{1}{2}\frac{2x}{x^2-1} - \frac{1}{3}\frac{-1}{3-x}\right).$$

例 16 已知旋轮线方程为 $\begin{cases} x = \theta - \sin\theta, \\ y = 1 - \cos\theta, \end{cases}$ 求 $\frac{dy}{dx}$.

我们首先来分析题目，这是由参数方程确定的函数 $y=f(x)$，其一般形式为

$$\begin{cases} x = \varphi(t), \\ y = \psi(t). \end{cases}$$

从直观上看，我们可以把由参数方程确定的函数 $y=f(x)$ 理解为：从 $x=\varphi(t)$ 解出它的反函数 $t=\varphi^{-1}(x)$，然后把它代入 $y=\psi(t)$ 而得到，即 $y=\psi(\varphi^{-1}(x))$. 因为这是一个复合函数，故由复合函数求导法则及反函数的求导法则，函数 y 关于自变量 x 的导数为

$$\frac{dy}{dx} = \frac{dy}{dt}\cdot\frac{dt}{dx} = \frac{dy}{dt}\cdot\frac{1}{\frac{dx}{dt}} = \frac{\psi'(t)}{\varphi'(t)}. \tag{4.13}$$

解 直接用公式(4.13)，得

$$\frac{dy}{dx} = \frac{\frac{dy}{d\theta}}{\frac{dx}{d\theta}} = \frac{\sin\theta}{(1-\cos\theta)} = \frac{2\sin\frac{\theta}{2}\cos\frac{\theta}{2}}{2\sin^2\frac{\theta}{2}} = \cot\frac{\theta}{2}.$$

例 17 设 $\begin{cases} x = \ln(1+t^2), \\ y = t - \arctan t, \end{cases}$ 求 $\left.\frac{dy}{dx}\right|_{t=4}$.

解 由于 $\frac{dy}{dt} = 1 - \frac{1}{1+t^2} = \frac{t^2}{1+t^2}$，$\frac{dx}{dt} = \frac{2t}{1+t^2}$，由公式(4.13)得

$$\frac{\mathrm{d}y}{\mathrm{d}x}=\frac{\frac{\mathrm{d}y}{\mathrm{d}t}}{\frac{\mathrm{d}x}{\mathrm{d}t}}=\frac{t^2}{2t}=\frac{t}{2},$$

故

$$\left.\frac{\mathrm{d}y}{\mathrm{d}x}\right|_{t=4}=\left.\frac{t}{2}\right|_{t=4}=2.$$

习题 4.2

1. 证明下列导数公式.

(1) $(\sec x)'=\sec x\tan x$;　(2) $(\cot x)'=-\csc x^2$;

(3) $(\csc x)'=-\csc x\cot x$.

2. 设 f, g 和 h 均可导，用函数积的求导法则证明：

$$(fgh)'=f'gh+fg'h+fgh'.$$

3. 求下列函数的导数.

(1) $f(x)=x^{100}+5x+1$;　(2) $G(y)=(y^2+1)(2y-7)$;

(3) $g(x)=x^2+\frac{1}{x^2}$;　(4) $f(t)=\sqrt{t}-\frac{1}{\sqrt{t}}$;

(5) $f(u)=\frac{1-u^2}{1+u^2}$;　(6) $H(t)=\sqrt[3]{t}(t+2)$;

(7) $y=\frac{\sqrt{x}-1}{\sqrt{x}+1}$;　(8) $y=\frac{x^5}{x^3-2}$;

(9) $y=\cos x-2\tan x$;　(10) $y=\csc x\cot x$;

(11) $y=\frac{\tan x}{x}$;　(12) $y=\frac{x}{\sin x+\cos x}$;

(13) $y=x\sin x\cos x$;　(14) $y=\frac{x^2\tan x}{\sec x}$;

(15) $y=a^x+\mathrm{e}^x$;　(16) $y=\mathrm{e}^x(x^2-x+1)$;

(17) $y=\frac{10^x-1}{10^x+1}$;　(18) $y=\mathrm{e}^{-x}(\cos x+\sin x)$;

(19) $f(x)=\sqrt{x}\ln x$;　(20) $f(x)=\tan x+\log_{10}x$;

(21) $f(x)=\frac{x+1}{\ln x}$;　(22) $f(x)=(1+x^2)\arctan x$;

(23) $f(t)=\dfrac{\arcsin t}{t}$.

4. 求下列曲线在指定点的切线方程和法线方程.

(1) $y=x+\dfrac{4}{x}$, $(2,\ 4)$;

(2) $y=x+\sqrt{x}$, $(1,\ 2)$;

(3) $y=\dfrac{1}{1+x^2}$, $\left(-1,\ \dfrac{1}{2}\right)$;

(4) $y=\tan x$, $\left(\dfrac{\pi}{4},\ 1\right)$;

(5) $y=\sec x-2\cos x$, $\left(\dfrac{\pi}{3},\ 1\right)$;

(6) $y=x^2e^{-x}$, $\left(1,\ \dfrac{1}{e}\right)$.

5. 已知 g 是 f 的反函数，求 $g'(a)$:

(1) $f(x)=x^3+x+1$, $a=1$;

(2) $f(x)=x^5-x^3+2x$, $a=2$;

(3) $f(x)=2x+\ln x$, $a=2$;

(4) $f(x)=e^x+\ln x$, $a=e$.

6. 求下列函数的导数.

(1) $G(x)=(3x-2)^{10}(5x^2-x+1)^{12}$;

(2) $h(t)=\left(t-\dfrac{1}{t}\right)^{\frac{3}{2}}$;

(3) $S(t)=\sqrt[4]{\dfrac{t^3+1}{t^3-1}}$;

(4) $F(x)=\dfrac{x}{\sqrt{7-3x}}$;

(5) $y=\cos(x^2)+\sin^2x$;

(6) $y=\tan(\cos x)$;

(7) $y=\dfrac{1+\sin 2x}{1-\sin 2x}$;

(8) $y=\csc\left(\dfrac{x}{3}\right)+x\sin\dfrac{1}{x}$;

(9) $F(x)=\ln\sqrt{x}+\sqrt{\ln x}$;

(10) $G(x)=e^{x\cos x}$;

(11) $h(x)=\ln(1+\ln x)$;

(12) $f(x)=\sqrt[3]{2x+e^{3x}}$;

(13) $f(x)=\arccos(2x-1)$;

(14) $h(x)=(\arcsin x)^2+\arcsin(x^2)$;

(15) $G(x)=\arctan\left(\dfrac{x}{a}\right)+\ln\sqrt{\dfrac{x-a}{x+a}}$;

(16) $y=e^{\arctan\sqrt{x}}$;

(17) $y=\sqrt{x+\sqrt{x+\sqrt{x}}}$;

(18) $y=\sqrt{\cos(\sin^2x)}$;

(19) $y=\ln\left|x^3-x^2\right|$;

(20) $y=\sec(e^{\tan(x^2)})$;

(21) $y=\ln(x\sqrt{1-x^2}\sin x)$;

(22) $y=\cos[\sin(2\ln x)+\tan(e^{2x})]$;

(23) $y=\operatorname{arccot}(x-\sqrt{1+x^2})$;

(24) $y=\arcsin\left(\dfrac{\cos x}{1+\sin x}\right)$;

(25) $y=2^{\arctan\sqrt{x}}$；　　(26) $y=\arcsin(\arctan x)$.

7. 用隐函数求导法求下列函数的导数$\frac{\mathrm{d}y}{\mathrm{d}x}$.

(1) $x^2-xy+y^3=8$；　　(2) $2y^2+\sqrt[3]{xy}=3y^2+17$；

(3) $\frac{y}{x+y}=x^2+1$；　　(4) $\cos(x-y)=y\sin x$；

(5) $y=1-xe^y$；　　(6) $y=\ln(x^2+y^2)$.

8. 用对数求导法求下列函数的导数$\frac{\mathrm{d}y}{\mathrm{d}x}$.

(1) $y=(\ln x)^x$；　　(2) $y=(\sin x)^{\cos x}$；

(3) $x^y=y^x$；　　(4) $\sqrt{x^2-y^2}=a\mathrm{e}^{\arcsin\frac{y}{x}}(a>0)$；

(5) $y=\frac{\sqrt{x+2}(3-x)^4}{(x+1)^5}$；　　(6) $y=\sqrt{x\sin x\sqrt{1-\mathrm{e}^x}}$.

9. 求下列参数方程所确定的函数的导数$\frac{\mathrm{d}y}{\mathrm{d}x}$.

(1) $\begin{cases}x=\mathrm{e}^{-t},\\ y=t\mathrm{e}^{2t};\end{cases}$　　(2) $\begin{cases}x=\cos\theta+\theta\sin\theta,\\ y=\sin\theta-\theta\cos\theta;\end{cases}$

(3) $\begin{cases}x=a\cos^3\theta,\\ y=a\sin^3\theta.\end{cases}$

4.3 高阶导数

如果$f(x)$是可导函数，则导数$f'(x)$也是一个函数，可以有自己的导数$[f'(x)]'$，用$f''(x)$表示. 由于$f''(x)$是$f(x)$的导数的导数，我们称之为$f(x)$的**二阶导数**.

例如，对于$f(x)=\tan x$，有$f'(x)=\sec^2x$，从而

$$f''(x)=\frac{\mathrm{d}}{\mathrm{d}x}\sec^2x=2\sec x\sec x\tan x=2\tan x\sec^2x.$$

如果$y=f(x)$，则其二阶导数可选用如下的记号：

$$y'',\ \frac{\mathrm{d}^2y}{\mathrm{d}x^2},\ f''(x),\ \frac{\mathrm{d}^2f(x)}{\mathrm{d}x^2}.$$

相应地，把$y=f(x)$的导数$f'(x)$叫做函数$y=f(x)$的一阶导数.

类似地，二阶导数的导数称为**三阶导数**，三阶导数的导数称为**四阶导数**，

…，一般地，$n-1$ 阶导数的导数称为 **n 阶导数**，如果 $y=f(x)$，分别可以记作

$$y''', \ y^{(4)}, \ \cdots, \ y^{(n)}.$$

$$\frac{d^3y}{dx^3}, \ \frac{d^4y}{dx^4}, \ \cdots, \ \frac{d^ny}{dx^n},$$

$$f'''(x), \ f^{(4)}(x), \ \cdots, \ f^{(n)}(x).$$

$$\frac{d^3f(x)}{dx^3}, \ \frac{d^4f(x)}{dx^4}, \ \cdots, \ \frac{d^nf(x)}{dx^n}.$$

二阶及二阶以上的导数统称为**高阶导数**．显然如果 $f(x)$ 在点 x 处具有 n 阶导数，则 $f(x)$ 在点 x 的附近必定具有一切低于 n 阶的导数．具有 n 阶导数的函数也常被说成 n 阶可导的函数．

例 1　求函数 $y=5x^3+\sin x+4x+\log_4 7$ 的二阶导数．

解
$$\frac{dy}{dx}=15x^2+\cos x+4, \quad \frac{d^2y}{dx^2}=\frac{d}{dx}\left(\frac{dy}{dx}\right)=30x-\sin x.$$

下面我们介绍几个基本初等函数的 n 阶导数．

例 2　求指数函数 $y=e^x$ 的 n 阶导数．

解　$y'=e^x$，$y''=e^x$，$y'''=e^x$，$y^{(4)}=e^x$，

一般地，可得

$$y^{(n)}=e^x.$$

例 3　求正弦函数和余弦函数的 n 阶导数．

解　$y=\sin x$，

$$\frac{dy}{dx}=\cos x=\sin\left(x+\frac{\pi}{2}\right),$$

$$\frac{d^2y}{dx^2}=\frac{d}{dx}\sin\left(x+\frac{\pi}{2}\right)=\cos\left(x+\frac{\pi}{2}\right)$$

$$=\sin\left(x+\frac{\pi}{2}+\frac{\pi}{2}\right)=\sin\left(x+2\cdot\frac{\pi}{2}\right),$$

$$\frac{d^3y}{dx^3}=\frac{d}{dx}\sin\left(x+2\cdot\frac{\pi}{2}\right)=\cos\left(x+2\cdot\frac{\pi}{2}\right)$$

$$=\sin\left(x+2\cdot\frac{\pi}{2}+\frac{\pi}{2}\right)=\sin\left(x+3\cdot\frac{\pi}{2}\right),$$

一般可得

$$\frac{d^ny}{dx^n}=\sin\left(x+n\cdot\frac{\pi}{2}\right),$$

即

$$(\sin x)^{(n)}=\sin\left(x+n\cdot\frac{\pi}{2}\right).$$

用类似方法可得

$$(\cos x)^{(n)}=\cos\left(x+n\cdot\frac{\pi}{2}\right).$$

例 4　求幂函数 $y=x^{\mu}$ 的 n 阶导数．

解　设 μ 是任意常数，则

$$(x^{\mu})'=\mu x^{\mu-1},$$

$$(x^{\mu})''=\mu(\mu-1)x^{\mu-2},$$

$$(x^{\mu})'''=\mu(\mu-1)(\mu-2)^{\mu-3},$$

一般地，可得

$$(x^{\mu})^{(n)}=\mu(\mu-1)\cdots(\mu-n+1)x^{\mu-n}.$$

特别地，(1) 当 $\mu=n$ 时，可得

$$(x^{n})^{(n)}=n(n-1)\cdots3\cdot2\cdot1=n!,$$

$$(x^{n})^{(n+1)}=0.$$

(2) 当 $\mu=-1$ 时，可得

$$\left(\frac{1}{x}\right)^{(n)}=(-1)(-2)\cdots(-n)x^{-1-n}=\frac{(-1)^{n}n!}{x^{n+1}}.$$

例 5　求函数 $y=e^{3x}+\ln(5+2x)$ 的 n 阶导数．

解　$\dfrac{dy}{dx}=(e^{3x})'+[\ln(5+2x)]'=3e^{3x}+\dfrac{2}{5+2x}$,

$$\frac{d^2y}{dx^2}=\left(3e^{3x}+\frac{2}{5+2x}\right)'=3^2e^{3x}+2\frac{-2}{(5+2x)^2},$$

$$\frac{d^3y}{dx^3}=\left(3^2e^{3x}+2\frac{-2}{(5+2x)^2}\right)'=3^3e^{3x}+2^2(-1)\frac{-2}{(5+2x)^3},$$

$$\frac{d^4y}{dx^4}=\left(3^3e^{3x}+2^2(-1)\frac{-2}{(5+2x)^3}\right)'=3^4e^{3x}+2^3(-1)^2 2!\ \frac{-3}{(5+2x)^4},$$

一般地，可得

$$\frac{d^ny}{dx^n}=3^ne^{3x}+2^{n-1}(-1)^{n-1}(n-1)!\ \frac{1}{(5+2x)^{n-1}}.$$

例 6　设 $y^2-2xy+9=0$，求 $\dfrac{d^2y}{dx^2}$.

解 对方程 $y^2-2xy+9=0$ 两端同时关于 x 求导，得

$$2y\frac{\mathrm{d}y}{\mathrm{d}x}-2\left(y+x\frac{\mathrm{d}y}{\mathrm{d}x}\right)=0,$$

由此解得

$$\frac{\mathrm{d}y}{\mathrm{d}x}=\frac{y}{y-x}.$$

注意到上式中 y 是 x 的函数，我们有

$$\frac{\mathrm{d}^2y}{\mathrm{d}x^2}=\left(\frac{y}{y-x}\right)'=\frac{y'(y-x)-y(y'-1)}{(y-x)^2}=\frac{-xy'+y}{(y-x)^2},$$

将 $y'=\frac{\mathrm{d}y}{\mathrm{d}x}=\frac{y}{y-x}$ 代入上式，整理得

$$\frac{\mathrm{d}^2y}{\mathrm{d}x^2}=\frac{y(y-2x)}{(y-x)^3}.$$

例 7 设 $\begin{cases}x=a(t-\sin t),\\ y=a(1-\cos t).\end{cases}$ 求 $\frac{\mathrm{d}^2y}{\mathrm{d}x^2}$.

解 $\frac{\mathrm{d}y}{\mathrm{d}x}=\frac{\frac{\mathrm{d}y}{\mathrm{d}t}}{\frac{\mathrm{d}x}{\mathrm{d}t}}=\frac{\sin t}{1-\cos t}=\cot\frac{t}{2}$,

$$\frac{\mathrm{d}^2y}{\mathrm{d}x^2}=\frac{\mathrm{d}}{\mathrm{d}x}\left(\frac{\mathrm{d}y}{\mathrm{d}x}\right)=\frac{\mathrm{d}}{\mathrm{d}x}\left(\cot\frac{t}{2}\right)$$

$$=\frac{\mathrm{d}}{\mathrm{d}t}\left(\cot\frac{t}{2}\right)\cdot\frac{\mathrm{d}t}{\mathrm{d}x}=\frac{\frac{\mathrm{d}}{\mathrm{d}t}\left(\cot\frac{t}{2}\right)}{\frac{\mathrm{d}x}{\mathrm{d}t}}$$

$$=-\frac{1}{2\sin^2\frac{t}{2}}\frac{1}{a(1-\cos t)}=-\frac{1}{a(1-\cos t)^2}\quad(t\neq 2n\pi,\ n\in\mathbb{Z}).$$

习题 4.3

1. 求下列函数的二阶导数.

(1) $f(x)=x^3+\ln x+x+\cos 4$;　　(2) $f(t)=\frac{2t^3+\sqrt{t}+4}{t}$;

(3) $g(r)=\frac{r}{1-r}$;　　(4) $h(s)=\tan^3(2s-1)$;

(5) $y=x^2\mathrm{e}^x$;　　(6) $y=x^2\cos x$;

(7) $y=\mathrm{e}^{-x}\sec x$;　　(8) $y=(1+x^2)\arctan x$;

(9) $y=\arcsin x\ln x$;　　(10) $y=x\cot x\ln x$.

2. 设 $g(t)=(2-t^2)^6$，求 $g(0)$，$g'(0)$，$g''(0)$和 $g'''(0)$.

3. 设$f(\theta)=\cot\theta$，求$f'''\left(\frac{\pi}{6}\right)$.

4. 求一个二次多项式 P 使得 $P(2)=5$，$P'(2)=3$，$P''(2)=2$.

5. 求下列函数的 n 阶导数.

(1) $y=\frac{1-x}{1+x}$;　　(2) $y=\sin^2 x$;

(3) $y=x\ln x$;　　(4) $y=x\mathrm{e}^x$;

(5) $y=\frac{x+2}{x^2-1}$.

6. 求由下列方程所确定的隐函数的二阶导数$\frac{\mathrm{d}^2y}{\mathrm{d}x^2}$.

(1) $x^2-y^2=1$;　　(2) $y=1+x\mathrm{e}^y$.

7. 求下列参数方程所确定的函数的二阶导数$\frac{\mathrm{d}^2y}{\mathrm{d}x^2}$.

(1) $\begin{cases}x=\frac{t^2}{2},\\ y=1-t;\end{cases}$　　(2) $\begin{cases}x=a\cos t,\\ y=b\sin t.\end{cases}$

4.4　函数的微分

微积分思想的本质是“局部线性化”. 微分是微积分学的核心概念之一，微分的思想就是用一个线性函数近似地表示非线性函数，当然，这样的近似表示在整个定义域上是没有意义的，我们只能在一个充分小邻域内考虑. 从几何直观上看，就是在函数曲线的微小局部，用直线代替曲线.

4.4.1　微分的概念

设函数$f(x)$在点 x_0 的一个邻域内有定义，我们希望用一个线性函数近似地表示$f(x)$，并且线性函数必须保证在点 x_0 处的值等于$f(x_0)$，因此，我们假设该线性函数具有如下形式:

$$l(x)=f(x_0)+A(x-x_0), \tag{4.14}$$

其中 A 是常数，不妨假设 $A\neq0$. 以 α 表示函数 $f(x)$ 和 $l(x)$ 的差，即 $\alpha=f(x)-l(x)$,这时，我们有

$$f(x)=l(x)+\alpha=f(x_0)+A(x-x_0)+\alpha, \tag{4.15}$$

记 $\Delta x=x-x_0$，$\Delta y=f(x)-f(x_0)$，则上式用增量的形式可写成

$$\Delta y=A\Delta x+\alpha. \tag{4.16}$$

根据我们的理解，既然 $l(x)$ 是 $f(x)$ 的近似表达式，那么在等式(4.16)的右端，我们忽略的项 α 比保留的项 $A\Delta x$ 小很多，从无穷小的观点看，当 $\Delta x\to0$ 时，α 应该是 $A\Delta x$ 的高阶无穷小，由于 $A\neq0$ 是常数，故 α 应该是 Δx 的高阶无穷小，于是，等式(4.16)可以写成

$$\Delta y=A\Delta x+o(\Delta x). \tag{4.17}$$

通过上面的分析，我们认为有必要引入如下概念.

定义 4.2 设函数 $y=f(x)$ 在某区间内有定义，而 x_0 及 $x_0+\Delta x$ 都在这个区间内. 如果函数的增量 $\Delta y=f(x_0+\Delta x)-f(x_0)$ 可表示为

$$\Delta y=A\Delta x+o(\Delta x), \tag{4.18}$$

其中 A 是不依赖于 Δx 的常数，则称函数 $y=f(x)$ 在点 x_0 是**可微**的，并称 $A\Delta x$ 为函数 $y=f(x)$ 在点 x_0 相应于自变量增量 Δx 的**微分**，记作 $\mathrm{d}y$，即

$$\mathrm{d}y=A\Delta x. \tag{4.19}$$

函数的可微与可导之间有如下关系：

定理 4.2 函数 $y=f(x)$ 在点 x_0 可微的充分必要条件是函数 $y=f(x)$ 在点 x_0 可导.

证 必要性设函数 $y=f(x)$ 在点 x_0 可微，由可微定义，有

$$\Delta y=A\Delta x+o(\Delta x),$$

两端同时除以 Δx，并取 $\Delta x\to0$ 时的极限，得

$$\lim_{\Delta x\to0}\frac{\Delta y}{\Delta x}=\lim_{\Delta x\to0}\left(A+\frac{o(\Delta x)}{\Delta x}\right)=A,$$

这表明函数 $y=f(x)$ 在点 x_0 可导且

$$f'(x_0)=A.$$

充分性设 $y=f(x)$ 在点 x_0 可导，由可导定义，有

$$f'(x_0)=\lim_{\Delta x\to0}\frac{\Delta y}{\Delta x},$$

根据函数极限与无穷小的关系，有

$$\frac{\Delta y}{\Delta x}=f'(x_0)+\alpha,$$

其中 α 是当 $\Delta x\to0$ 时的无穷小，因此有

$$\Delta y = f'(x_0)\Delta x + \alpha\Delta x,$$

又因为

$$\lim_{\Delta x\to 0}\frac{\alpha\Delta x}{\Delta x} = \lim_{\Delta x\to 0}\alpha = 0,$$

故当 $\Delta x\to 0$ 时，$\alpha\Delta x$ 是比 Δx 高阶的无穷小，而 $f'(x_0)$ 只与 x_0 有关，与 Δx 无关，从而 $y=f(x)$ 在点 x_0 可微，且

$$\mathrm{d}y = f'(x_0)\Delta x.$$

通常把自变量 x 的增量 Δx 称为自变量的微分，记作 $\mathrm{d}x$，即 $\mathrm{d}x = \Delta x$，于是函数 $y=f(x)$ 的微分又可记作

$$\mathrm{d}y = f'(x)\mathrm{d}x,$$

从而，有

$$\frac{\mathrm{d}y}{\mathrm{d}x} = f'(x),$$

因此，导数通常也称为微商.

例 1　求函数 $y=x^2$ 当 $x=2$，$\Delta x=0.01$ 时的微分 $\mathrm{d}y$.

解　由于 $\mathrm{d}y=(x^2)'\cdot\Delta x=2x\cdot\Delta x$，故

$$\mathrm{d}y\Big|_{\substack{x=2\\ \Delta x=0.01}} = 2x\cdot\Delta x\Big|_{\substack{x=2\\ \Delta x=0.01}} = 2\times 2\times 0.01 = 0.04.$$

例 2　设 $y=x^3+2x^2$，求 $\mathrm{d}y$.

解　由于 $y'=3x^2+4x$，故 $\mathrm{d}y=y'\mathrm{d}x=(3x^2+4x)\mathrm{d}x$.

例 3　设 $y=\arcsin\sqrt{1-x^2}$，求 $\mathrm{d}y$.

解　由于

$$f'(x) = \frac{1}{\sqrt{1-(\sqrt{1-x^2})^2}}(\sqrt{1-x^2})' = \frac{1}{|x|}\cdot\frac{1}{2\sqrt{1-x^2}}(1-x^2)'$$

$$= \frac{1}{|x|}\cdot\frac{1}{2\sqrt{1-x^2}}(1-x^2)' = \frac{1}{2|x|\sqrt{1-x^2}}(-2x) = -\frac{|x|}{x\sqrt{1-x^2}},$$

因此

$$\mathrm{d}y = -\frac{|x|}{x\sqrt{1-x^2}}\mathrm{d}x.$$

例 4　在下列等式左端的括号中填入适当的函数，使等式成立.

(1) $\mathrm{d}(\quad) = \dfrac{1}{1+x^2}\mathrm{d}x$　　(2) $\mathrm{d}(\quad) = \mathrm{e}^{ax}\mathrm{d}x$

(3) $\mathrm{d}(\quad) = \sin 3x\mathrm{d}x$　　(4) $\mathrm{d}(\quad) = \dfrac{1}{1-x^2}\mathrm{d}x$

解 (1) 我们知道$(\arctan x)'=\dfrac{1}{1+x^2}$，故 $d(\arctan x)=\dfrac{1}{1+x^2}dx$.

(2) 我们知道$(e^{ax})'=ae^{ax}$，从而$\left(\dfrac{1}{a}e^{ax}\right)'=e^{ax}$，故 $d\left(\dfrac{1}{a}e^{ax}\right)=e^{ax}dx$.

(3) 我们知道$(\cos 3x)'=-3\sin 3x$，从而$\left(-\dfrac{1}{3}\cos 3x\right)'=\sin 3x$，故

$$d\left(-\frac{1}{3}\cos x\right)=\sin 3x dx.$$

(4) 因为$\dfrac{1}{1-x^2}=\dfrac{1}{2}\left(\dfrac{1}{1-x}+\dfrac{1}{1+x}\right)$，又因为$[-\ln(1-x)]'=\dfrac{1}{1-x}$，$[\ln(1+x)]'=\dfrac{1}{1+x}$，故

$$d\left(\frac{1}{2}\ln\frac{1+x}{1-x}\right)=\frac{1}{1-x^2}dx.$$

4.4.2 微分的几何意义

一般地，在直角坐标系中，函数 $y=f(x)$的图形是一条曲线.

对于固定的 x_0 值，相应有曲线上的点 $M(x_0,f(x_0))$，给 x_0 一个增量 Δx，对应曲线上的点 $N(x_0+\Delta x,y_0+\Delta y)$，如图 4.3 所示.

$$MQ=\Delta x,\ QN=\Delta y.$$

过 M 点作曲线的切线 MT，它的倾斜角为 α，则

$$QP=MQ\tan\alpha=\Delta x f'(x_0)=dy.$$

由于 $\Delta y-dy=o(\Delta x)$，故在 M 点的很小邻域内，我们可以用切线段 MP 来近似代替曲线段$\overset{\frown}{MN}$，这就是微分的几何意义.

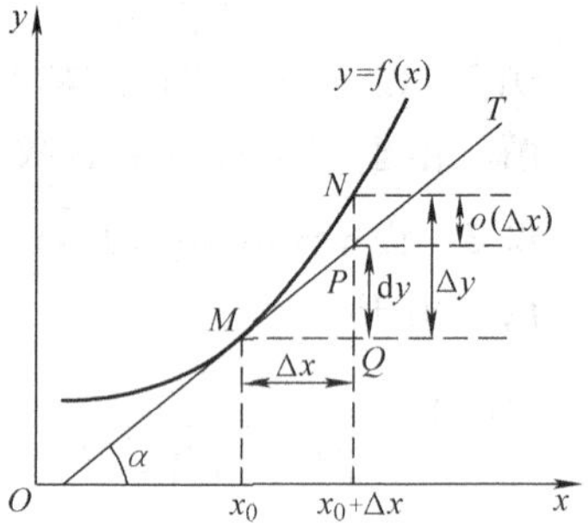

图 4.3

4.4.3 基本初等函数的微分公式与微分运算法则

从函数微分的表达式

$$dy=f'(x)dx$$

可以看出，要计算函数的微分，只要计算函数的导数，再乘以自变量的微分即可. 因此从导数的基本公式和运算法则就可以直接推出微分的基本公式和运算法则.

1. 基本初等函数的微分公式

(1) $d(x^{\alpha})=\alpha x^{\alpha-1}dx$;　(2) $d(\sin x)=\cos x dx$;

(3) $d(\cos x)=-\sin x dx$;　(4) $d(\tan x)=\sec^2 x dx$;

(5) $d(\cot x)=-\csc^2 x dx$;　(6) $d(\sec x)=\sec x\tan x dx$;

(7) $d(\csc x)=-\csc x\cot x dx$;　(8) $d(a^x)=a^x\ln a dx$;

(9) $d(e^x)=e^x dx$;　(10) $d(\log_a x)=\frac{1}{x\ln a}dx$;

(11) $d(\ln x)=\frac{1}{x}dx$;　(12) $d(\arcsin x)=\frac{1}{\sqrt{1-x^2}}dx$;

(13) $d(\arccos x)=-\frac{1}{\sqrt{1-x^2}}dx$;　(14) $d(\arctan x)=\frac{1}{1+x^2}dx$;

(15) $d(\text{arccot} x)=-\frac{1}{1+x^2}dx$.

2. 函数的和、差、积、商的微分法则

若 $u=u(x)$, $v=v(x)$ 均可导，则有

(1) $d(u\pm v)=du\pm dv$,

(2) $d(uv)=vdu+udv$,

(3) $d\left(\frac{u}{v}\right)=\frac{vdu-udv}{v^2}\ (v\neq 0)$.

3. 复合函数的微分法则

若函数 $y=f(u)$ 和 $u=\varphi(x)$ 都可导，则复合函数 $y=f[\varphi(x)]$ 的微分为

$$dy=d[f(\varphi(x))]=[f(\varphi(x))]'dx=f'(\varphi(x))\varphi'(x)dx,$$

因为

$$du=\varphi'(x)dx,$$

所以 $y=f[\varphi(x)]$ 的微分也可写为

$$dy=f'(u)du.$$

当 u 为自变量时，$y=f(u)$ 的微分也是上式，因此，无论 u 是自变量还是中间变量，$y=f(u)$ 的微分形式不变，称此性质为**微分形式的不变性**.

例 5　设 $y=\sin x^2$，求微分 dy.

解　$dy=[\sin(x^2)]'dx=2x\cos(x^2)dx$，或者利用微分形式的不变性，我们有

$$dy=(\sin x^2)'_{x^2}\,dx^2=\cos(x^2)dx^2=2x\cos(x^2)dx.$$

例 6　设 $y=e^{x+1}\cos x$，求微分 dy.

解　$dy=d(e^{x+1}\cos x)=e^{x+1}d(\cos x)+\cos x d(e^{x+1})$

$$= e^{x+1}(-\sin x)dx + \cos x(e^{x+1})dx = e^{x+1}(\cos x - \sin x)dx.$$

例7 设 $x^2+xy+3y=0$，求微分 dy.

解 方程两边求微分，得

$$2xdx + ydx + xdy + 3dy = 0,$$

解得

$$dy = -\frac{2x+y}{x+3}dx.$$

此题也可先求出导数，再求微分.

方程两边同时对 x 求导，得

$$2x + y + xy' + 3y' = 0,$$

解出

$$y' = -\frac{2x+y}{x+3},$$

所以

$$dy = y'dx = -\frac{2x+y}{x+3}dx.$$

4.4.4 微分在近似计算中的应用

如果 $y=f(x)$ 在 x_0 点的导数 $f'(x_0)\neq 0$，当 $|\Delta x|$ 很小时，函数的增量

$$\Delta y = f(x_0+\Delta x) - f(x_0) \approx dy = f'(x_0)\Delta x, \tag{4.20}$$

可以进一步得到

$$f(x_0+\Delta x) \approx f(x_0) + f'(x_0)\Delta x, \tag{4.21}$$

在式(4.21)中令 $x_0+\Delta x = x$，则可以得到下面的式子

$$f(x) \approx f(x_0) + f'(x_0)(x-x_0) \tag{4.22}$$

特别地，若取 $x_0=0$，则式(4.22)变为

$$f(x) \approx f(0) + f'(0)x. \tag{4.23}$$

例8 半径为100cm的金属圆片加热后，半径伸长了0.01cm，问面积约增大了多少.

解 圆的面积是半径的函数，即有 $S(r)=\pi r^2$，利用式(4.20)，有

$$\Delta S \approx dS = S'(r)\Delta r = 2\pi r\Delta r,$$

取 $r=100$cm，$\Delta r=0.01$cm，代入上式，得

$$\Delta S \approx 2\pi \times 100 \times 0.01 = 2\pi,$$

即面积约增大了 $2\pi cm^2$.

例9 计算 $\sin 30°30'$ 的近似值.

解 设 $f(x)=\sin x$，则由公式(4.21)，得

$$\sin(x_0+\Delta x)\approx\sin x_0+\cos x_0\cdot\Delta x.$$

因为 $30°30'=\frac{\pi}{6}+\frac{\pi}{360}$，取 $x_0=\frac{\pi}{6}$，$\Delta x=\frac{\pi}{360}$，得

$$\sin 30°30'=\sin\left(\frac{\pi}{6}+\frac{\pi}{360}\right)\approx\sin\frac{\pi}{6}+\cos\frac{\pi}{6}\cdot\frac{\pi}{360}$$

$$=\frac{1}{2}+\frac{\sqrt{3}}{2}\frac{\pi}{360}\approx 0.5076.$$

例 10　当 $|x|$ 很小时，证明：$e^x\approx 1+x$.

证　设 $f(x)=e^x$，则 $f'(x)=e^x$，$f(0)=1$，$f'(0)=1$，利用式(4.23)，得

$$f(x)=e^x\approx f(0)+f'(0)x=1+x.$$

即 $e^x\approx 1+x$.

当 $|x|$ 很小时，利用式(4.23)，可推得如下几个常用的近似公式：

(1) $\sin x\approx x$;

(2) $\tan x\approx x$;

(3) $e^x\approx 1+x$;

(4) $\ln(1+x)\approx x$;

(5) $\sqrt[n]{1+x}\approx 1+\frac{1}{n}x$.

例 11　计算 $\sqrt[8]{1.08}$ 的近似值.

解　在 $\sqrt[n]{1+x}\approx 1+\frac{1}{n}x$ 中，取 $n=8$，$x=0.08$，得

$$\sqrt[8]{1.08}=\sqrt[8]{1+0.08}\approx 1+\frac{1}{8}\times 0.08=1.01.$$

习题 4.4

1. 已知 $y=x^3-x$，在 $x=2$ 处，计算当 Δx 分别等于 1，0.1，0.01 时的 Δy 和 dy.

2. 求下列函数的微分.

(1) $y=\frac{1}{x}+2\sqrt{x}$;　　(2) $y=\cos 3x$;

(3) $y=\sqrt{x^2+1}$;　　(4) $y=e^{\sin 2x}$;

(5) $y=[\ln(1-x)]^2$;　　(6) $y=x^2e^{2x}$;

(7) $y=e^x\cos x$;　　(8) $y=\arctan x^2$.

3. 在下列等式左端的括号中填入适当的函数，使等式成立.

(1) $d(\quad)=7x\,dx$;　　(2) $d(\quad)=-\dfrac{1}{1+x^2}dx$;

(3) $d(\quad)=6x^4dx$;　　(4) $d(\quad)=[\sec x\tan x+\cos(e^5)]dx$;

(5) $d(\quad)=\dfrac{1}{1+x}dx$;　　(6) $d(\quad)=\dfrac{1}{x^2}dx$;

(7) $d(\quad)=(x+\sec^2x)dx$;　　(8) $d(\quad)=\dfrac{1}{a^2+x^2}dx$.

4. 求由下列方程所确定函数的微分 dy.

(1) $y=x+\arctan y$;　　(2) $xy=e^x+e^y$.

5. 有一内部半径 $r=10$mm 的金属球壳，厚度为 0.03mm，试估计该球壳金属的体积.

6. 近似计算下列各值.

(1) $e^{1.01}$;　　(2) $\sqrt[3]{8.02}$.

7. 当 $|x|$ 很小时，证明：$\ln(1+x)\approx x$.

第5章　中值定理和导数的应用

在这一章中我们首先介绍微分学中的几个中值定理，然后以此为基础，通过导数来研究函数图形的单调性、凹凸性、极值点和拐点等.

5.1　中值定理

5.1.1　罗尔定理

定理5.1　（罗尔定理）如果$f(x)$满足以下条件：

（1）在闭区间$[a, b]$上连续；

（2）在开区间(a, b)内可导；

（3）$f(a)=f(b)$，

则在开区间(a, b)内至少存在一点ξ，使得$f'(\xi)=0$.

证　因为$f(x)$在$[a, b]$上连续，由最大最小值定理，它必定在$[a, b]$上取得最大值（记为M）和最小值（记为m）. 下面我们分两种情况来讨论.

情形一　如果$M=m$，说明$f(x)$在$[a, b]$上恒等于一个常数，因此对任一点$\xi\in(a, b)$都有$f'(\xi)=0$.

情形二　如果$M\neq m$，则由条件(3)可知，M和m中至少有一个不等于$f(a)$（或$f(b)$），不妨设$M\neq f(a)$（如果$m\neq f(a)$，证明类似）. 那么肯定存在一点$\xi\in(a, b)$，使得$M=f(\xi)$. 因为M是最大值，所以对任意点$x=\xi+\Delta x\in(a, b)$有

$$f(\xi)\geqslant f(\xi+\Delta x)$$

或

$$\Delta y=f(\xi+\Delta x)-f(\xi)\leqslant 0.$$

由条件(2)可知，函数$f(x)$在点ξ处可导，于是当$\Delta x>0$时，

$$\frac{\Delta y}{\Delta x}=\frac{f(\xi+\Delta x)-f(\xi)}{\Delta x}\leqslant 0,$$

从而根据极限的局部保号性有

$$f'_+(\xi)=\lim_{\Delta x\to 0+0}\frac{\Delta y}{\Delta x}\leqslant 0;$$

当$\Delta x<0$时，

$$\frac{\Delta y}{\Delta x}=\frac{f(\xi+\Delta x)-f(\xi)}{\Delta x}\geqslant 0,$$

从而根据极限的局部保号性有

$$f'_-(\xi)=\lim_{\Delta x\to 0-0}\frac{\Delta y}{\Delta x}\geqslant 0.$$

因此$0\leqslant f'_-(\xi)=f'(\xi)=f'_+(\xi)\leqslant 0$，故有$f'(\xi)=0$，$\xi\in(a,\ b)$.

注 以后我们把一个函数的导数等于零的点称为**驻点**.

罗尔定理的几何意义是：在连接高度相同的两点的一段连续曲线上，如果每一点的切线都不垂直于 x 轴，则至少有一点上的切线是平行于 x 轴的，如图 5.1 中的点 ξ_1 和 ξ_2.

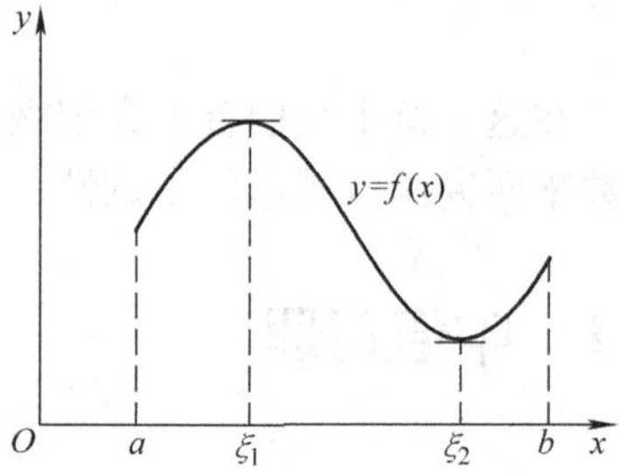

图 5.1

例 1 证明函数$f(x)=x^3-x$在区间$[-1,\ 1]$上验证罗尔定理正确性.

证 由于函数$f(x)=x^3-x$是多项式，所以它在区间$[-1,\ 1]$上连续，在$(-1,1)$内可导，并且$f(1)=f(-1)$，因此它满足罗尔定理的条件. 又$f'(x)=3x^2-1$，令$f'(x)=0$，得

$$x=\pm\frac{\sqrt{3}}{3}\in(-1,\ 1),$$

显然有$f'\left(\frac{\sqrt{3}}{3}\right)=f'\left(-\frac{\sqrt{3}}{3}\right)=0$，故罗尔定理的正确性得到验证.

罗尔定理的三个条件是缺一不可的. 如果缺少某一个条件，那么罗尔定理的结论不一定成立. 下面的例题说明了这一点.

例 2 (1)考虑函数$f(x)=x$，在区间$[0,\ 1]$上是连续，在$(0,\ 1)$内可导，但两个端点的函数值$f(0)=0$和$f(1)=1$不相等，从而不满足罗尔定理的条件. 由于$f'(x)\equiv 1$，故$f(x)$没有导数等于零的点，罗尔定理的结论不成立.

(2) 考虑函数$f(x)=|x|$，在区间$[-1,\ 1]$上连续，$f(1)=f(-1)$，但在$(-1,\ 1)$内不可导，从而不满足罗尔定理的条件. 由于该函数的导数为

$$f'(x)=\begin{cases}1, & x\in(0,\ 1),\\ \text{不存在}, & x=0,\\ -1, & x\in(-1,\ 0),\end{cases}$$

故在给定区间没有导数为零的点，罗尔定理的结论不成立.

(3) 考虑函数$f(x)=\begin{cases}x, & x\in[0,\ 1),\\ 0, & x=1,\end{cases}$它在区间$[0,\ 1]$上有定义，在$(-1,\ 1)$内可导，且$f(1)=f(-1)=0$，但在区间$[0,\ 1]$上不连续，从而不满足罗尔定理的条件. 该函数在$(-1,\ 1)$内的导数为$f'(x)\equiv 1$，没有导数为零的点，罗尔定理的结论不成立.

5.1.2　拉格朗日中值定理

在罗尔定理中，条件 $f(a)=f(b)$ 是很苛刻的，一般函数并不容易满足这个条件．下面我们从几何上分析这个条件与罗尔定理的结论之间的关系．

罗尔定理的结论是存在 $\xi\in(a, b)$，使得曲线在点 $(\xi, f(\xi))$ 处的切线是平行于 x 轴的，而条件 $f(a)=f(b)$ 等价于连接两个点 $(a, f(a))$ 和 $(b, f(b))$ 的线段也平行于 x 轴．

为了揭示罗尔定理更普遍的几何意义，我们把图 5.1 中的曲线想像成由铁丝弯成，并把 ξ_1，ξ_2 处的切线想像成焊接在曲线上的直线段，这时，当我们抬高或降低铁丝的某一个端点时，罗尔定理的条件 $f(a)=f(b)$ 不再成立，ξ_1，ξ_2 处的切线也不再平行于 x 轴，但作为刚体运动，ξ_1，ξ_2 处的切线始终保持平行于连接两个点 $(a, f(a))$ 和 $(b, f(b))$ 的线段，即有

$$f'(\xi_1)=f'(\xi_2)=\frac{f(b)-f(a)}{b-a},$$

其中 $\frac{f(b)-f(a)}{b-a}$ 是连接 $(a, f(a))$ 和 $(b, f(b))$ 两点的直线的斜率．

定理 5.2　（拉格朗日中值定理）如果 $f(x)$ 满足下列条件：

（1）在闭区间 $[a, b]$ 上连续；

（2）在开区间 (a, b) 内可导，则在 (a, b) 内至少存在一点 ξ，使得

$$f'(\xi)=\frac{f(b)-f(a)}{b-a}. \tag{5.1}$$

证　我们利用罗尔定理来证明等式(5.1)．为此，从几何上看，我们在图 5.2 中把端点 b 向下移动，使两个端点处的函数值相等，要达到这个目的，我们只需构造辅助函数

$$\varphi(x)=f(x)-\frac{f(b)-f(a)}{b-a}(x-a)$$

即可，显然，$\varphi(a)=\varphi(b)=f(a)$．因为 $f(x)$ 在 $[a, b]$ 上连续，(a, b) 内可导，而 $\varphi(x)$ 是 $f(x)$ 与一个一次多项式之差，所以 $\varphi(x)$ 也在 $[a, b]$ 上连续，(a, b) 内可导．因此，根据罗尔定理，在 (a, b) 内至少存在一点 ξ，使

$$\varphi'(\xi)=f'(\xi)-\frac{f(b)-f(a)}{b-a}=0.$$

即

$$f'(\xi)=\frac{f(b)-f(a)}{b-a},\ \xi\in(a, b).$$

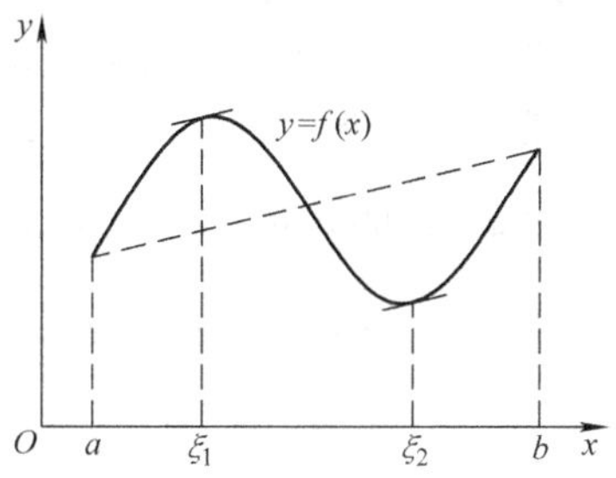

图　5.2

例 3 证明：当 $x>0$ 时，$\frac{x}{1+x}<\ln(1+x)<x$.

证 令函数 $f(t)=\ln(1+t)$，则函数 $f(t)=\ln(1+t)$ 在闭区间 $[0,x]$ 上连续，在开区间 $(0,x)$ 内可导．根据拉格朗日中值定理有

$$\frac{f(x)-f(0)}{x-0}=f'(\xi),\ 0<\xi<x.$$

由于 $f'(t)=\frac{1}{1+t}$，故 $f'(\xi)=\frac{1}{1+\xi}$，从而有

$$\frac{\ln(1+x)}{x}=\frac{1}{1+\xi}$$

而由 $0<\xi<x$ 可知，$\frac{1}{1+x}<\frac{1}{1+\xi}<1$，因此

$$\frac{1}{1+x}<\frac{\ln(1+x)}{x}<1,$$

即

$$\frac{x}{1+x}<\ln(1+x)<x.$$

作为拉格朗日中值定理的应用，下面给出两个简单而重要的推论．

推论 1 如果对任意的 $x\in(a,b)$，都有 $f'(x)\equiv 0$，则 $f(x)$ 在 (a,b) 内恒等于一常数．

证 根据推论的条件，我们知道 $f(x)$ 在整个区间 (a,b) 连续且可导．设 x_1，x_2 是 (a,b) 内的任意两点，根据拉格朗日定理，我们有

$$f(x_2)-f(x_1)=f'(\xi)(x_2-x_1),\ \xi \text{ 在 } x_1,\ x_2 \text{ 之间},$$

由已给的条件可知 $f'(\xi)=0$，所以

$$f(x_2)=f(x_1).$$

这说明 $f(x)$ 在 (a,b) 内任意两点上的函数值都是相等的．因此 $f(x)$ 在 (a,b) 内恒等于一个常数．

推论 2 如果对任意的 $x\in(a,b)$，均有 $f'(x)=g'(x)$，则在 (a,b) 内，$f(x)$ 和 $g(x)$ 仅相差一个常数，即 $f(x)=g(x)+C$（C 为常数）．

证 只要令 $h(x)=f(x)-g(x)$，然后对 $h(x)$ 应用推论 1 即可．

例 4 证明：$\arcsin x+\arccos x=\frac{\pi}{2}\ (-1\leqslant x\leqslant 1)$.

证 令 $f(x)=\arcsin x+\arccos x$，则

$$f'(x)=\frac{1}{\sqrt{1-x^2}}+\left(-\frac{1}{\sqrt{1-x^2}}\right)\equiv 0,$$

从而由推论 1 可知，函数 $f(x)=\arcsin x+\arccos x$ 恒等于常数 C. 因为

$$C=f(0)=\arcsin 0+\arccos 0=\frac{\pi}{2},$$

故 $\arcsin x+\arccos x=\frac{\pi}{2}$.

5.1.3 柯西中值定理

定理 5.3(柯西中值定理)　设 $f(x)$，$g(x)$ 满足以下条件：

(1) 在闭区间 $[a, b]$ 上连续；

(2) 在开区间 (a, b) 内可导且 $g'(x)\neq 0$,

则在开区间 (a, b) 内至少存在一点 ξ，使得

$$\frac{f(b)-f(a)}{g(b)-g(a)}=\frac{f'(\xi)}{g'(\xi)}.$$

证　首先肯定 $g(b)-g(a)$ 必定不等于零. 若不然，由于 $g(x)$ 在 $[a, b]$ 上连续，在 (a, b) 内可导，由罗尔定理知在 (a, b) 内至少存在一点 ξ，使得 $g'(\xi)=0$，但这与条件 $g'(x)\neq 0$ 矛盾.

为了得到定理的结论，类似于拉格朗日中值定理的证明，构造辅助函数

$$\psi(x)=f(x)-\frac{f(b)-f(a)}{g(b)-g(a)}[g(x)-g(a)],$$

不难验证 $\psi(x)$ 满足罗尔定理的三个条件，因此根据罗尔定理，在 (a, b) 内至少存在一点 ξ，使得 $\psi'(\xi)=0$，即

$$\psi'(\xi)=f'(\xi)-\frac{f(b)-f(a)}{g(b)-g(a)}\cdot g'(\xi)=0,\ \xi\in(a, b),$$

已知 $g'(\xi)\neq 0$，所以

$$\frac{f'(\xi)}{g'(\xi)}=\frac{f(b)-f(a)}{g(b)-g(a)}.$$

由于罗尔定理、拉格朗日中值定理和柯西中值定理中出现的 ξ 都是开区间 (a, b) 内的某一点，所以我们把这三个定理都称为微分中值定理，其中拉格朗日定理的应用最为广泛，因此也有人提到微分中值定理是专指拉格朗日中值定理. 我们要特别注意的是，上述三个定理都只是指出了“ξ”点的存在性，而没有也不可能给出“ξ”的确切位置，但这并不妨碍它们在微分学理论中的重要性.

5.1.4 泰勒中值定理

在微分的应用中，我们用一次多项式 $p_1(x)=f(x_0)+f'(x_0)(x-x_0)$ 来近似表示函数 $f(x)$，当然这样的近似表示式仅在点 x_0 充分小的邻域内误差才小. 由此我们自然联想：是否所选择的多项式阶数越高，逼近的效果会越好呢？如果用 n 阶多项式

$$p_n(x)=a_0+a_1(x-x_0)+a_2(x-x_0)^2+\cdots+a_n(x-x_0)^n$$

来近似表示函数$f(x)$的话，多项式$p_n(x)$中的系数如何选取?

从$f(x)$和$p_1(x)$比较中我们发现$p_1(x_0)=f(x_0)$，$p_1'(x_0)=f'(x_0)$，这些关系从几何上看很合理，函数$p_1(x)$在点x_0的附近近似表示函数$f(x)$当然保证点x_0处的函数值相等且切线一致，如果可能，最好还有弯曲的方向相同且弯曲的程度一致等，我们把这些几何性质寄托在更高阶的导数上. 通过类比的方法，我们希望$p_n(x)$和$f(x)$满足:

$$p_n(x_0)=f(x_0),\ p_n'(x_0)=f'(x_0),\ p_n''(x_0)=f''(x_0),\ \cdots,\ p_n^{(n)}(x_0)=f^{(n)}(x_0),$$

这里当然要求$f(x)$至少n阶可导，由此解得

$$a_0=f(x_0),\ a_1=f'(x_0),\ a_2=\frac{1}{2!}f''(x_0),\ \cdots,\ a_n=\frac{1}{n!}f^{(n)}(x_0),$$

即

$$p_n(x)=f(x_0)+f'(x_0)(x-x_0)+\frac{f''(x_0)}{2!}(x-x_0)^2+\cdots+\frac{f^{(n)}(x_0)}{n!}(x-x_0)^n.$$

这样猜测是否合理? 下面介绍的泰勒公式给出了肯定的答案.

定理5.4(泰勒中值定理) 如果函数$f(x)$在x_0的某领域(a, b)内具有直到$n+1$阶的导数，则当$x\in(a, b)$时，有

$$f(x)=f(x_0)+f'(x_0)(x-x_0)+\frac{f''(x_0)}{2!}(x-x_0)^2+\cdots+\frac{f^{(n)}(x_0)}{n!}(x-x_0)^n+r_n(x),$$

其中表达式

$$p_n(x)=f(x_0)+f'(x_0)(x-x_0)+\frac{f''(x_0)}{2!}(x-x_0)^2+\cdots+\frac{f^{(n)}(x_0)}{n!}(x-x_0)^n$$

称为函数$f(x)$在x_0点处展开的n阶**泰勒公式**或**泰勒展开式**，$r_n(x)=\frac{f^{(n+1)}(\xi)}{(n+1)!}(x-x_0)^{n+1}$称为**拉格朗日余项**，$\xi$在$x_0$与$x$之间.

本定理的证明思想是通过构造两个函数$r_n(x)=f(x)-p_n(x)$和$g(x)=(x-x_0)^{n+1}$并对这两个函数之比多次利用柯西中值定理而得到定理的结论，具体证明细节从略.

显然，泰勒中值定理是拉格朗日中值定理的推广.

在泰勒公式中，如果$x_0=0$，则泰勒公式变成较简单的形式

$$f(x)=f(0)+f'(0)x+\frac{f''(0)}{2!}x^2+\cdots+\frac{f^{(n)}(0)}{n!}x^n+\frac{f^{(n+1)}(\xi)}{(n+1)!}x^{n+1},$$

其中ξ在x与x_0之间，或写成

$$f(x)=f(0)+f'(0)x+\frac{f''(0)}{2!}x^2+\cdots+\frac{f^{(n)}(0)}{n!}x^n+o(x^n).$$

我们把上述形式称为 n 阶**麦克劳林公式**.

例 5　求 $f(x)=\mathrm{e}^x$ 的 n 阶麦克劳林公式.

解　因为 $f^{(k)}(x)=\mathrm{e}^x$，$f^{(k)}(0)=1(k=0,\ 1,\ 2,\ \cdots)$，故其 n 阶麦克劳林公式为

$$\mathrm{e}^x=1+\frac{x}{1!}+\frac{x^2}{2!}+\cdots+\frac{x^n}{n!}+\frac{\mathrm{e}^{\xi}}{(n+1)!}x^{n+1}(\xi\text{ 在 }0\text{ 与 }x\text{ 之间})$$

或

$$\mathrm{e}^x=1+\frac{x}{1!}+\frac{x^2}{2!}+\cdots+\frac{x^n}{n!}+o(x^n).$$

例 6　求 $f(x)=\sin x$ 的 n 阶麦克劳林公式.

解　因为 $f^{(k)}(x)=\sin\left(x+k\cdot\frac{\pi}{2}\right)(k=0,\ 1,\ 2,\ \cdots)$，故 $f^{(k)}(0)=\sin\frac{k\pi}{2}$，即有

$f(0)=0,\ f'(0)=1,\ f''(0)=0,\ f'''(0)=-1,\ f^{(4)}(0)=0,\ f^{(5)}(0)=1,\ \cdots$，它们顺次循环地取四个数 0，1，0，-1，当 $n=2m$ 时，得到 n 阶麦克劳林公式

$$\sin x=x-\frac{x^3}{3!}+\frac{x^5}{5!}+\cdots+(-1)^{m-1}\frac{x^{2m-1}}{(2m-1)!}+\frac{(-1)^{m+1}\sin(\xi)}{(2m+1)!}x^{2m+1}$$

$$(\xi\text{ 在 }0\text{ 与 }x\text{ 之间})$$

或

$$\sin x=x-\frac{x^3}{3!}+\frac{x^5}{5!}+\cdots+(-1)^{m-1}\frac{x^{2m-1}}{(2m-1)!}+o(x^{2m+1}).$$

例 7　计算极限 $\lim\limits_{x\to0}\frac{x-\sin x}{x^3}$.

解　因为当 $x\to0$ 时，分母 x^3 是 x 的三阶无穷小，所以我们把分母中的 $\sin x$ 用它的三阶麦克劳林展开式 $\sin x=x-\frac{x^3}{3!}+o(x^3)$ 替换，得

$$\lim_{x\to0}\frac{x-\sin x}{x^3}=\lim_{x\to0}\frac{x-\left[x-\frac{x^3}{3!}+o(x^3)\right]}{x^3}=\lim_{x\to0}\left[\frac{1}{6}+\frac{o(x^3)}{x^3}\right]=\frac{1}{6}.$$

习题 5.1

1. 验证下列函数在给定区间上应用罗尔定理的正确性.

(1) $f(x)=x^3+x^2-2x+1$, $[-2, 0]$;

(2) $f(x)=\sin x+\cos x$, $[0, 2\pi]$.

2. 验证下列函数在给定区间上应用拉格朗日中值定理的正确性.

(1) $f(x)=1-x^2$, $[0, 3]$;

(2) $f(x)=2x^3+x^2-x-1$, $[0, 2]$.

3. 应用拉格朗日定理，证明下列不等式.

(1) $\left|\sin x-\sin y\right| \leqslant \left|x-y\right|$;

(2) $\frac{1}{1+x}<\ln(1+x)-\ln x<\frac{1}{x}$, $x>0$.

4. 证明 $\arctan x+\operatorname{arccot} x=\frac{\pi}{2}$, $x\in(-\infty, \infty)$.

5. 写出下列函数在指定点的 n 阶泰勒展开式.

(1) $f(x)=\ln(1-x)$, $x_0=\frac{1}{2}$;

(2) $f(x)=\sqrt{x}$, $x_0=1$.

6. 写出下列函数的麦克劳林展开式.

(1) $f(x)=x\cdot e^x$;

(2) $f(x)=\cos x$.

5.2 洛必达法则

在函数极限计算时，常常会遇到计算两个无穷小之比的极限. 我们知道两个无穷小之比的极限值是不确定的，如 $\lim\limits_{x\to 0}\frac{\sin x}{x}=1$, $\lim\limits_{x\to 0}\frac{\sin x}{x^2}=\infty$, $\lim\limits_{x\to 0}\frac{x^2}{\sin x}=0$ 等，我们将这类极限称为 $\frac{0}{0}$ **型未定式**. 类似地，两个无穷大量之比的极限值也是不确定的，将它称为 $\frac{\infty}{\infty}$ **型未定式**. 未定式的极限即使存在，也不能直接用商的极限运算法求出. 本节我们利用微分中值定理推出求未定式极限的一个方法——**洛必达法则**.

定理 5.5（洛必达法则 1） 如果 $f(x)$ 和 $g(x)$ 满足下列条件：

(1) 在 x_0 的某一去心领域内，$f(x)$ 和 $g(x)$ 可导且 $g'(x)\neq 0$;

(2) $\lim\limits_{x\to x_0}f(x)=0$，$\lim\limits_{x\to x_0}g(x)=0$；

(3) $\lim\limits_{x\to x_0}\dfrac{f'(x)}{g'(x)}=A$，

则有

$$\lim_{x\to x_0}\frac{f(x)}{g(x)}=\lim_{x\to x_0}\frac{f'(x)}{g'(x)}=A.$$

证　令

$$f_1(x)=\begin{cases}f(x), & x\neq x_0,\\ 0, & x=x_0;\end{cases}\qquad g_1(x)=\begin{cases}g(x), & x\neq x_0,\\ 0, & x=x_0.\end{cases}$$

由条件(2)可知，$f_1(x)$和$g_1(x)$在x_0处连续，且在$x\neq x_0$处，$f_1(x)\equiv f(x)$，$g_1(x)\equiv g(x)$，设x是x_0领域内的任意一点($x\neq x_0$)，在以x和x_0为端点的区间上$f_1(x)$和$g_1(x)$满足柯西定理的条件，所以在x和x_0之间一定存在一点ξ，使得

$$\frac{f_1(x)-f_1(x_0)}{g_1(x)-g_1(x_0)}=\frac{f_1'(\xi)}{g_1'(\xi)}.$$

注意到$f_1'(\xi)=f'(\xi)$、$g_1'(\xi)=g'(\xi)$，且当$x\to x_0$时，必然也有$\xi\to x_0$，于是

$$\begin{aligned}\lim_{x\to x_0}\frac{f(x)}{g(x)}&=\lim_{x\to x_0}\frac{f_1(x)}{g_1(x)}=\lim_{x\to x_0}\frac{f_1(x)-f_1(x_0)}{g_1(x)-g_1(x_0)}=\lim_{x\to x_0}\frac{f_1'(\xi)}{g_1'(\xi)}\\&=\lim_{\xi\to x_0}\frac{f_1'(\xi)}{g_1'(\xi)}=\lim_{\xi\to x_0}\frac{f'(\xi)}{g'(\xi)}=\lim_{x\to x_0}\frac{f'(x)}{g'(x)}.\end{aligned}$$

定理 5.6(洛必达法则 2)　如果$f(x)$和$g(x)$满足下列条件：

(1) 存在$X>0$，在$|x|>X$的范围内，$f(x)$和$g(x)$可导且$g'(x)\neq0$；

(2) $\lim\limits_{x\to\infty}f(x)=0$，$\lim\limits_{x\to\infty}g(x)=0$；

(3) $\lim\limits_{x\to\infty}\dfrac{f'(x)}{g'(x)}=A$，

则有

$$\lim_{x\to\infty}\frac{f(x)}{g(x)}=\lim_{x\to\infty}\frac{f'(x)}{g'(x)}=A.$$

证　令$x=\dfrac{1}{y}$则当$x\to\infty$时$y\to0$，而且

$$\lim_{y\to0}f\left(\frac{1}{y}\right)=0,\ \lim_{y\to0}g\left(\frac{1}{y}\right)=0,$$

$f\left(\frac{1}{y}\right)$和$g\left(\frac{1}{y}\right)$在$|y|<\frac{1}{X}(y\neq 0)$内可导，所以根据洛必达法则1，有

$$\lim_{x\to\infty}\frac{f(x)}{g(x)}=\lim_{y\to 0}\frac{f\left(\frac{1}{y}\right)}{g\left(\frac{1}{y}\right)}=\lim_{y\to 0}\frac{\left[f\left(\frac{1}{y}\right)\right]'}{\left[g\left(\frac{1}{y}\right)\right]'}$$

$$=\lim_{y\to 0}\frac{f'\left(\frac{1}{y}\right)\cdot\left(-\frac{1}{y^2}\right)}{g'\left(\frac{1}{y}\right)\cdot\left(-\frac{1}{y^2}\right)}=\lim_{y\to 0}\frac{f'\left(\frac{1}{y}\right)}{g'\left(\frac{1}{y}\right)}=\lim_{x\to\infty}\frac{f'(x)}{g'(x)}.$$

定理 5.7（洛必达法则 3） 如果$f(x)$和$g(x)$满足下列条件：

(1) 在x_0的某一去心领域内，$f(x)$和$g(x)$可导且$g'(x)\neq 0$；

(2) $\lim\limits_{x\to x_0}f(x)=\infty$，$\lim\limits_{x\to x_0}g(x)=\infty$；

(3) $\lim\limits_{x\to x_0}\frac{f'(x)}{g'(x)}=A$，

则有

$$\lim_{x\to x_0}\frac{f(x)}{g(x)}=\lim_{x\to x_0}\frac{f'(x)}{g'(x)}=A.$$

定理 5.8（洛必达法则 4） 如果$f(x)$和$g(x)$满足下列条件：

(1) 存在$X>0$，在$|x|>X$的范围内，$f(x)$和$g(x)$可导且$g'(x)\neq 0$；

(2) $\lim\limits_{x\to\infty}f(x)=\infty$，$\lim\limits_{x\to\infty}g(x)=\infty$；

(3) $\lim\limits_{x\to\infty}\frac{f'(x)}{g'(x)}=A$，

则有

$$\lim_{x\to\infty}\frac{f(x)}{g(x)}=\lim_{x\to\infty}\frac{f'(x)}{g'(x)}=A.$$

定理5.7和定理5.8的证明比较繁琐，本书不予证明.

注 定理5.5和定理5.6是针对$\frac{0}{0}$型未定式的，定理5.7和定理5.8是针对$\frac{\infty}{\infty}$型未定式的.需要强调的是：在所有洛必达法则里，条件(3)和结论中出现的A可以是有限数，也可以是无穷大.

例 1 求$\lim\limits_{x\to 0}\frac{2^x-1}{x}$.

解 这是一个$\frac{0}{0}$型不定式，使用洛必达法则1，得

$$\lim_{x\to 0}\frac{2^x-1}{x}=\lim_{x\to 0}\frac{(2^x-1)'}{(x)'}=\lim_{x\to 0}\frac{2^x\cdot\ln 2}{1}=\ln 2.$$

例 2　求 $\lim\limits_{x\to+\infty}\dfrac{\ln\left(1+\dfrac{1}{x}\right)}{\operatorname{arccot}x}$.

解　这是 $x\to+\infty$ 时的 $\dfrac{0}{0}$ 型不定式，应用洛必达法则 2，得

$$\lim_{x\to+\infty}\frac{\ln\left(1+\dfrac{1}{x}\right)}{\operatorname{arccot}x}=\lim_{x\to+\infty}\frac{\left[\ln\left(1+\dfrac{1}{x}\right)\right]'}{(\operatorname{arccot}x)'}=\lim_{x\to+\infty}\frac{\dfrac{x}{x+1}\cdot\left(-\dfrac{1}{x^2}\right)}{\dfrac{-1}{1+x^2}}$$

$$=\lim_{x\to+\infty}\frac{x^2+1}{x^2+x}=\lim_{x\to+\infty}\frac{1+\dfrac{1}{x^2}}{1+\dfrac{1}{x}}=1.$$

注　把洛必达法则 1 和 3 中的 $x\to x_0$ 改为 $x\to x_0+0$ 或 $x\to x_0-0$，把洛必达法则 2 和 4 中的 $x\to\infty$ 改为 $x\to+\infty$ 或 $x\to-\infty$，结论也是成立的.

例 3　求 $\lim\limits_{x\to+\infty}\dfrac{x^n}{e^x}$，$n$ 为正整数.

解　这是 $\dfrac{\infty}{\infty}$ 型不定式，应用洛必达法则 4，得

$$\lim_{x\to+\infty}\frac{x^n}{e^x}=\lim_{x\to+\infty}\frac{nx^{n-1}}{e^x}.$$

如果 $n=1$，则上式为 $\lim\limits_{x\to+\infty}\dfrac{x^n}{e^x}=\lim\limits_{x\to+\infty}\dfrac{1}{e^x}=0$；

如果 $n>1$，则上式右端还是一个 $\dfrac{\infty}{\infty}$ 型不等式，连续 n 次使用洛必达法则，得

$$\lim_{x\to+\infty}\frac{x^n}{e^x}=\lim_{x\to+\infty}\frac{nx^{n-1}}{e^x}=\cdots=\lim_{x\to+\infty}\frac{n!}{e^x}=0.$$

注　当 $\lim\dfrac{f'(x)}{g'(x)}$ 仍然是不定式时，可继续使用洛必达法则.

例 4　求 $\lim\limits_{x\to+\infty}\dfrac{(\ln x)^n}{x}$.

解　这也是一个 $\dfrac{\infty}{\infty}$ 型不定式，而且使用一次洛必达法则之后，仍然得到一个 $\dfrac{\infty}{\infty}$ 型不定式. 像例 3 一样，连续 n 次使用洛必达法则 4.

$$\lim_{x\to+\infty}\frac{(\ln x)^n}{x}=\lim_{x\to+\infty}\frac{n(\ln x)^{n-1}}{x}=\cdots=\lim_{x\to+\infty}\frac{n!}{x}=0.$$

例 5 求 $\lim\limits_{x\to+\infty}\dfrac{x-\sin x}{x+\sin x}$.

解 这也是一个$\dfrac{\infty}{\infty}$型不定式，但如果我们贸然使用洛必达法则就会得到

$$\lim_{x\to+\infty}\frac{x-\sin x}{x+\sin x}=\lim_{x\to+\infty}\frac{1-\cos x}{1+\cos x}(\text{极限不存在})$$

的结果，而实际上

$$\lim_{x\to+\infty}\frac{x-\sin x}{x+\sin x}=\lim_{x\to+\infty}\frac{1-\dfrac{\sin x}{x}}{1+\dfrac{\sin x}{x}}=1.$$

注 当 $\lim\dfrac{f'(x)}{g'(x)}$不存在时，我们不能依此推出 $\lim\dfrac{f(x)}{g(x)}$也不存在的结论．这里不能使用洛必达法则的原因是洛必达法则 4 的条件(3)没有被满足．

例 6 $\lim\limits_{x\to+\infty}\dfrac{e^x+e^{-x}}{e^x-e^{-x}}$.

解 对这个极限，虽然洛必达法则的三个条件都满足，但若单纯使用洛必达法则

$$\lim_{x\to+\infty}\frac{e^x+e^{-x}}{e^x-e^{-x}}=\lim_{x\to+\infty}\frac{e^x-e^{-x}}{e^x+e^{-x}}=\lim_{x\to+\infty}\frac{e^x+e^{-x}}{e^x-e^{-x}},$$

将会陷入无休止的循环中去．我们将原表达式的分子分母乘以 e^{-x}，得

$$\lim_{x\to+\infty}\frac{e^x+e^{-x}}{e^x-e^{-x}}=\lim_{x\to+\infty}\frac{1+e^{-2x}}{1-e^{-2x}}=-1.$$

注 虽然洛必达法则在许多情况下使用起来很方便，但它并不是求不定式的万能工具．在有些情况下，使用其他方法可能更为简便．因此，只有全面掌握求极限的各种方法，并能结合起来应用，才能真正做到得心应手．

例 7 求$\lim\limits_{x\to0}\dfrac{\sqrt{1+x\cdot\sin x}-\sqrt{\cos x}}{\ln(1+\tan^2x)}$.

解 这是一个$\dfrac{0}{0}$型不定式，不难看出如果直接使用洛必达法则，那将是非常繁琐的，我们结合各种已学过的方法，来求这个极限．首先对分子进行有理化，再利用 $x\to0$ 时，$\ln(1+\tan^2x)\sim\tan^2x\sim x^2$的性质，得

$$\lim_{x\to0}\frac{\sqrt{1+x\sin x}-\sqrt{\cos x}}{\ln(1+\tan^2x)}$$

$$=\lim_{x\to 0}\frac{(\sqrt{1+x\sin x}-\sqrt{\cos x})(\sqrt{1+x\cdot\sin x}+\sqrt{\cos x})}{x^2(\sqrt{1+x\cdot\sin x}+\sqrt{\cos x})}$$

$$=\lim_{x\to 0}\frac{1}{\sqrt{1+x\cdot\sin x}+\sqrt{\cos x}}\cdot\frac{1+x\sin x-\cos x}{x^2}$$

$$=\lim_{x\to 0}\frac{1}{\sqrt{1+x\cdot\sin x}+\sqrt{\cos x}}\cdot\lim_{x\to 0}\frac{1+x\sin x-\cos x}{x^2}=\frac{1}{2}\lim_{x\to 0}\frac{1+x\sin x-\cos x}{x^2}$$

$$=\frac{1}{2}\lim_{x\to 0}\frac{\sin x+x\cos x+\sin x}{2x}=\frac{1}{2}\lim_{x\to 0}\frac{2\cos x+\cos x-x\sin x}{2}=\frac{3}{4}.$$

例 8 求$\lim\limits_{x\to 0}\frac{1-\cos x}{1-x^2}$.

解 如果我们贸然使用洛必达法则，将会得到

$$\lim_{x\to 0}\frac{1-\cos x}{1-x^2}=\lim_{x\to 0}\frac{\sin x}{-2x}=-\frac{1}{2}$$

的错误结果，实际上这个极限不是不定式，利用函数的连续性，直接可求得它的极限为零.

注 在使用洛必达法则之前，应检查一下洛必达法则的各项条件是否都满足，特别是要检查一下所求的极限是不是$\frac{0}{0}$型或$\frac{\infty}{\infty}$型不定式.

除了$\frac{0}{0}$型和$\frac{\infty}{\infty}$型不定式外，我们还遇到 $0\cdot\infty$，$\infty-\infty$，0^0，∞^0，1^∞ 等类型的不定式. 其中 0^0，∞^0，1^∞ 三种类型都是 $\lim f(x)^{g(x)}$ 形式的极限，因为

$$f(x)^{g(x)}=\mathrm{e}^{g(x)\ln f(x)},$$

根据指数函数的连续性，我们有

$$\lim f(x)^{g(x)}=\lim \mathrm{e}^{g(x)\ln f(x)}=\mathrm{e}^{\lim g(x)\ln f(x)},$$

这样 0^0，∞^0，1^∞ 三种类型转化为 $\lim g(x)\ln f(x)$ 后都成了 $\infty\cdot 0$ 型.

例 9 求$\lim\limits_{x\to 1}\left(\frac{1}{\ln x}-\frac{1}{x-1}\right)$.

解 这是 $\infty-\infty$ 型不定式，通分和并项后可化成$\frac{0}{0}$型不定式，即有

$$\lim_{x\to 1}\left(\frac{1}{\ln x}-\frac{1}{x-1}\right)\xlongequal{(\infty-\infty)}\lim_{x\to 1}\frac{x-1-\ln x}{(x-1)\ln x}\xlongequal{\left(\frac{0}{0}\right)}\lim_{x\to 1}\frac{1-\frac{1}{x}}{\ln x+\frac{x-1}{x}}$$

$$=\lim_{x\to 1}\frac{x-1}{x\ln x+x-1}\xlongequal{\left(\frac{0}{0}\right)}\lim_{x\to 1}\frac{1}{\ln x+1+1}=\frac{1}{2}.$$

例 10 求 $\lim\limits_{x\to 0^+}x\ln x$.

解 这是 $0\cdot\infty$ 型不定式，如果把函数 $x\cdot\ln x$ 改写成$\frac{\ln x}{x^{-1}}$就化成了$\frac{\infty}{\infty}$型，即有

$$\lim_{x\to 0^+} x\ln x = \lim_{x\to 0^+}\frac{\ln x}{\frac{1}{x}} = \lim_{x\to 0^+}\frac{\frac{1}{x}}{-\frac{1}{x^2}} = \lim_{x\to 0^+}(-x)=0.$$

例 11 求 $\lim\limits_{x\to+\infty}\left(\frac{\pi}{2}-\arctan x\right)^{\frac{1}{\ln x}}$.

解 这是 0^0 型不定式，因为

$$\left(\frac{\pi}{2}-\arctan x\right)^{\frac{1}{\ln x}} = \exp\left[\frac{\ln\left(\frac{\pi}{2}-\arctan x\right)}{\ln x}\right],$$

而

$$\lim_{x\to+\infty}\frac{\ln\left(\frac{\pi}{2}-\arctan x\right)}{\ln x} = \lim_{x\to+\infty}\frac{\frac{1}{\pi/2-\arctan x}\cdot\frac{-1}{1+x^2}}{\frac{1}{x}}$$

$$\xlongequal{\left(\frac{\infty}{\infty}\right)}\lim_{x\to+\infty}\frac{\frac{x}{1+x^2}}{\arctan x-\pi/2}$$

$$\xlongequal{\left(\frac{0}{0}\right)}\lim_{x\to+\infty}\frac{\frac{1+x^2-2x^2}{(1+x^2)^2}}{\frac{1}{1+x^2}} = \lim_{x\to+\infty}\frac{1-x^2}{1+x^2} = -1.$$

所以

$$\lim_{x\to+\infty}\left(\frac{\pi}{2}-\arctan x\right)^{\frac{1}{\ln x}} = e^{-1}.$$

例 12 求 $\lim\limits_{x\to 0}(1-\sin x)^{\cot x}$.

解 这是 1^∞ 型不定式，因为 $(1-\sin x)^{\cot x}=\exp[\cot x\cdot\ln(1-\sin x)]$，而

$$\lim_{x\to 0}\cot x\ln(1-\sin x)\xlongequal{1^\infty}\lim_{x\to 0}\frac{\ln(1-\sin x)}{\tan x}\xlongequal{\left(\frac{0}{0}\right)}\lim_{x\to 0}\frac{\frac{-\cos x}{1-\sin x}}{\sec^2 x} = \lim_{x\to 0}\frac{-\cos^3 x}{1-\sin x} = -1,$$

所以

$$\lim_{x\to 0}(1-\sin x)^{\cot x} = e^{-1}.$$

例 13 求 $\lim\limits_{x\to 0}(\cot x)^{\sin x}$.

解 这是 ∞^0 型不定式，因为 $(\cot x)^{\sin x}=\exp(\sin x\cdot\ln(\cot x)]$，而

$$\lim_{x\to 0}\sin x\cdot\ln(\cot x) = \lim_{x\to 0}\frac{\ln(\cot x)}{\csc x}\xlongequal{\left(\frac{\infty}{\infty}\right)}\lim_{x\to 0}\frac{\tan x\cdot(-\csc^2 x)}{-\csc x\cdot\cot x} = \lim_{x\to 0}\frac{\sin x}{\cos^2 x}=0,$$

所以

$$\lim_{x\to 0}(\cot x)^{\sin x}=e^{0}=1.$$

习题 5.2

求下列极限，如果使用洛必达法则，则先指出不定式类型.

1. $\lim\limits_{x\to a}\dfrac{x^{m}-a^{m}}{x^{n}-a^{n}}$ $(n,\ m\in\mathbf{N})$；

2. $\lim\limits_{x\to -1}\dfrac{x^{6}-1}{x^{4}-1}$；

3. $\lim\limits_{x\to 0}\dfrac{\tan x}{x+\sin x}$；

4. $\lim\limits_{x\to a}\dfrac{\sqrt[3]{x}-\sqrt[3]{a}}{x-a}$ $(a\neq 0)$；

5. $\lim\limits_{x\to 0}\dfrac{e^{x}-1-x}{x^{2}}$；

6. $\lim\limits_{x\to 0}\dfrac{\sin x}{e^{x}}$；

7. $\lim\limits_{x\to 0}\dfrac{e^{x}-e^{-x}}{\sin x}$；

8. $\lim\limits_{x\to 0}\dfrac{x-\arctan x}{x^{3}}$；

9. $\lim\limits_{x\to \frac{\pi}{4}}\dfrac{\tan x-1}{\sin 4x}$；

10. $\lim\limits_{x\to 2^{+}}\dfrac{\ln x}{\sqrt{2-x}}$；

11. $\lim\limits_{x\to \frac{3\pi}{2}}\dfrac{\cos x}{x-\dfrac{3\pi}{2}}$；

12. $\lim\limits_{x\to \frac{\pi}{2}}\dfrac{\ln\sin x}{(\pi-2x)^{2}}$；

13. $\lim\limits_{x\to +\infty}\dfrac{\ln(1+e^{x})}{5x}$；

14. $\lim\limits_{x\to 0}\dfrac{x+\sin 3x}{x-\sin 3x}$；

15. $\lim\limits_{x\to 0}\dfrac{e^{4x}-1}{\cos x}$；

16. $\lim\limits_{x\to 0}\dfrac{2x-\arcsin x}{2x+\arctan x}$；

17. $\lim\limits_{x\to 0^{+}}\sqrt{x}\ln x$；

18. $\lim\limits_{x\to 1^{+}}(x-1)\tan\dfrac{\pi x}{2}$；

19. $\lim\limits_{x\to 0}\left(\dfrac{1}{x^{4}}-\dfrac{1}{x^{2}}\right)$；

20. $\lim\limits_{x\to 0^{+}}(\csc x-\cot x)$；

21. $\lim\limits_{x\to +\infty}(x-\sqrt{x^{2}-1})$；

22. $\lim\limits_{x\to 1}\left(\dfrac{x}{1-x}-\dfrac{1}{\ln x}\right)$；

23. $\lim\limits_{x\to 0^{+}}x^{\sin x}$；

24. $\lim\limits_{x\to 0^{+}}(\sin x)^{\tan x}$；

25. $\lim\limits_{x\to +\infty}\left(\dfrac{2}{\pi}\arctan x\right)^{x}$；

26. $\lim\limits_{x\to +\infty}\left(\dfrac{x}{1+x}\right)^{x}$.

5.3 函数的单调性与凹凸性的判别法

在2.3.5节中，我们已经讨论过函数在一个区间上的单调性、极值、凹凸性和拐点等概念. 在这一节中，我们将利用导数来研究函数的这些性质，并给出判别函数单调性、极值、凹凸性和拐点的方法.

5.3.1 函数单调性的判别法

我们先从几何性质上观察函数的单调性和导数之间的联系，在图5.3中，函数的图形在区间$[a, b]$上单调递增，在$[b, c]$上单调递减，在上升区间$[a, b]$上任取一点x_1，可以看出曲线在点$(x_1, f(x_1))$处的切线的斜率大于零. 在递减区间$[b, c]$上任取一点x_2，曲线在点$(x_2, f(x_2))$处的切线斜率小于零. 图5.4是升降趋势相反的一个图形，但它和图5.3有一个相同的规律：上升弧上的切线斜率为正，下降弧上的切线斜率为负，这个现象反映了导数的符号来判别函数单调性的方法.

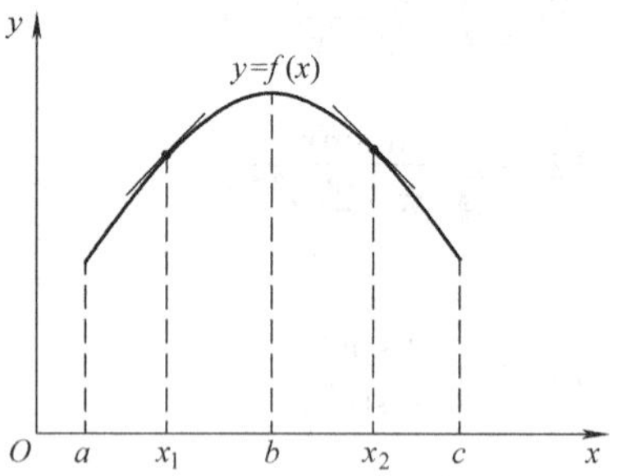

图 5.3

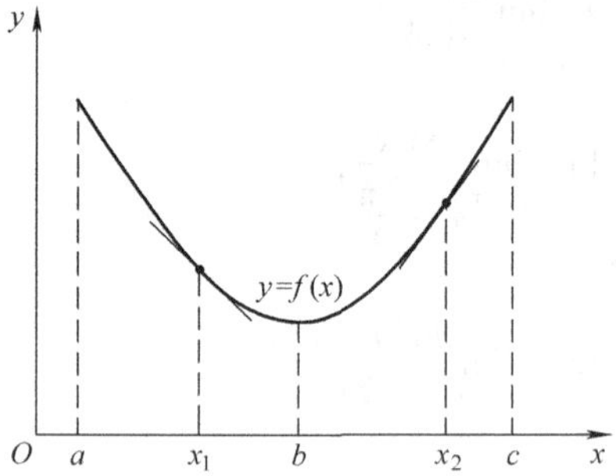

图 5.4

定理5.9 设函数$y=f(x)$在$[a, b]$上连续，在(a, b)内可导，则

(1) 如果在(a, b)内$f'(x)>0$，则函数$y=f(x)$在$[a, b]$上单调增加；

(2) 如果在(a, b)内$f'(x)<0$，则函数$y=f(x)$在$[a, b]$上单调减少.

证 (1) 在$[a, b]$上任取两点x_1，$x_2(x_1<x_2)$，在(x_1, x_2)上应用拉格朗日中值定理，得到

$$f(x_2)-f(x_1)=f'(\xi)(x_2-x_1), \ \xi\in(x_1, x_2)\subseteq(a, b),$$

因为$x_2>x_1$，又由定理的条件知$f'(\xi)>0$，所以

$$f(x_2)-f(x_1)>0,$$

因此，$f(x)$在$[a, b]$上单调增加.

同理可证(2).

例 1　讨论$f(x)=e^{-x^2}$的单调性.

解　$f(x)$的定义域为$(-\infty, +\infty)$，$f'(x)=-2xe^{-x^2}$，令$f'(x)=0$解得$x=0$，点$x=0$把定义区间$(-\infty, +\infty)$划分为两个区间$(-\infty, 0)$和$(0, +\infty)$.

在$(-\infty, 0)$内$f'(x)>0$，函数单调增加；在$(0, +\infty)$内$f'(x)<0$，函数单调减少.

例 2　讨论$f'(x)=\sqrt[3]{x^2}$的单调性.

解　$f(x)$的定义域为$(-\infty, +\infty)$，$f'(x)=\frac{2}{3}\frac{1}{\sqrt[3]{x}}$，从而可知，$f(x)$没有驻点，且在点$x=0$处导数不存在，点$x=0$把定义区间$(-\infty, +\infty)$划分为两个区间$(-\infty, 0)$和$(0, +\infty)$.

在$(-\infty, 0)$内$f'(x)<0$，函数单调减少；在$(0, +\infty)$内$f'(x)>0$，函数单调增加.

注　函数单调区间的分界点一定是导数为零的点或导数不存在的点，但反过来，函数的驻点或导数不存在的点却不一定是函数单调区间的分界点. 例如，函数$f(x)=x^3$有驻点为$x=0$，但在定义区间$(-\infty, +\infty)$内函数单调增加.

5.3.2　函数极值的求法

下面我们来讨论函数取得极值的必要条件和充分条件.

定理 5.10（极值存在的必要条件）　设函数$f(x)$在点x_0处可导，且x_0是极值点，则必有$f'(x_0)=0$，即可导函数的极值点必为其驻点.

证　设函数$f(x)$在x_0取得极小值（极大值情形证明类似）. 根据极小值的概念，在点x_0的某个去心邻域内的任意一点x，有$f(x)>f(x_0)$. 于是，当$x>x_0$时，有

$$\frac{f(x)-f(x_0)}{x-x_0}<0,$$

由此得

$$f'_-(x_0)=\lim_{x\to x_0-0}\frac{f(x)-f(x_0)}{x-x_0}\leqslant 0;$$

当$x<x_0$时，有

$$\frac{f(x)-f(x_0)}{x-x_0}>0$$

由此得

$$f'_+(x_0)=\lim_{x\to x_0+0}\frac{f(x)-f(x_0)}{x-x_0}\geqslant 0,$$

从而得到$f'(x_0)=0$.

定理 5.11（极值存在的充分条件）　设$f(x)$在x_0的某个邻域内可导且$f'(x_0)=0$.

(1) 如果当 x 取 x_0 左侧邻近值时有 $f'(x)>0$，当 x 取 x_0 右侧邻近值时有 $f'(x)<0$，则函数 $f(x)$ 在 x_0 处取得极大值；

(2) 如果当 x 取 x_0 左侧邻近值时有 $f'(x)<0$；当 x 取 x_0 右侧邻近值时有 $f'(x)>0$,则函数 $f(x)$ 在 x_0 处取得极小值；

(3) 如果当 x 取 x_0 左右侧邻近值时，$f'(x)$ 的符号一致，则函数 $f(x)$ 在 x_0 处没有极值.

证明从略.

例 3 讨论 $f(x)=(x+1)^2(x-2)^3$ 的单调性，并求其极值点.

解 $f(x)$ 函数的定义域为 $(-\infty, +\infty)$，$f'(x)=(x+1)(x-2)^2(5x-1)$，因此，$f(x)$ 有三个驻点 $x_1=-1$，$x_2=\frac{1}{5}$ 和 $x_3=2$，并且没有导数不存在的点．这三个点将定义域分为四个区间，具体单调区间与极值点见表 5.1.

表 5.1 单调区间与极值点

x	$(-\infty, -1)$	-1	$\left(-1, \frac{1}{5}\right)$	$\frac{1}{5}$	$\left(\frac{1}{5}, 2\right)$	2	$(2, +\infty)$
$f'(x)$	+	0	−	0	+	0	+
$f(x)$	↗	极大值点	↘	极小值点	↗	不是极值点	↗

注 表中“↗”表示单调增加，“↘”表示单调减少.

例 4 求 $f(x)=(x-1)\sqrt[3]{x^2}$ 的单调区间和极值点.

解 $f(x)$ 的定义域为 $(-\infty, +\infty)$，且

$$f'(x)=\sqrt[3]{x^2}+\frac{2}{3}(x-1)\frac{1}{\sqrt[3]{x}}=\frac{5x-2}{3\sqrt[3]{x}}.$$

因此，函数 $f(x)$ 有一个驻点 $x_1=\frac{2}{5}$ 和一个导数不存在的点 $x_0=0$. 这两个点将定义域分为三个区间，具体单调区间与极值点见表 5.2.

表 5.2 单调区间与极值点

x	$(-\infty, 0)$	0	$\left(0, \frac{2}{5}\right)$	$\frac{2}{5}$	$\left(\frac{2}{5}, +\infty\right)$
$f'(x)$	+	不存在	−	0	+
$f(x)$	↗	极大值点	↘	极小值点	↗

5.3.3 函数凹凸性的判别法

定理 5.12 设函数 $f(x)$ 在开区间 (a, b) 上具有二阶导数，

(1) 如果在 (a, b) 内 $f''(x)>0$，则 $y=f(x)$ 在 (a, b) 内为凹函数；

(2) 如果在 (a, b) 内 $f''(x)<0$，则 $y=f(x)$ 在 (a, b) 内为凸函数.

证　(1) 设 x_1, x_2 为 (a, b) 内任意两点，不妨设 $x_1 < x_2$，记 $x_0 = \frac{x_1 + x_2}{2}$，并记 $x_2 - x_0 = x_0 - x_1 = h$，由于函数在闭区间 $[x_1, x_0]$ 和 $[x_0, x_2]$ 上满足拉格朗日中值定理的条件，故由拉格朗日中值定理，我们有

$$f(x_2) - f(x_0) = f'(\xi_2)h,\ \xi_2 \in (x_0, x_2),$$
$$f(x_0) - f(x_1) = f'(\xi_1)h,\ \xi_1 \in (x_1, x_0),$$

两式相减，得

$$f(x_2) + f(x_1) - 2f(x_0) = [f'(\xi_2) - f'(\xi_1)]h.$$

在 (ξ_1, ξ_2) 上对 $f'(x)$ 再应用一次拉格朗日中值定理，得

$$f'(\xi_2) - f'(\xi_1) = f''(\xi)(\xi_2 - \xi_1),\ \xi \in (\xi_1, \xi_2),$$

于是

$$f(x_2) + f(x_1) - 2f(x_0) = f''(\xi)(\xi_2 - \xi_1)h,$$

由条件 $f''(\xi) > 0$，并注意到 $\xi_2 - \xi_1 > 0$，$h > 0$，我们得到

$$f(x_2) + f(x_1) - 2f(x_0) > 0,$$

即

$$\frac{f(x_1) + f(x_2)}{2} > f(x_0) = f\left(\frac{x_1 + x_2}{2}\right),$$

故由凹函数的定义知，$f(x)$ 在 (a, b) 内为凹函数.

同理可证(2).

设 $M(x_0, f(x_0))$ 为曲线 $y = f(x)$ 上一点，由 2.3.4 节可知，如果曲线在 M 点的两侧凹凸性不一致，则点 M 称为曲线 $y = f(x)$ 的拐点.

注　拐点和极值点、驻点的表示方法不同之处在于拐点是由曲线上点的坐标 $(x_0, f(x_0))$ 表示的.

例 5　求曲线 $f(x) = x^4 - 2x^3 + 1$ 的凹凸区间及拐点.

解　函数 $f(x)$ 的定义域为 $-\infty < x < +\infty$，且

$$f'(x) = 4x^3 - 6x^2,\ f''(x) = 12x^2 - 12x = 12x(x-1).$$

$f''(x)$ 有两个零点 $x = 0$ 和 $x = 1$，它们将定义域分成三个子区间，具体凹凸区间与拐点如表 5.3 所示.

表 5.3　凹凸区间与拐点

x	$(-\infty, 0)$	0	$(0, 1)$	1	$(1, +\infty)$
$f''(x)$	+	0	−	0	+
$f(x)$	∪	拐点(0, 1)	∩	拐点(1, 0)	∪

注　表中符号“∩”表示凸的，“∪”表示凹的.

从表中看出，函数 $f(x)$ 的凹区间为 $(-\infty, 0)$ 和 $(1, +\infty)$，凸区间为(0,

1). 曲线上的点(0, 1)和(1, 0)为曲线的拐点.

例6 求曲线$f(x)=(x-1)\cdot\sqrt[3]{x}$的凹凸区间及拐点.

解 函数$f(x)=(x-1)\cdot\sqrt[3]{x}$的定义域为$-\infty<x<+\infty$，且

$$f'(x)=\sqrt[3]{x}+\frac{1}{3}(x-1)\frac{1}{\sqrt[3]{x^2}},$$

$$f''(x)=\frac{1}{3\sqrt[3]{x^2}}+\frac{1}{3\sqrt[3]{x^2}}-\frac{2(x-1)}{9\sqrt[3]{x^5}}=\frac{2(3x-(x-1))}{9\sqrt[3]{x^5}}=\frac{2(2x+1)}{9\sqrt[3]{x^5}}.$$

当$x=0$时，$f''(x)$不存在，$f''\left(-\frac{1}{2}\right)=0$. 用$x_1=-\frac{1}{2}$和$x_2=0$把定义域分成三个区间，具体凹凸区间与拐点见表5.4.

表5.4 凹凸区间与拐点

x	$\left(-\infty,-\frac{1}{2}\right)$	$-\frac{1}{2}$	$\left(-\frac{1}{2},0\right)$	0	$(0,+\infty)$
$f''(x)$	+	0	−	不存在	+
$f(x)$	∪	拐点$\left(-\frac{1}{2},\frac{3}{4}\sqrt[3]{4}\right)$	∩	拐点(0, 0)	∪

习题5.3

1. 求下列函数的极值.

(1) $f(x)=x^3-2x^2+x$;　　(2) $f(x)=x^3(x-4)^4$;

(3) $f(x)=x^{\frac{2}{3}}(x-2)^2$;　　(4) $f(x)=x-2\sin x(0\leqslant x\leqslant 2\pi)$;

(5) $f(x)=\frac{\ln^2 x}{x}$;　　(6) $f(x)=\frac{x}{x^2+1}(-5\leqslant x\leqslant 5)$;

(7) $f(x)=\sin x-\cos x\left(-\frac{\pi}{2}\leqslant x\leqslant\frac{\pi}{2}\right)$;

(8) $f(x)=x+\frac{1}{x}(0.5\leqslant x\leqslant 3)$.

2. 证明：如果$b^2-3ac<0$，则函数$f(x)=ax^3+bx^2+cx+d$没有极值.

3. a取何值时，函数$f(x)=a\sin x+\frac{1}{3}\sin 3x$在$x=\frac{\pi}{3}$处取得极值？说明取的是极大值还是极小值并求此极值.

4. 求作一个最低次的多项式，使它在$x=1$处取极大值6，在$x=3$处取极小

值 2.

5. 已知 $f(x)=\dfrac{ax^2+bx+a+1}{x^2+1}$ 在 $x=-\sqrt{3}$ 处取得极小值 $f(-\sqrt{3})=0$，求 a，b 的值，并求 $f(x)$ 的极大值点.

6. 求下列函数的凹凸区间及拐点.

(1) $f(x)=x^4-12x^3+48x^2-50$；　(2) $f(x)=\ln(1+x^2)$；

(3) $f(x)=a^2-\sqrt[3]{x-b}$；　(4) $f(x)=\dfrac{a}{x}\ln\dfrac{x}{a}\ (a>0)$；

(5) $f(x)=xe^{-x}$；　(6) $f(x)=x+\cos x$，$x\in[0,\pi]$.

5.4 函数图形的描绘

在这一节中，我们来讨论函数的作图问题. 以前我们描绘函数的图像一般都采用描点法，即在函数的定义域中选择一些样本点 x_1，x_2，…，x_n（这个过程称为取样），计算这些点上的函数值，并在坐标平面上标出相应的点 $(x_1, f(x_1))$，$(x_2, f(x_2))$，…，$(x_n, f(x_n))$，然后用光滑的曲线（计算机用的是线段）把相邻的点连接起来，就得到了 $y=f(x)$ 的大致图像.

如何选择样本点是描点法的一个关键步骤，在不了解函数性态的情况下，常用的方法是等间距取样. 现在我们有了导数这个工具，可以了解函数的单调性、凹凸性、极值和拐点等性态，这就使我们能分清主次，把曲线上的关键点找出来，从而描出一个比较准确的、能反映函数基本特性的图像. 当然，想在有限的平面内把函数的特性画出来，还要对函数趋向无穷时的发展趋势有所把握，为此，我们首先来了解渐近线的概念.

5.4.1 曲线的渐近线

当曲线 $y=f(x)$ 上的一动点 P 沿着曲线移向无穷远时，如果点 P 到某定直线 L 的距离趋向于零，则称直线 L 为曲线 $y=f(x)$ 的一条**渐近线**.

如果我们知道了曲线的渐近线，那么虽然我们不能画出全部的曲线，但至少可以了解曲线在延伸向无穷远时的走向.

垂直于 x 轴的渐近线称为**铅直渐近线**，其他的渐近线称为**斜渐近线**，其中平行于 x 轴的渐近线又称为**水平渐近线**，我们也可以把水平渐近线从斜渐近线中分离出来单独讨论.

1. 铅直渐近线

如果 $\lim\limits_{x\to x_0^+}f(x)=\infty$ 或 $\lim\limits_{x\to x_0^-}f(x)=\infty$，则直线 $x=x_0$ 是曲线 $y=f(x)$ 的一条铅直

渐近线.

例如，对于函数 $y=\frac{1}{(x+2)(x-3)}$，容易看出 $x=-2$ 和 $x=3$ 是它的两条铅直渐近线. 而 $y=\tan x$ 则有着无数条铅直渐近线：$x=\pm\frac{\pi}{2}$，$\pm\frac{3\pi}{2}$，….

2. 水平渐近线

如果 $\lim\limits_{x\to+\infty}f(x)=b$ 或 $\lim\limits_{x\to-\infty}f(x)=b$，其中 b 为常数，则直线 $y=b$ 是曲线 $y=f(x)$ 的一条水平渐近线.

例如，对于函数 $y=\arctan x$，因为

$$\lim_{x\to+\infty}\arctan x=\frac{\pi}{2} \text{ 和 } \lim_{x\to-\infty}\arctan x=-\frac{\pi}{2}$$

所以 $y=\frac{\pi}{2}$ 和 $y=-\frac{\pi}{2}$ 都是曲线 $y=\arctan x$ 的水平渐近线.

3. 斜渐近线

如果 $\lim\limits_{x\to+\infty}[f(x)-(ax+b)]=0$ 或 $\lim\limits_{x\to-\infty}[f(x)-(ax+b)]=0$，其中 a 和 b 为常数，则直线 $y=ax+b$ 是曲线 $y=f(x)$ 的一条斜渐近线.

下面我们讨论一下斜渐近线的求法. 为叙述方便，我们以 $x\to\infty$ 来表示 $x\to+\infty$ 或 $x\to-\infty$ 的任一种情形.

假设 $y=ax+b$ 是曲线 $y=f(x)$ 的斜渐近线，那么应有

$$\lim_{x\to\infty}[f(x)-(ax+b)]=0,$$

因此

$$\lim_{x\to\infty}\frac{f(x)-ax-b}{x}=\lim_{x\to\infty}\left[\frac{f(x)}{x}-a-\frac{b}{x}\right]=\lim_{x\to\infty}\left[\frac{f(x)}{x}-a\right]=0,$$

由此得

$$a=\lim_{x\to\infty}\frac{f(x)}{x}.$$

一旦上述 a 存在，则 b 可由 $b=\lim\limits_{x\to\infty}[f(x)-ax]$ 求得，由此确定曲线 $y=f(x)$ 的斜渐近线 $y=ax+b$. 如果这样的 a 或 b 不存在，我们则可以断定 $y=f(x)$ 不存在斜渐近线.

例 1 求曲线 $y=x+\arctan x$ 的渐近线.

解 $y=x+\arctan x$ 的定义域为 $-\infty<x<+\infty$. 由于 $y=x+\arctan x$ 处处连续，故该曲线无铅直渐近线. 但该曲线满足

$$\lim_{x\to+\infty}\frac{x+\arctan x}{x}=1;\ \lim_{x\to+\infty}[x+\arctan x-x]=\frac{\pi}{2};$$

$$\lim_{x\to-\infty}\frac{x+\arctan x}{x}=1;\ \lim_{x\to-\infty}[x+\arctan x-x]=-\frac{\pi}{2}.$$

因此 $y=x\pm\frac{\pi}{2}$ 为曲线 $y=x+\arctan x$ 的两条斜渐近线.

例 2　讨论曲线 $y=x+\ln x$ 的渐近线.

解　曲线 $y=x+\ln x$ 的定义域为 $(0,\ +\infty)$. 因为 $\lim\limits_{x\to0^+}(x+\ln x)=-\infty$，所以 $x=0$ 是曲线的一条铅直渐近线. 而

$$\lim_{x\to+\infty}\frac{f(x)}{x}=\lim_{x\to+\infty}\left(\frac{x+\ln x}{x}\right)=1,$$

但由于 $\lim\limits_{x\to+\infty}[f(x)-x]=\lim\limits_{x\to+\infty}\ln x=+\infty$，故该曲线没有斜渐近线.

例 3　求 $y=\frac{2(x-2)(x+3)}{x-1}$ 的渐近线.

解　函数 $y=\frac{2(x-2)(x+3)}{x-1}$ 的定义域为 $(-\infty,\ 1)\cup(1,\ +\infty)$. 因为 $\lim\limits_{x\to1^+}f(x)=-\infty$，$\lim\limits_{x\to1^-}f(x)=+\infty$，所以 $x=1$ 是曲线的铅直渐近线.

又因为

$$\lim_{x\to\infty}\frac{f(x)}{x}=\lim_{x\to\infty}\frac{2(x-2)(x+3)}{x(x-1)}=2,$$

$$\lim_{x\to\infty}\left[\frac{2(x-2)(x+3)}{x-1}-2x\right]=\lim_{x\to\infty}\frac{2(x-2)(x+3)-2x(x-1)}{x-1}=4,$$

所以 $y=2x+4$ 是曲线的一条斜渐近线.

5.4.2　函数图形的描绘

下面我们先给出函数作图的一般步骤，然后通过例子加以说明.

函数作图的具体步骤为:

(1) 确定函数的定义域，判别函数是否具有周期性、奇偶性;

(2) 求出 $f'(x)$，$f''(x)$ 的零点和不存在的点;

(3) 用步骤(2)中求出的点把定义域分成若干个子区间，列表确定函数在各子区间上的单调性、凹凸性、函数的极值点以及曲线的拐点;

(4) 确定函数的渐近线;

(5) 在求出零点、极值点和拐点之外再适当补充一些特殊点的坐标，根据步骤(3)和(4)讨论的结果，用光滑的曲线把它们连接起来.

例 4　描绘函数 $f(x)=x^3-2x^2+x+2$ 的图像.

解　(1) 函数的定义域为 $(-\infty,\ +\infty)$，函数没有周期性和奇偶性.

(2) $f'(x)=3x^2-4x+1=(3x-1)(x-1)$，$f''(x)=6x-4$，令 $f'(x)=0$，得 $x_1=\frac{1}{3}$，$x_2=1$；令 $f''(x)=0$，得 $x_3=\frac{2}{3}$，并且没有一阶和二阶导数不存在的点.

(3) 用$\frac{1}{3}$，$\frac{2}{3}$，1 三个点将定义域分为四个区间．并列表见表 5.5.

表　5.5

x	$\left(-\infty, \frac{1}{3}\right)$	$\frac{1}{3}$	$\left(\frac{1}{3}, \frac{2}{3}\right)$	$\frac{2}{3}$	$\left(\frac{2}{3}, 1\right)$	1	$(1, +\infty)$
$f'(x)$	+	0	−	−	−	0	+
$f''(x)$	−	−	−	0	+	+	+
$f(x)$	↗	极大值$\frac{58}{27}$	↘	拐点$\left(\frac{2}{3}, \frac{56}{27}\right)$	↘	极小值 2	↗

注　表中符号"↗"表示单调增加、凸的，"↗"表示单调增加、凹的，"↘"表示单调减少、凸的，"↘"表示单调减少、凹的．

(4) 因为$f(x)=x^3-2x^2+x+2$是多项式函数，所以没有渐近线．

(5) 计算曲线上一些特殊点的坐标：

$$M_1\left(-\frac{2}{3},\frac{4}{27}\right),\ M_2\left(-\frac{1}{3},\frac{38}{27}\right),M_3(0,2),$$

$$M_4\left(\frac{1}{3},\frac{58}{27}\right),M_5\left(\frac{2}{3},\frac{56}{27}\right),M_6(1,2),M_7\left(\frac{4}{3},\frac{58}{27}\right),$$

根据以上分析，可描出$y=f(x)$的图像如图 5.5 所示．

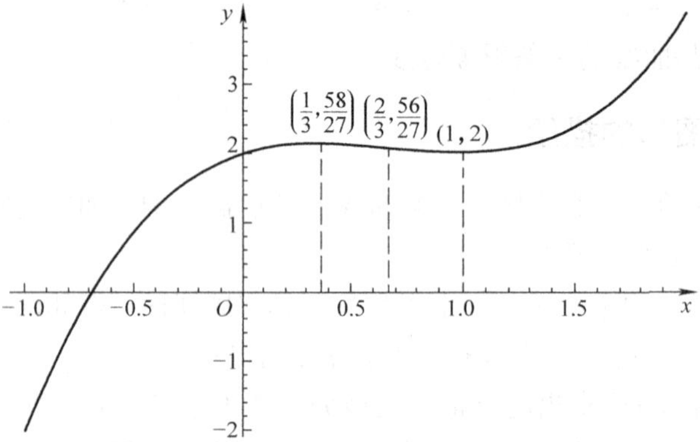

图　5.5

例 5　描绘函数$y=\dfrac{2x^2}{x^2-1}$的图像．

解　(1) $f(x)$的定义域为$(-\infty, -1)\cup(-1, 1)\cup(1, +\infty)$，$f(x)$为偶函数，所以图像关于$y$轴对称，$f(x)$无周期性；

(2) $f'(x)=-\dfrac{4x}{(x^2-1)^2}$，$f''(x)=\dfrac{12x^2+4}{(x^2-1)^3}$，$f'(x)$的零点是$x=0$，在$x=\pm 1$处，$f'(x)$，$f''(x)$均不存在；

(3) 用 -1，0，1 三点把定义域分为四个子区间，并列表见表 5.6.

表　5.6

x	$(-\infty, -1)$	-1	$(-1, 0)$	0	$(0, 1)$	1	$(1, +\infty)$
$f'(x)$	+	不存在	+	0	−	不存在	−
$f''(x)$	+	不存在	−	−	−	不存在	+
$f(x)$	⤴	没定义	↗	极大值 0	↙	没定义	↙

(4) 因为 $\lim\limits_{x\to+1}f(x)=\infty$，$\lim\limits_{x\to-1}f(x)=\infty$，所以 $x=\pm1$ 均是铅直渐近线．又因为 $\lim\limits_{x\to\infty}f(x)=2$，所以 $y=2$ 是一条水平渐近线．

(5) 根据以上分析，可描出 $y=f(x)$ 的图像如图 5.6 所示．

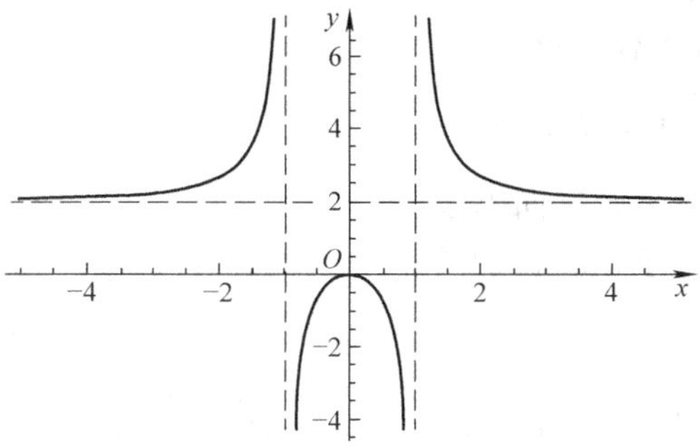

图　5.6

习题 5.4

1. 求下列曲线的渐近线．

(1) $y=\dfrac{1}{x-1}$；　　(2) $y=\dfrac{x^2+x}{(x-2)(x+3)}$；

(3) $y=xe^{x^{\frac{1}{2}}}$；　　(4) $\dfrac{x^2}{a^2}-\dfrac{y^2}{b^2}=1$；

(5) $y=2x+\arctan\dfrac{x}{2}$；　　(6) $y=x\ln\left(e+\dfrac{1}{x}\right)$.

2. 按照作图步骤，描绘下列函数的图像．

(1) $y=x+\dfrac{1}{x}$；　　(2) $y=(x-1)^2(x-2)^2$；

(3) $y=\dfrac{x}{x^2+1}$;　　　　(4) $y=\dfrac{e^x}{x}$.

5.5 平面曲线的曲率

实践中常需要研究曲线的弯曲程度，如工程中使用的梁和机械设备的转轴等，在外力作用下会发生弯曲变形，而弯曲到一定程度就会发生断裂，因此在计算梁和轴的强度时，就要考虑它们的弯曲程度.

本节先介绍弧微分的概念，再讨论曲线的弯曲程度.

5.5.1 弧微分

设函数 $f(x)$ 在 (a, b) 内具有连续导数，在曲线 $y=f(x)$ 上取定一点 $M_0(x_0, y_0)$ 作为度量曲线弧的长度的基点，如图 5.7 所示，并规定依 x 的增加方向作为曲线的正向，对曲线上任一点 $M(x, y)$，规定有向弧段 $\overset{\frown}{M_0M}$ 的值为 S（有时也常把 $\overset{\frown}{M_0M}$ 同时记为此有向弧段的值），S 的绝对值等于这段弧的长度，当 $\overset{\frown}{M_0M}$ 与曲线的正向一致时 $S>0$，相反时 $S<0$. 弧 $S=\overset{\frown}{M_0M}$ 是 x 的函数，记为 $S=S(x)$，而且 $S(x)$ 是 x 的单调增加函数，下面来求 $S(x)$ 的导数和微分.

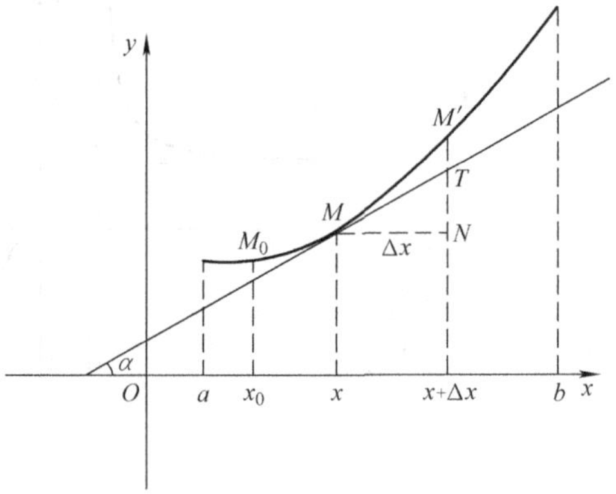

图 5.7

设 x, $x+\Delta x$ 为 (a, b) 内两个邻近的点，它们对应于曲线 $y=f(x)$ 上的点分别为 M 和 M'（见图 5.7）则弧 S 相应的增量 ΔS 为

$$\Delta S=\overset{\frown}{M_0M}-\overset{\frown}{M_0M'},$$

于是

$$\left(\frac{\Delta S}{\Delta x}\right)^2=\left(\frac{\overset{\frown}{MM'}}{\Delta x}\right)^2=\left(\frac{\overset{\frown}{MM'}}{MM'}\right)^2\cdot\left(\frac{MM'}{\Delta x}\right)^2$$

$$=\left(\frac{\overset{\frown}{MM'}}{MM'}\right)^2\cdot\left(\frac{\sqrt{\Delta^2x+\Delta^2y}}{\Delta x}\right)^2$$

$$=\left(\frac{\overset{\frown}{MM'}}{MM'}\right)^2\cdot\left|1+\left(\frac{\Delta y}{\Delta x}\right)^2\right|.$$

因为当 $\Delta x\to 0$ 时，$M'\to M$，这时弧$\overset{\frown}{MM'}$的长度与线段 MM'的长度之比的极限等于 1，即

$$\lim_{\Delta x\to 0}\left(\frac{\overset{\frown}{MM'}}{MM'}\right)^2=\lim_{M\to M'}\left(\frac{\overset{\frown}{MM'}}{MM'}\right)^2=1,$$

于是

$$\left(\frac{\mathrm{d}S}{\mathrm{d}x}\right)^2=\lim_{\Delta x\to 0}\left(\frac{\Delta S}{\Delta x}\right)^2=\lim_{\Delta x\to 0}\left[\left(\frac{\overset{\frown}{MM'}}{MM'}\right)^2\cdot\left|1+\left(\frac{\Delta y}{\Delta x}\right)^2\right|\right]=\lim_{\Delta x\to 0}\left|1+\left(\frac{\Delta y}{\Delta x}\right)^2\right|$$
$$=1+\left(\frac{\mathrm{d}y}{\mathrm{d}x}\right)^2,$$

因此

$$\frac{\mathrm{d}S}{\mathrm{d}x}=\pm\sqrt{1+\left(\frac{\mathrm{d}y}{\mathrm{d}x}\right)^2}.$$

由于 $S(x)$是 x 的单调增加函数，从而根号前应取正号，故 $S(x)$关于 x 的导数为

$$S(x)'=\sqrt{1+(y')^2},$$

$S(x)$关于 x 的微分为

$$\mathrm{d}S=\sqrt{1+(y')^2}\cdot\mathrm{d}x, \tag{5.2}$$

称为曲线 $y=f(x)$的**弧微分公式**．由式(5.2)可得

$$\mathrm{d}S=\sqrt{(\mathrm{d}x)^2+(\mathrm{d}y)^2}. \tag{5.3}$$

在式(5.3)中，$(\mathrm{d}x)^2=(MN)^2$，且由函数微分的几何意义有$(\mathrm{d}y)^2=(NT)^2$，因此$(\mathrm{d}S)^2=(MT)^2$. 由此可知，弧微分 $\mathrm{d}S$ 的几何意义是$\triangle MNT$ 的有向斜边 MT 的值．若设切线 MT 的倾角为 $\alpha\left(|\alpha|<\frac{\pi}{2}\right)$，由$\triangle MNT$ 可得

$$\frac{\mathrm{d}x}{\mathrm{d}s}=\cos\alpha,\ \frac{\mathrm{d}y}{\mathrm{d}s}=\sin\alpha.$$

例 1　求曲线 $y=x^2-x$ 的弧微分．

解　由于 $y'=2x-1$，因此

$$\mathrm{d}S=\sqrt{1+(y')^2}\cdot\mathrm{d}x=\sqrt{1+(2x-1)^2}\cdot\mathrm{d}x=\sqrt{4x^2-4x+2}\cdot\mathrm{d}x.$$

5.5.2　曲率

根据直觉，直线是不弯曲的(如不受外力作用时的梁和转轴)，而半径较小的圆比半径较大的圆弯曲得厉害些．而其他曲线的不同部位有不同的弯曲程度，例如抛物线 $y=x^2$ 在顶点附近比远离顶点的部位弯曲得厉害些．

怎样度量曲线的弯曲程度呢？假设两曲线弧段$\overset{\frown}{M_1M_2}$和$\overset{\frown}{N_1N_2}$的长度相等，如

图 5.8 所示，但它们的切线转角 φ 和 ψ 是不同的，较平直的弧段$\overset{\frown}{M_1M_2}$的切线转角 φ 要比弯曲较厉害的弧段$\overset{\frown}{N_1N_2}$的切线转角 ψ 小些.

然而只考虑曲线弧段的切线转角还不能完全反映曲线的弯曲程度. 如果两个曲线弧段的切线转角相同，而长度较短的弧段$\overset{\frown}{N_1N_2}$要比长度较长的弧段$\overset{\frown}{M_1M_2}$弯曲得厉害些，如图 5.9 所示.

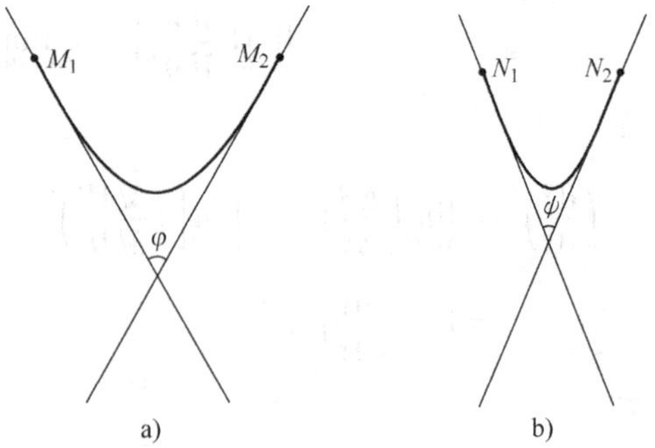

图 5.8

从以上分析可看出，曲线弧段的弯曲程度与弧段的长度及切线转角有关. 若弧段长度较短，切线转角较大，则曲线弧段的弯曲较厉害. 下面，我们引入描述曲线弯曲程度的曲率概念.

设平面曲线 C 是光滑的，在 C 上选定一点 M_0 作为度量弧 S 的基点，设曲线上点 M 对应于弧 S，在点 M 处的切线倾角为 α，曲线上另一点 M' 对应于弧 $S+\Delta S$，点 M' 处切线的倾角为 $\alpha+\Delta\alpha$，如图 5.10 所示，那么，弧段$\overset{\frown}{MM'}$的长度为 $|\Delta S|$，当动点从 M 移到 M' 时切线的转角为 $|\Delta\alpha|$.

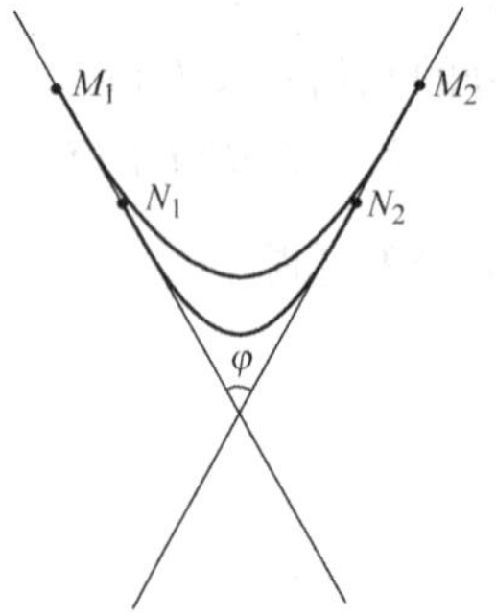

图 5.9

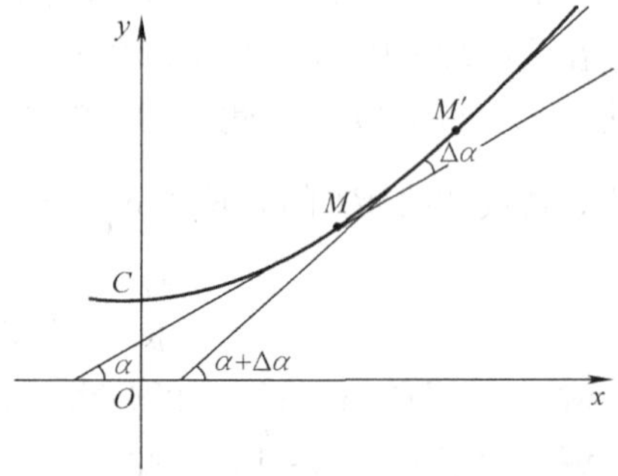

图 5.10

我们用比值 $\left|\dfrac{\Delta\alpha}{\Delta S}\right|$ 来表示弧段$\overset{\frown}{MM'}$的平均弯曲程度，称它为弧段$\overset{\frown}{MM'}$的**平均曲率**，记作 $\overline{K}$，即

$$\overline{K}=\left|\frac{\Delta\alpha}{\Delta S}\right|.$$

类似于从平均速度引进瞬时速度的方法，当 $\Delta S\to 0$ 时(即 $M'\to M$)，平均曲

率的极限称为曲线 C 在点 M 处的**曲率**，记为 K，即

$$K = \lim_{\Delta S \to 0} \left| \frac{\Delta \alpha}{\Delta S} \right|.$$

在 $\lim\limits_{\Delta S \to 0} \left| \dfrac{\Delta \alpha}{\Delta S} \right| = \left| \dfrac{\mathrm{d}\alpha}{\mathrm{d}S} \right|$ 存在的条件下，则有

$$K = \left| \frac{\mathrm{d}\alpha}{\mathrm{d}S} \right|. \tag{5.4}$$

例如，直线的切线就是其本身，当点沿直线移动时，切线的转角 $\Delta\alpha = 0$，故 $\overline{K} = 0$，从而 $K = 0$. 这表明直线上任一点的曲率都等于零. 又如，半径为 R 的圆，在圆上一点 M 及另一个点 M' 的切线所夹的角 $\Delta\alpha$ 等于中心角 $\angle MDM'$，如图 5.11 所示. 由于 $\angle MDM' = \dfrac{\Delta S}{R}$，于是

$$\overline{K} = \left| \frac{\Delta \alpha}{\Delta S} \right| = \left| \frac{\Delta S}{R \Delta S} \right| = \frac{1}{R},$$

从而

$$K = \lim_{\Delta S \to 0} \overline{K} = \frac{1}{R}.$$

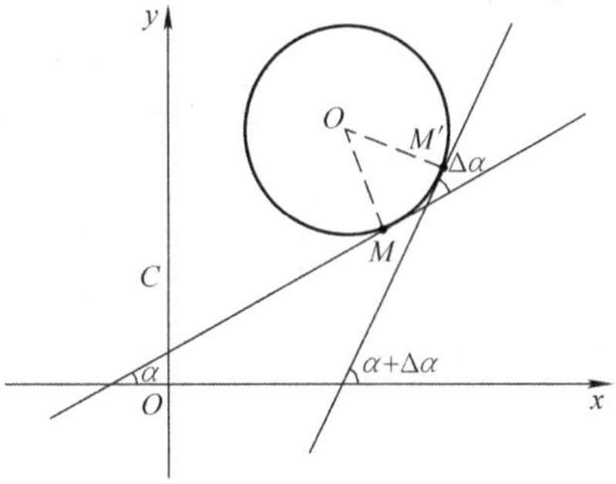

图 5.11

这表明圆上各点处的曲率都等于圆半径 R 的倒数 $\dfrac{1}{R}$，也就是说，圆的弯曲程度处处相同，且半径越小曲率越大，即弯曲得越厉害.

下面我们根据式(5.4)来推导出便于计算的曲率公式.

设曲线方程为 $y = f(x)$，且 $f(x)$ 具有二阶导数. 由 $\tan\alpha = y'$，$\alpha = \arctan y'$，得

$$\mathrm{d}\alpha = \frac{y''}{1 + (y')^2}\mathrm{d}x.$$

而由式(5.2)知，$\mathrm{d}S = \sqrt{1 + (y')^2} \cdot \mathrm{d}x$，从而根据曲率 K 的表达式(5.4)，有

$$K = \frac{|y''|}{(1 + (y')^2)^{3/2}}. \tag{5.5}$$

若曲线由参数方程

$$\begin{cases} x = \varphi(t), \\ y = \psi(t). \end{cases}$$

来表示，则根据参数方程所确定的函数的求导法，求出

$$\frac{\mathrm{d}y}{\mathrm{d}x} = \frac{\psi'(t)}{\varphi'(t)}, \quad \frac{\mathrm{d}^2 y}{\mathrm{d}x^2} = \frac{\psi''(t)\psi'(t) - \psi'(t)\varphi''(t)}{[\varphi'(t)]^3},$$

代入式(5.5)，得

$$K=\frac{|\psi''(t)\varphi'(t)-\psi'(t)\varphi''(t)|}{[\varphi'^{2}(t)+\psi'^{2}(t)]^{3/2}}. \tag{5.6}$$

例 2 求抛物线 $y=x^2$ 上任一点处的曲率.

解 因为 $y'=2x$，$y''=2$，故由公式(5.5)得

$$K=\frac{|y''|}{[1+(y')^2]^{\frac{3}{2}}}=\frac{2}{(1+4x^2)^{\frac{3}{2}}},$$

从曲率表达式中看出，抛物线 $y=x^2$ 在原点处曲率最大，且 $K_{max}=2$.

例 3 计算摆线 $\begin{cases}x=a(t-\sin t),\\ y=a(1-\cos t)\end{cases}$ 在 $t=\frac{\pi}{2}$ 处的曲率.

解 因为

$$\frac{dy}{dx}=\frac{a\sin t}{a(1-\cos t)}=\cot\left(\frac{t}{2}\right),$$

$$\frac{d^2y}{dx^2}=\frac{-\frac{1}{2}\csc^2\left(\frac{t}{2}\right)}{a(1-\cos t)}=-\frac{1}{4a}\csc^4\left(\frac{t}{2}\right),$$

故由式(5.5)，得

$$K=\frac{\frac{1}{4a}\csc^4\left(\frac{t}{2}\right)}{\left[1+\cot^2\left(\frac{t}{2}\right)\right]^{\frac{3}{2}}}=\frac{\csc\left(\frac{t}{2}\right)}{4a}.$$

令 $t=\frac{\pi}{2}$，得 $K=\frac{\sqrt{2}}{4a}$.

5.5.3 曲率半径与曲率圆

我们已经知道半径为 R 的圆上各点的曲率等于圆半径的倒数 $\frac{1}{R}$，类似地，把曲线 C 上点 M 的曲率的倒数称为此曲线在 M 点处的**曲率半径**，记为 R，即有

$$R=\frac{1}{K}=\frac{(1+y'^2)^{\frac{3}{2}}}{|y''|}.$$

设 $K\neq0$，过点 M 作半径为 $R=\frac{1}{K}$ 的圆 O'，使圆 O' 与曲线 C 上的点 M 的切线相切，并位于曲线的同侧，如图 5.12 所示. 由 $K=\frac{|y''|}{(1+(y')^2)^{\frac{3}{2}}}$ 可知，曲线 C 与圆 O' 在 M 点有相同的切线、凸性与曲率，从而圆 O' 与曲线 C 所对应的函数在点 M 有相同的函数值、一阶导数值和二阶导数值.

我们把圆 O' 称为曲线 C 在点 M 的**曲率圆**，圆心 O' 称为**曲率中心**.

例 4　一金属工件的内表面截线为抛物线 $y=0.4x^2$，现用砂轮打磨使其表面更加光滑．试问选用直径多大的砂轮打磨较为合适？

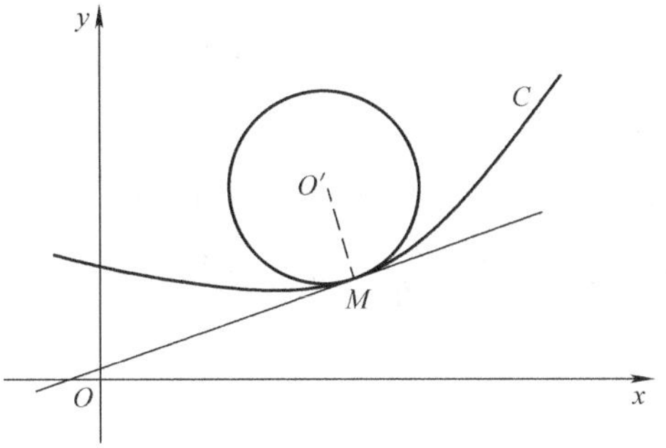

图　5.12

解　为使砂轮在磨光工作时，不至于磨削过多，故选用砂轮的半径 r（即砂轮圆的曲率半径）不超过抛物线 $y=0.4x^2$ 的最小曲率半径．

因为抛物线 $y=0.4x^2$ 的曲率半径为 $R=\dfrac{1}{K}=\dfrac{[1+(0.8x)^2]^{\frac{3}{2}}}{0.8}$，在点 $x=0$ 处抛物线的曲率半径最小，即 $R_{\min}=\dfrac{1}{0.8}=1.25$（长度单位），这样选用的砂轮直径 $2r$ 不宜超过 2.5（长度单位）较为合适．

习题 5.5

1. 求下列曲线的弧微分．

(1) $y=\ln(1-x^2)$；　　(2) $y=ax^2$；

(3) $\begin{cases}x=a\cos t\\y=b\sin t\end{cases}$；　　(4) $r=a\theta$.

2. 求下列曲线在指定的点的曲率．

(1) $y=\dfrac{e^x+e^{-x}}{2}$，$M_0=(0,\ 1)$；　　(2) $y=\sin x$，$M_0=(0,\ 0)$；

(3) $y=\sin x$，$M_0=\left(\dfrac{\pi}{2},\ 1\right)$；　　(4) $\begin{cases}x=a\cos^3 t,\\y=a\sin^3 t\end{cases}$ 对应于 $t=t_0$ 的点．

3. 求摆线 $\begin{cases}x=a(t-\sin t),\\y=a(1-\cos t)\end{cases}$ $(0<t<2\pi)$ 的曲率，t 等于何值时曲率最小？

4. 求曲线 $x^2+xy+y^2=3$ 在点 $(1,\ 1)$ 处的曲率及曲率半径．

5. 求曲线 $y=\dfrac{1}{4}x^2-\dfrac{1}{2}\ln x$ 的弧微分、曲率和曲率半径．

6. 确定常数 k 和 b，使直线 $y=kx+b$ 与曲线 $y=x^3-3x^2+2$ 相切，并使曲线在切点处的曲率为零．

7. 确定常数 a，b，c，使抛物线 $y=ax^2+bx+c$ 在 $x=0$ 处与曲线相切 $y=e^x$，并有共同的曲率半径．

8. 证明曲线 $y=\dfrac{a}{2}(e^{\frac{x}{a}}+e^{-\frac{x}{a}})$ 上任意一点处的曲率半径为 $\dfrac{y^2}{a}$.

9. 一飞机沿抛物线路径 $y=\frac{x^2}{10000}$(y 轴沿直向上，单位：m)作俯冲飞行，在坐标原点 O 处飞机的速度为 $v=200\text{m/s}$，飞行员体重 $G=70\text{kg}$，求飞机俯冲至最低点即原点 O 处时座椅对飞行员的作用力．(已知作匀速圆满周运动的物体所受的向心力为 $F=\frac{mv^2}{R}$，m 为物体的质量，v 为速度，R 为圆半径)

第6章　不定积分

前面我们讨论了一元函数的微分运算，就是由已知函数求出它的导数或微分.但在科学技术的许多领域需要解决的往往是微分运算的逆运算，就是由已知函数的导函数来求这个函数本身，这种运算称为求原函数或求不定积分.

6.1　不定积分的概念与性质

6.1.1　原函数与不定积分的概念

定义 6.1　设 $F(x)$是区间 I 内的可导函数，若对任意给定的 $x\in I$，有

$$F'(x)=f(x),$$

则称 $F(x)$是$f(x)$在 I 内的一个**原函数**.

例如，因为$(\sin x)'=\cos x$，所以 $\sin x$ 是 $\cos x$ 在区间$(-\infty,+\infty)$内的一个原函数；因为$(\arctan x)'=\dfrac{1}{1+x^2}$，所以 $\arctan x$ 是$\dfrac{1}{1+x^2}$在区间$(-\infty,+\infty)$内的一个原函数.

由原函数的定义可知，一个函数的原函数并不是唯一的，因为对任意常数 C，如果 $F(x)$是函数$f(x)$的一个原函数，则 $F(x)+C$ 也是$f(x)$的原函数.反过来，如果函数 $F(x)$和 $G(x)$都是函数$f(x)$的原函数，因为

$$[F(x)-G(x)]'=f(x)-f(x)\equiv 0,$$

根据拉格朗日中值定理的推论 1 可知，函数 $F(x)-G(x)=C$，其中 C 为任意常数，即

$$F(x)=G(x)+C.$$

这就说明如果一个函数的原函数存在，则它的原函数有无穷多个，并且任意两个原函数之间只差一个常数.

定义 6.2　设 $F(x)$为$f(x)$在区间 I 内的一个原函数，则$f(x)$在区间 I 内的全体原函数称为$f(x)$在区间 I 内的**不定积分**，记为 $\int f(x)\mathrm{d}x$，即

$$\int f(x)\mathrm{d}x=F(x)+C,$$

其中 $\int$ 称为**积分号**，$f(x)$称为**被积函数**，$f(x)\mathrm{d}x$ 称为**被积表达式**，x 称为**积分变**

量.

例 1 求不定积分 $\int x^{\mu}\mathrm{d}x$.

解 因为 $\left(\frac{1}{\mu+1}x^{\mu+1}\right)'=x^{\mu}$，故 $\frac{1}{\mu+1}x^{\mu+1}$ 是 x^{μ} 的一个原函数，所以

$$\int x^{\mu}\mathrm{d}x=\frac{1}{\mu+1}x^{\mu+1}+C.$$

例 2 求不定积分 $\int \frac{1}{x}\mathrm{d}x$.

解 当 $x>0$ 时，因为 $(\ln x)'=\frac{1}{x}$，故 $\ln x$ 是 $\frac{1}{x}$ 的一个原函数，所以在区间 $(0,+\infty)$ 内，有

$$\int \frac{1}{x}\mathrm{d}x=\ln x+C,$$

当 $x<0$ 时，因为 $[\ln(-x)]'=\frac{1}{x}$，故 $\ln(-x)$ 是 $\frac{1}{x}$ 的一个原函数，所以在区间 $(-\infty,0)$ 内，有

$$\int \frac{1}{x}\mathrm{d}x=\ln x+C,$$

把上面的两种情况结合起来，可写成

$$\int \frac{1}{x}\mathrm{d}x=\ln|x|+C,$$

在什么条件下函数 $f(x)$ 有原函数？下面我们给出一个不加证明的原函数存在定理.

定理 6.1 连续函数 $f(x)$ 在其连续区间内必有原函数.

6.1.2 不定积分的基本积分表

由不定积分的定义可知，

$$\left[\int f(x)\mathrm{d}x\right]'=f(x) \text{ 或} \int F'(x)\mathrm{d}x=F(x)+C,$$

这表明求不定积分运算就是求导运算的逆运算. 因此，有一个导数公式，就对应地有一个不定积分公式，于是可以得到下列的基本公式，也常称为基本积分表：(其中 C 称为积分常数)

(1) $\int 0\mathrm{d}x=C$;

(2) $\int x^{\mu}\mathrm{d}x=\frac{1}{1+\mu}x^{\mu+1}+C \quad (\mu\neq-1)$;

(3) $\int \frac{1}{x}dx = \ln|x| + C$;

(4) $\int \cos x dx = \sin x + C$;

(5) $\int \sin x dx = -\cos x + C$;

(6) $\int \sec^2 x dx = \tan x + C$;

(7) $\int \csc^2 x dx = -\cot x + C$;

(8) $\int \sec x \tan x dx = \sec x + C$;

(9) $\int \csc x \cot x dx = -\csc x + C$;

(10) $\int e^x dx = e^x + C$;

(11) $\int a^x dx = \frac{1}{\ln a}a^x + C$;

(12) $\int \frac{1}{1+x^2}dx = \arctan x + C$;

(13) $\int \frac{1}{\sqrt{1-x^2}}dx = \arcsin x + C$.

6.1.3　不定积分的性质

性质1　两个函数和的不定积分等于其不定积分的和，即

$$\int [f(x) + g(x)]dx = \int f(x)dx + \int g(x)dx.$$

证　我们只要证明等式右端的导数等于左端积分的被积函数 $f(x)+g(x)$ 就可以了．对右端求导，得

$$\left(\int f(x)dx + \int g(x)dx\right)' = \left(\int f(x)dx\right)' + \left(\int g(x)dx\right)' = f(x) + g(x),$$

因此，性质1的结论成立．

性质2　求不定积分时，被积函数中不为零的常数因子可以提到积分号外面来，即

$$\int kf(x)dx = k\int f(x)dx (k \neq 0).$$

证　因为 $\left(k\int f(x)dx\right)' = k\left(\int f(x)dx\right)' = kf(x)$，所以性质2的结论成立．

例3　求 $\int (3x^2 + 2x + 1)dx$.

解 $\int(3x^2+2x+1)\mathrm{d}x=\int 3x^2\mathrm{d}x+\int 2x\mathrm{d}x+\int\mathrm{d}x$

$$=3\int x^2\mathrm{d}x+2\int x\mathrm{d}x+\int\mathrm{d}x$$

$$=x^3+x^2+x+C.$$

例 4 求 $\int\left(\sin x+\frac{2}{1+x^2}+5\mathrm{e}^x\right)\mathrm{d}x$.

解 $\int\left(\sin x+\frac{2}{1+x^2}+5\mathrm{e}^x\right)\mathrm{d}x=\int\sin x\mathrm{d}x+2\int\frac{1}{1+x^2}\mathrm{d}x+5\int\mathrm{e}^x\mathrm{d}x$

$$=-\cos x+2\arctan x+5\mathrm{e}^x+C.$$

例 5 求 $\int\frac{x^2}{1+x^2}\mathrm{d}x$.

解 $\int\frac{x^2}{1+x^2}\mathrm{d}x=\int\frac{(1+x^2)}{1+x^2}\mathrm{d}x=\int\left(1-\frac{1}{1+x^2}\right)\mathrm{d}x$

$$=\int\mathrm{d}x-\int\frac{1}{1+x^2}\mathrm{d}x=x-\arctan x+C.$$

例 6 求 $\int\tan^2x\mathrm{d}x$.

解 $\int\tan^2x\mathrm{d}x=\int(\sec^2x-1)\mathrm{d}x=\int\sec^2x\mathrm{d}x-\int\mathrm{d}x=\tan x-x+C.$

例 7 求 $\int\frac{(x-2)^3}{x^3}\mathrm{d}x$.

解 $\int\frac{(x-2)^3}{x^3}\mathrm{d}x=\int\frac{x^3-6x^2+12x-8}{x^3}\mathrm{d}x$

$$=\int\left(1-\frac{6}{x}+\frac{12}{x^2}-\frac{8}{x^3}\right)\mathrm{d}x$$

$$=x-6\ln|x|-12\frac{1}{x}+4\frac{1}{x^2}+C.$$

例 8 求 $\int\frac{5\cdot 4^x-3\cdot 3^x}{\mathrm{e}^x}\mathrm{d}x$.

解 $\int\frac{5\cdot 4^x-3\cdot 3^x}{\mathrm{e}^x}\mathrm{d}x=\int\left[5\left(\frac{4}{\mathrm{e}}\right)^x-3\left(\frac{3}{\mathrm{e}}\right)^x\right]\mathrm{d}x$

$$=\int 5\left(\frac{4}{\mathrm{e}}\right)^x\mathrm{d}x-\int 3\left(\frac{3}{\mathrm{e}}\right)^x\mathrm{d}x$$

$$=5\left(\frac{4}{\mathrm{e}}\right)^x\frac{1}{\ln 4-1}-3\left(\frac{3}{\mathrm{e}}\right)^x\frac{1}{\ln 3-1}+C.$$

例 9 求 $\int\sin^2\frac{x}{2}\mathrm{d}x$.

解 $\int \sin^2\frac{x}{2}\mathrm{d}x = \int \frac{1-\cos x}{2}\mathrm{d}x = \frac{1}{2}\left(\int \mathrm{d}x - \int \cos x\mathrm{d}x\right) = \frac{x}{2} - \frac{\sin x}{2} + C.$

例 10 求 $\int \frac{\cos 2x}{\cos x - \sin x}\mathrm{d}x.$

解

$$\int \frac{\cos 2x}{\cos x - \sin x}\mathrm{d}x = \int \frac{\cos^2 x - \sin^2 x}{\cos x - \sin x}\mathrm{d}x = \int (\cos x + \sin x)\mathrm{d}x = \sin x - \cos x + C.$$

例 11 求 $\int \frac{\cos 2x}{\cos^2 x\sin^2 x}\mathrm{d}x.$

解

$$\begin{aligned}\int \frac{\cos 2x}{\cos^2 x\sin^2 x}\mathrm{d}x &= \int \frac{\cos^2 x - \sin^2 x}{\cos^2 x\sin^2 x}\mathrm{d}x \\ &= \int\left(\frac{1}{\sin^2 x} - \frac{1}{\cos^2 x}\right)\mathrm{d}x \\ &= \int \csc^2 x\mathrm{d}x - \int \sec^2 x\mathrm{d}x = -\cos x - \tan x + C.\end{aligned}$$

例 12 求 $\int \frac{3-2\cot^2 x}{\cos^2 x}\mathrm{d}x.$

解

$$\begin{aligned}\int \frac{3-2\cot^2 x}{\cos^2 x}\mathrm{d}x &= \int\left(\frac{3}{\cos^2 x} - 2\frac{\cot^2 x}{\cos^2 x}\right)\mathrm{d}x \\ &= 3\int \sec^2 x\mathrm{d}x - 2\int \csc^2 x\mathrm{d}x = 3\tan x + 2\cot x + C.\end{aligned}$$

习题 6.1

计算下列不定积分.

1. $\int x(\sqrt{x} - \sqrt[3]{x})\mathrm{d}x$;
2. $\int \frac{x+\sqrt{x}}{x^3}\mathrm{d}x$;
3. $\int (10^x + 2\mathrm{e}^x)\mathrm{d}x$;
4. $\int\left(\frac{2}{\sqrt{1-x^2}} + \frac{x^4}{1+x^2}\right)\mathrm{d}x$;
5. $\int \mathrm{e}^{x-4}\mathrm{d}x$;
6. $\int \sin\left(x + \frac{\pi}{4}\right)\mathrm{d}x$;
7. $\int (2^x - 3^x)^2\mathrm{d}x$;
8. $\int (2\sin x - 3^x\mathrm{e}^x)\mathrm{d}x$;
9. $\int \frac{1}{1+\cos 2x}\mathrm{d}x$;
10. $\int \frac{1}{\cos^2 x\sin^2 x}\mathrm{d}x.$

6.2 不定积分的计算

虽然利用基本积分表及积分的性质可以求出一部分函数的原函数，但仅凭这些方法还不能解决在实际问题中遇到的积分，例如 $\int\cos 2x\mathrm{d}x$，$\int\sqrt{a^2-x^2}\mathrm{d}x$，$\int x\cos x\mathrm{d}x$ 等就无法求出．为了计算更多不定积分，我们在本节介绍几个常用方法．

6.2.1 第一类换元法

定理 6.2 设 $F(u)$ 是 $f(u)$ 的一个原函数，$u=\varphi(x)$ 可导，则有换元公式

$$\int f[\varphi(x)]\varphi'(x)\mathrm{d}x=\left[\int f(u)\mathrm{d}u\right]_{u=\varphi(x)}=F[\varphi(x)]+C. \tag{6.1}$$

证 因为 $F'(u)=f(u)$，所以 $\int f(u)\mathrm{d}u=F(u)+C$. 由于

$$\mathrm{d}F[\varphi(x)]=f[\varphi(x)]\varphi'(x)\mathrm{d}x=f[\varphi(x)]\mathrm{d}\varphi(x),$$

故有

$$\int f[\varphi(x)]\varphi'(x)\mathrm{d}x=\int f[\varphi(x)]\mathrm{d}\varphi(x)$$

$$=\left[\int f(u)\mathrm{d}u\right]_{u=\varphi(x)}=[F(u)+C]_{u=\varphi(x)}=F[\varphi(x)]+C.$$

利用公式(6.1)计算不定积分的方法称为**第一类换元法**或称为**凑微分法**．

例 1 求不定积分 $\int\cos 2x\mathrm{d}x$.

解 因为被积表达式

$$\cos 2x\mathrm{d}x=\frac{1}{2}\cos 2x\cdot 2\mathrm{d}x=\frac{1}{2}\cos 2x\cdot(2x)'\mathrm{d}x,$$

所以，令 $u=\varphi(x)=2x$，得

$$\int\cos 2x\mathrm{d}x=\left[\frac{1}{2}\int\cos u\mathrm{d}u\right]_{u=2x}=\left[\frac{1}{2}\sin u+C\right]_{u=2x}=\frac{1}{2}\sin 2x+C.$$

例 2 求不定积分 $\int\frac{1}{x^2}\sin\frac{1}{x}\mathrm{d}x$.

解 因为被积表达式

$$\frac{1}{x^2}\sin\frac{1}{x}\mathrm{d}x=-\sin\frac{1}{x}\left(\frac{1}{x}\right)'\mathrm{d}x,$$

所以，令 $u=\varphi(x)=\frac{1}{x}$，得

$$\int\frac{1}{x^2}\sin\frac{1}{x}\mathrm{d}x=\left[-\int\sin u\mathrm{d}u\right]_{u=\frac{1}{x}}=[-(-\cos u)+C]_{u=\frac{1}{x}}=\cos\frac{1}{x}+C.$$

例 3 求不定积分 $\int(3x+7)^8\mathrm{d}x$.

解 由于

$$(3x+7)^8\mathrm{d}x=\frac{1}{3}(3x+7)^8(3x+7)'\mathrm{d}x,$$

故有

$$\begin{aligned}\int(3x+7)^8\mathrm{d}x&=\frac{1}{3}\int(3x+7)^8(3x+7)'\mathrm{d}x\\&=\frac{1}{3}\left[\int u^8\mathrm{d}u\right]_{u=3x+7}=\left[\frac{1}{27}u^9+C\right]_{u=3x+7}\\&=\frac{1}{27}(3x+7)^9+C.\end{aligned}$$

例 4 求不定积分 $\int x^2\mathrm{e}^{x^3}\mathrm{d}x$.

解 由于

$$x^2\mathrm{e}^{x^3}\mathrm{d}x=\frac{1}{3}\mathrm{e}^{x^3}(x^3)'\mathrm{d}x,$$

故有

$$\begin{aligned}\int x^2\mathrm{e}^{x^3}\mathrm{d}x&=\frac{1}{3}\int\mathrm{e}^{x^3}(x^3)'\mathrm{d}x=\frac{1}{3}\left[\int\mathrm{e}^u\mathrm{d}u\right]_{u=x^3}\\&=\left[\frac{1}{3}\mathrm{e}^u+C\right]_{u=x^3}=\frac{1}{3}\mathrm{e}^{x^3}+C.\end{aligned}$$

当第一类换元法运用熟练之后，解题过程可以写的简捷些，有时甚至可以不写出中间变量.

例 5 求不定积分 $\int\frac{\ln x}{x}\mathrm{d}x$.

解 $\int\frac{\ln x}{x}\mathrm{d}x=\int\ln x\cdot(\ln x)'\mathrm{d}x=\int\ln x\mathrm{d}(\ln x)=\frac{1}{2}(\ln x)^2+C.$

例 6 求不定积分 $\int\frac{x}{1+x^2}\mathrm{d}x$.

解

$$\begin{aligned}\int\frac{x}{1+x^2}\mathrm{d}x&=\frac{1}{2}\int\frac{1}{1+x^2}(1+x^2)'\mathrm{d}x\\&=\frac{1}{2}\int\frac{1}{1+x^2}\mathrm{d}(1+x^2)=\frac{1}{2}\ln(1+x^2)+C.\end{aligned}$$

例 7 求不定积分 $\int\frac{1}{x^2+5x+6}\mathrm{d}x$.

解

$$\begin{aligned}\int\frac{1}{x^2+5x+6}\mathrm{d}x&=\int\left(\frac{1}{x+2}-\frac{1}{x+3}\right)\mathrm{d}x=\int\frac{1}{x+2}\mathrm{d}x-\int\frac{1}{x+3}\mathrm{d}x\\&=\int\frac{1}{x+2}\mathrm{d}(x+2)-\int\frac{1}{x+3}\mathrm{d}(x+3)\\&=\ln|x+2|-\ln|x+3|+C=\ln\left|\frac{x+2}{x+3}\right|+C.\end{aligned}$$

更一般地，我们可得

$$\int \frac{1}{a^2 - x^2}dx = \frac{1}{2a}\ln\left|\frac{a + x}{a - x}\right| + C;$$

$$\int \frac{1}{x^2 - a^2}dx = \frac{1}{2a}\ln\left|\frac{x - a}{x + a}\right| + C.$$

例 8 求不定积分 $\int \frac{1}{x^2 + 2x + 2}dx$.

解 $\int \frac{1}{x^2 + 2x + 2}dx = \int \frac{1}{1 + (x + 1)^2}dx$

$$= \int \frac{1}{1 + (x + 1)^2}d(x + 1) = \arctan(x + 1) + C.$$

例 9 求不定积分 $\int \sin^6 x\cos x dx$.

解 $\int \sin^6 x\cos x dx = \int \sin^6 x d(\sin x) = \frac{1}{7}\sin^7 x + C.$

例 10 求不定积分 $\int \tan x dx$.

解 $\int \tan x dx = \int \frac{\sin x}{\cos x}dx = -\int \frac{1}{\cos x}d(\cos x) = -\ln|\cos x| + C.$

同理可得 $\int \cot x dx = \ln|\sin x| + C.$

例 11 求不定积分 $\int \sin^3 x\cos^5 x dx$.

解 $\int \sin^3 x\cos^5 x dx = \int \sin^2 x\cos^5 x\sin x dx$

$$= -\int (1 - \cos^2 x)\cos^5 x(\cos x)'dx$$

$$= -\int (\cos^5 x - \cos^7 x)d(\cos x)$$

$$= -\frac{1}{6}\cos^6 x + \frac{1}{8}\cos^8 x + C.$$

注 也可利用 $\sin^3 x\cos^5 x dx = \sin^3 x(1 - \sin^2 x)^2 d(\sin x)$ 来求.

例 12 求不定积分 $\int \frac{1}{\sin x\cos x}dx$.

解 $\int \frac{1}{\sin x\cos x}dx = \int \frac{1}{\tan x\cos^2 x}dx$

$$= \int \frac{\sec^2 x}{\tan x}dx = \int \frac{1}{\tan x}(\tan x)'dx$$

$$= \int \frac{1}{\tan x}d(\tan x) = \ln|\tan x| + C.$$

例 13 求不定积分$\int \csc x\mathrm{d}x$.

解 $$\int \csc x\mathrm{d}x = \int \frac{1}{\sin x}\mathrm{d}x = \int \frac{1}{2\sin\frac{x}{2}\cos\frac{x}{2}}\mathrm{d}x$$

$$= \int \frac{1}{\sin\frac{x}{2}\cos\frac{x}{2}}\mathrm{d}\left(\frac{x}{2}\right) = \int \frac{\sec^2\frac{x}{2}}{\tan\frac{x}{2}}\mathrm{d}\left(\frac{x}{2}\right)$$

$$= \ln\left|\tan\frac{x}{2}\right| + C.$$

例 14 求不定积分$\int \sec x\mathrm{d}x$.

解 解法一 $$\int \sec x\mathrm{d}x = \int \frac{1}{\cos x}\mathrm{d}x = \int \frac{1}{\sin\left(x+\frac{\pi}{2}\right)}\left(x+\frac{\pi}{2}\right)'\mathrm{d}x$$

$$= \int \csc\left(x+\frac{\pi}{2}\right)\mathrm{d}\left(x+\frac{\pi}{2}\right)$$

$$= \ln\left|\tan\left(\frac{x}{2}+\frac{\pi}{4}\right)\right| + C$$

$$= \ln|\sec x + \tan x| + C.$$

解法二 $$\int \sec x\mathrm{d}x = \int \frac{1}{\cos x}\mathrm{d}x = \int \frac{\cos x}{\cos^2 x}\mathrm{d}x = \int \frac{1}{1-(\sin x)^2}\mathrm{d}(\sin x)$$

$$= \frac{1}{2}\ln\left|\frac{1+\sin x}{1-\sin x}\right| + C = \frac{1}{2}\ln\left|\frac{(1+\sin x)^2}{\cos^2 x}\right| + C$$

$$= \ln\left|\frac{1+\sin x}{\cos x}\right| + C = \ln|\sec x + \tan x| + C.$$

例 15 求不定积分$\int \frac{\sqrt{\arctan 2x}}{1+4x^2}\mathrm{d}x$.

解 $$\int \frac{\sqrt{\arctan 2x}}{1+4x^2}\mathrm{d}x = \frac{1}{2}\int \frac{\sqrt{\arctan 2x}}{1+4x^2}\mathrm{d}(2x)$$

$$= \frac{1}{2}\int \sqrt{\arctan 2x}\mathrm{d}(\arctan 2x)$$

$$= \frac{1}{3}(\arctan 2x)^{\frac{3}{2}} + C.$$

6.2.2 第二类换元法

定理 6.3 设$x = \psi(t)$是连续可导的单调函数，且$\psi'(t) \neq 0$，如果

$f[\psi(t)]\psi'(t)$有原函数$F(t)$，则有

$$\int f(x)\,\mathrm{d}x = \int f[\psi(t)]\psi'(t)\,\mathrm{d}t = F[\psi^{-1}(x)] + C, \tag{6.2}$$

其中$\psi^{-1}(x)$是$x=\psi(t)$的反函数.

证 因为$x=\psi(t)$是连续可导的单调函数，且$\psi'(t)\neq 0$，所以存在可导的反函数$t=\psi^{-1}(x)$，故

$$\frac{\mathrm{d}}{\mathrm{d}x}F[\psi^{-1}(x)] = \frac{\mathrm{d}}{\mathrm{d}t}F(t)\frac{\mathrm{d}t}{\mathrm{d}x}$$

$$= f[\psi(t)]\psi'(t)\frac{1}{\psi'(t)} = f[\psi(t)] = f(x),$$

这表明$F[\psi^{-1}(x)]$是$f(x)$的一个原函数，从而得式(6.2)成立.

利用式(6.2)计算不定积分的方法称为**第二类换元法**.

例16 求不定积分$\int\sqrt{a^2-x^2}\,\mathrm{d}x\quad(a>0)$.

解 为了去掉被积函数中的根号，令$x=a\sin t$，$-\frac{\pi}{2}<t<\frac{\pi}{2}$，则$\mathrm{d}x=a\cos t\mathrm{d}t$且$\sqrt{a^2-x^2}=a\cos t$(这里要注意$\cos t>0$)，从而

$$\int\sqrt{a^2-x^2}\,\mathrm{d}x = \int a\cos t\cdot a\cos t\mathrm{d}t = a^2\int\cos^2 t\mathrm{d}t = a^2\int\frac{1+\cos 2t}{2}\mathrm{d}t$$

$$= \frac{a^2}{2}\left[\int\mathrm{d}t + \int\cos 2t\mathrm{d}t\right] = \frac{a^2}{2}\left[t + \frac{1}{2}\sin 2t\right] + C.$$

由$x=a\sin t$得

$$\sin t = \frac{x}{a};\ t = \arcsin\frac{x}{a};$$

$$\cos t = \sqrt{1-\sin^2 t} = \sqrt{1-\left(\frac{x}{a}\right)^2} = \frac{\sqrt{a^2-x^2}}{a};$$

$$\sin 2t = 2\sin t\cos t = \frac{x\sqrt{a^2-x^2}}{a^2};$$

于是

$$\int\sqrt{a^2-x^2}\,\mathrm{d}x = \frac{a^2}{2}\arcsin\frac{x}{a} + \frac{x}{2}\sqrt{a^2-x^2} + C.$$

例17 求不定积分$\int\frac{1}{\sqrt{a^2+x^2}}\mathrm{d}x(a>0)$.

解 为了去掉被积函数中的根号，令$x=a\tan t$，$-\frac{\pi}{2}<t<\frac{\pi}{2}$，则$\mathrm{d}x=a\sec^2 t\mathrm{d}t$且$\sqrt{a^2+x^2}=a\sec t$(这里要注意$\sec t>0$)，从而

$$\int \frac{1}{\sqrt{a^2+x^2}}\mathrm{d}x = \int \frac{1}{a\sec t}a\sec^2 t\mathrm{d}t = \int \sec t\mathrm{d}t = \ln|\sec t + \tan t| + C.$$

为了把 $\sec t$ 和 $\tan t$ 还原为 x 的函数，我们用下面的三角形法．由于 $x = a\tan t$，有 $\tan t = \frac{x}{a}$，做一个锐角为 t 的直角三角形，角 t 的对边为 x，相邻的直角边为 a，斜边为 $\sqrt{a^2+x^2}$，因此 $\sec t = \frac{\sqrt{a^2+x^2}}{a}$. 这样，可得

$$\int \frac{1}{\sqrt{a^2+x^2}}\mathrm{d}x = \ln\left|\frac{\sqrt{a^2+x^2}}{a} + \frac{x}{a}\right| + C_0 = \ln|x + \sqrt{a^2+x^2}| + C,$$

其中 $C = C_0 - \ln a$ 仍为常数．

例 18　求不定积分 $\int \frac{x+1}{\sqrt[3]{3x+1}}\mathrm{d}x$.

解　为了去掉被积函数中的根号，令 $3x+1 = t^3$，即 $t = \sqrt[3]{3x+1}$，则 $x = \frac{1}{3}(t^3-1)$、$\mathrm{d}x = t^2\mathrm{d}t$，于是

$$\begin{aligned}\int \frac{x+1}{\sqrt[3]{3x+1}}\mathrm{d}x &= \int \frac{\frac{1}{3}(t^3-1)+1}{t}t^2\mathrm{d}t \\ &= \frac{1}{3}\int (t^4+2t)\mathrm{d}t \\ &= \frac{1}{3}\left(\frac{1}{5}t^5 + t^2\right) + C \\ &= \frac{1}{3}\left[\frac{1}{5}(3x+1)^{\frac{5}{3}} + (3x+1)^{\frac{2}{3}}\right] + C \\ &= \frac{1}{5}(x+2)(3x+1)^{\frac{2}{3}} + C.\end{aligned}$$

上面讲的有些例题的结果以后经常遇到，它们可以当做公式来使用．因此，我们把它们纳入基本积分表中，再补充几个公式，并延续前面的排序，我们有

(14) $\int \tan x\mathrm{d}x = -\ln|\cos x| + C$;

(15) $\int \cot x\mathrm{d}x = \ln|\sin x| + C$;

(16) $\int \csc x\mathrm{d}x = \ln|\csc x - \cot x| + C$;

(17) $\int \sec x\mathrm{d}x = \ln|\sec x + \tan x| + C$;

(18) $\int \frac{1}{a^2-x^2}\mathrm{d}x = \frac{1}{2a}\ln\left|\frac{a+x}{a-x}\right| + C$;

(19) $\int \frac{1}{x^2 - a^2}dx = \frac{1}{2a}\ln\left|\frac{x - a}{x + a}\right| + C$;

(20) $\int \frac{1}{x^2 + a^2}dx = \frac{1}{a}\arctan\left(\frac{x}{a}\right) + C$;

(21) $\int \frac{1}{\sqrt{a^2 - x^2}}dx = \arcsin\frac{x}{a} + C$;

(22) $\int \sqrt{a^2 - x^2}dx = \frac{a^2}{2}\arcsin\frac{x}{a} + \frac{x}{2}\sqrt{a^2 - x^2} + C$;

(23) $\int \frac{1}{\sqrt{x^2 \pm a^2}}dx = \ln\left|x + \sqrt{x^2 \pm a^2}\right| + C$.

6.2.3 分部积分法

定理 6.4 设函数 $u(x)$ 和 $v(x)$ 具有连续的导数，则有

$$\int u(x)v'(x)dx = u(x)v(x) - \int u'(x)v(x)dx$$

或

$$\int u(x)dv(x) = u(x)v(x) - \int v(x)du(x). \tag{6.3}$$

证 由于 $[u(x)v(x)]' = u'(x)v(x) + u(x)v'(x)$，故有

$$u(x)v'(x) = [u(x)v(x)]' - u'(x)v(x),$$

对其两边取不定积分，得

$$\int u(x)v'(x)dx = u(x)v(x) - \int u'(x)v(x)dx,$$

或

$$\int u(x)dv(x) = u(x)v(x) - \int v(x)du(x).$$

式(6.3)常称为**分部积分公式**，利用分部积分公式计算不定积分的方法称为**分部积分法**.

例 19 求不定积分 $\int x\cos x dx$.

解 令 $u(x) = x$，$\cos x dx = v'(x)dx$，则有 $u'(x) = 1$，$v(x) = \sin x$，于是代入公式得

$$\int x\cos x dx = x\sin x - \int \sin x dx = x\sin x + \cos x + C.$$

例 20 求不定积分 $\int xe^x dx$.

解 令 $u(x) = x$，$e^x dx = v'(x)dx$，则有 $u'(x) = 1$，$v(x) = e^x$，于是代入公式得

$$\int xe^x dx = xe^x - \int e^x dx = xe^x - e^x + C.$$

例 21 求不定积分 $\int x\ln x dx$.

解 令 $u(x)=\ln x$, $xdx=v'(x)dx$, 则有 $u'(x)=\frac{1}{x}$, $v(x)=\frac{x^2}{2}$, 于是代入公式得

$$\begin{aligned}\int x\ln x dx &= \ln x \cdot \frac{x^2}{2} - \frac{1}{2}\int x^2 \frac{1}{x}dx \\ &= \frac{x^2}{2}\ln x - \frac{1}{2}\int xdx \\ &= \frac{x^2}{2}\ln x - \frac{x^2}{4} + C.\end{aligned}$$

例 22 求不定积分 $\int x\arctan x dx$.

解 令 $u(x)=\arctan x$, $xdx=v'(x)dx$, 则有 $u'(x)=\frac{1}{1+x^2}$, $v(x)=\frac{x^2}{2}$, 于是代入公式得

$$\begin{aligned}\int x\arctan x dx &= \arctan x \cdot \frac{x^2}{2} - \int \frac{x^2}{2} \cdot \frac{1}{1+x^2}dx \\ &= \frac{x^2}{2}\arctan x - \frac{1}{2}\int \frac{(1+x^2)-1}{1+x^2}dx \\ &= \frac{x^2}{2}\arctan x - \frac{1}{2}\int\left(1-\frac{1}{1+x^2}\right)dx \\ &= \frac{x^2}{2}\arctan x - \left(\frac{x}{2}-\frac{1}{2}\arctan x\right) + C \\ &= \frac{x^2+1}{2}\arctan x - \frac{x}{2} + C.\end{aligned}$$

例 23 求不定积分 $\int x^2 3^x dx$.

解 令 $u(x)=x^2$, $3^x dx=v'(x)dx$, 则有 $u'(x)=1$, $v(x)=\frac{3^x}{\ln 3}$, 于是代入公式得

$$\int x^2 3^x dx = x^2 \frac{3^x}{\ln 3} - \frac{2}{\ln 3}\int x 3^x dx.$$

对积分 $\int x3^x dx$ 再用分部积分法，令 $u(x)=x$, $3^x dx=v'(x)dx$, 则有 $u'(x)=1$, $v(x)=\frac{3^x}{\ln 3}$, 于是代入公式得

$$\int x3^x\mathrm{d}x = x\frac{3^x}{\ln 3} - \frac{1}{\ln 3}\int 3^x\mathrm{d}x = x\frac{3^x}{\ln 3} - \frac{1}{\ln 3}\frac{1}{\ln 3}3^x + C_1,$$

从而，得

$$\int x^2 3^x\mathrm{d}x = x^2\frac{3^x}{\ln 3} - \frac{2}{\ln 3}\left(x\frac{3^x}{\ln 3} - \frac{1}{\ln 3}\frac{1}{\ln 3}3^x + C_1\right)$$
$$= \frac{1}{\ln 3}3^x\left(x^2 - \frac{2}{\ln 3}x + \frac{2}{(\ln 3)^2}\right) + C.$$

其中 $C = -\frac{2}{\ln 3}C_1$ 仍为常数.

例 24 求不定积分 $\int \arcsin x\mathrm{d}x$.

解 令 $u(x) = \arcsin x$，$\mathrm{d}x = v'(x)\mathrm{d}x$，则有 $u'(x) = \frac{1}{\sqrt{1-x^2}}$，$v(x) = x$，于是代入公式得

$$\int \arcsin x\mathrm{d}x = \arcsin x \cdot x - \int\frac{1}{\sqrt{1-x^2}}\mathrm{d}x$$
$$= x\arcsin x - \int\frac{-\frac{1}{2}(1-x^2)'}{\sqrt{1-x^2}}\mathrm{d}x$$
$$= x\arcsin x + \frac{1}{2}\int\frac{1}{\sqrt{1-x^2}}\mathrm{d}(1-x^2)$$
$$= x\arcsin x + \sqrt{1-x^2} + C.$$

注 从以上几个例题中可以看出，如果被积函数是幂函数乘以正弦函数、余弦函数或指数函数时，我们可以选择 $u(x)$ 为幂函数；如果被积函数是幂函数乘以对数函数或反三角函数时，我们可以选择 $u(x)$ 为对数函数或反三角函数. 另外由例 23 可知分部积分法可以重复使用. 当我们使用分部积分法熟练后，有时可以不用写出 $u(x)$ 和 $v'(x)\mathrm{d}x$，而直接从公式写出结果.

例 25 求不定积分 $\int \mathrm{e}^x\cos x\mathrm{d}x$.

解
$$\int \mathrm{e}^x\cos x\mathrm{d}x = \mathrm{e}^x\sin x - \int \mathrm{e}^x\sin x\mathrm{d}x$$
$$= \mathrm{e}^x\sin x - \left[\mathrm{e}^x(-\cos x) - \int \mathrm{e}^x(-\cos x)\mathrm{d}x\right]$$
$$= \mathrm{e}^x(\sin x + \cos x) - \int \mathrm{e}^x\cos x\mathrm{d}x + C_1,$$

移项得

$$\int \mathrm{e}^x\cos x\mathrm{d}x = \frac{1}{2}\mathrm{e}^x(\sin x + \cos x) + C,$$

其中常数 $C=\frac{1}{2}C_1$.

同理可得　$\int e^x\sin x\mathrm{d}x=\frac{1}{2}e^x(\sin x-\cos x)+C.$

例 26　求不定积分 $\int xe^x\cos x\mathrm{d}x$.

解　取 $u(x)=x$，$v'(x)\mathrm{d}x=e^x\cos x\mathrm{d}x$，则由例 25 可知

$$v(x)=\frac{1}{2}e^x(\sin x+\cos x)$$

于是

$$\begin{aligned}\int xe^x\cos x\mathrm{d}x&=x\frac{1}{2}e^x(\sin x+\cos x)-\int\frac{1}{2}e^x(\sin x+\cos x)\mathrm{d}x\\&=\frac{1}{2}xe^x(\sin x+\cos x)-\frac{1}{2}\int e^x\sin x\mathrm{d}x-\frac{1}{2}\int e^x\cos x\mathrm{d}x\\&=\frac{1}{2}xe^x(\sin x+\cos x)-\frac{1}{4}e^x(\sin x-\cos x)-\\&\quad\frac{1}{4}e^x(\sin x+\cos x)+C\\&=\frac{1}{2}xe^x(\sin x+\cos x)-\frac{1}{2}e^x\sin x+C.\end{aligned}$$

例 27　求不定积分 $\int x\ln(1+x^2)\mathrm{d}x$.

解　
$$\begin{aligned}\int x\ln(1+x^2)\mathrm{d}x&=\ln(1+x^2)\cdot\frac{x^2}{2}-\int\frac{2x}{1+x^2}\cdot\frac{x^2}{2}\mathrm{d}x\\&=\frac{x^2}{2}\ln(1+x^2)-\int\frac{x^3}{1+x^2}\mathrm{d}x.\end{aligned}$$

而　
$$\begin{aligned}\int\frac{x^3}{1+x^2}\mathrm{d}x&=\int\left(x-\frac{x}{1+x^2}\right)\mathrm{d}x\\&=\frac{x^2}{2}-\frac{1}{2}\int\frac{1}{1+x^2}\mathrm{d}(1+x^2)\\&=\frac{x^2}{2}-\frac{1}{2}\ln(1+x^2)+C,\end{aligned}$$

从而得

$$\int x\ln(1+x^2)\mathrm{d}x=\left(\frac{x^2}{2}+\frac{1}{2}\right)\ln(1+x^2)-\frac{x^2}{2}+C.$$

注　在求积分过程中有时换元法和分部积分法同时使用在一道题中.

例 28　求不定积分 $\int\sqrt{x}\ln\sqrt{x}\mathrm{d}x$.

解 令$\sqrt{x}=t$，则$x=t^2$，$\mathrm{d}x=2t\mathrm{d}t$，于是

$$\begin{aligned}\int\sqrt{x}\ln\sqrt{x}\mathrm{d}x &=\int t\ln t\cdot 2t\mathrm{d}t = 2\int t^2\ln t\mathrm{d}t\\ &=2\ln t\cdot\frac{1}{3}t^3-2\int\frac{1}{t}\cdot\frac{1}{3}t^3\mathrm{d}t\\ &=\frac{2}{3}t^3\ln t-\frac{2}{3}\int t^2\mathrm{d}t\\ &=\frac{2}{3}t^3\ln t-\frac{2}{9}t^3+C\\ &=\frac{2}{3}x\sqrt{x}\ln\sqrt{x}-\frac{2}{9}x\sqrt{x}+C.\end{aligned}$$

利用分部积分法，可以得到有些不定积分的递推公式.

例 29 求不定积分$I_n=\int\frac{1}{(x^2+a^2)^n}\mathrm{d}x$，其中$n$是正整数.

解 当$n=1$时，有$I_1=\int\frac{1}{x^2+a^2}\mathrm{d}x=\frac{1}{a}\arctan\left(\frac{x}{a}\right)+C$，

当$n>1$时，有分部积分公式得

$$\begin{aligned}I_{n-1}&=\int\frac{1}{(x^2+a^2)^{n-1}}\mathrm{d}x\\ &=\frac{x}{(x^2+a^2)^{n-1}}-\int x(1-n)\frac{2x}{(x^2+a^2)^n}\mathrm{d}x\\ &=\frac{x}{(x^2+a^2)^{n-1}}+2(n-1)\int\frac{(x^2+a^2)-a^2}{(x^2+a^2)^n}\mathrm{d}x\\ &=\frac{x}{(x^2+a^2)^{n-1}}+2(n-1)\left[\int\frac{1}{(x^2+a^2)^{n-1}}\mathrm{d}x-\int\frac{a^2}{(x^2+a^2)^n}\mathrm{d}x\right]\\ &=\frac{x}{(x^2+a^2)^{n-1}}+2(n-1)(I_{n-1}-a^2I_n),\end{aligned}$$

于是得递推公式

$$I_n=\frac{1}{2a^2(n-1)}\left[\frac{x}{(x^2+a^2)^{n-1}}+2(n-3)I_{n-1}\right]\quad(n>1).$$

上面给出了一些不定积分的基本计算方法，这些方法必须通过大量的练习才能熟练掌握.求不定积分和求导不一样，对于给定的一个初等函数，我们总能求得它的导数，但求不定积分就不是那么简单，它并没有一般的步骤可循，有些不定积分甚至不能用初等函数表示，称其为“积不出来”，例如

$$\int e^{x^2}\mathrm{d}x,\int\frac{1}{\ln x}\mathrm{d}x,\int\frac{\sin x}{x}\mathrm{d}x,\int\sin x^2\mathrm{d}x$$

这些不定积分的被积函数的原函数不是初等函数.

通过分部积分法，我们又得到一些基本初等函数的不定积分，因此，基本积分表扩充为

(24) $\int \ln x\mathrm{d}x = x\ln x - x + C$；

(25) $\int \arcsin x\mathrm{d}x = x\arcsin x + \sqrt{1-x^2} + C$；

(26) $\int \arccos x\mathrm{d}x = x\arccos x - \sqrt{1-x^2} + C$；

(27) $\int \arctan x\mathrm{d}x = x\arctan x - \frac{1}{2}\ln(1+x^2) + C$；

(28) $\int \operatorname{arccot} x\mathrm{d}x = x\operatorname{arccot} x + \frac{1}{2}\ln(1+x^2) + C$.

6.2.4 有理函数与三角有理函数的积分计算

6.2.4.1 有理函数的不定积分

我们把两个实系数多项式的商构成的函数

$$f(x) = \frac{P_n(x)}{Q_m(x)} = \frac{a_nx^n + a_{n-1}x^{n-1} + \cdots + a_1x + a_0}{b_mx^m + b_{m-1}x^{m-1} + \cdots + b_1x + b_0}$$

称为**有理函数**，其中 n 和 m 是非负整数，a_n，a_{n-1}，$\cdots$，a_0 及 b_m，b_{m-1}，$\cdots$，b_0 都是实数，且 $a_n \neq 0$，$b_m \neq 0$. 当 $n < m$ 时，称为**有理真分式**，当 $n \geqslant m$ 时，称为**有理假分式**.

根据多项式的带余除法，我们可以把一个有理假分式分解成一个多项式和一个有理真分式之和，如

$$\frac{2x^3 + 3x^2 + 5}{x^2 + 2x - 1} = (2x - 1) + \frac{4x + 4}{x^2 + 2x - 1}.$$

而多项式的不定积分是容易求出的，因此，我们把计算有理函数的不定积分问题归结为求有理真分式的不定积分问题即可.

由代数基本定理可知，多项式 $Q_m(x)$ 在实数范围内可以分解成若干个一次多项式或二次多项式乘积的形式，因此有理真分式$\frac{P_n(x)}{Q_m(x)}$可以分解成一些简单分式之和，$\frac{P_n(x)}{Q_m(x)}$的积分转化为简单分式的积分. 下面我们通过实例来说明.

例 30　求不定积分 $\int \frac{x+2}{x^3+x^2}\mathrm{d}x$.

解　由于 $x^3 + x^2 = x^2(x+1)$，我们令

$$\frac{x+2}{x^3+x^2} = \frac{x+2}{x^2(x+1)} = \frac{A}{x} + \frac{B}{x^2} + \frac{C}{x+1} = \frac{(Ax+B)(x+1) + Cx^2}{x^2(x+1)},$$

根据函数相等，有

$$x+2\equiv(Ax+B)(x+1)+Cx^2\equiv(A+C)x^2+(A+B)x+B,$$

比较恒等式两边系数，可得

$$\begin{cases}A+C=0,\\A+B=1,\\B=2,\end{cases}$$

由此解得 $A=-1$，$B=2$，$C=1$，从而有

$$\frac{x+2}{x^3+x^2}=-\frac{1}{x}+\frac{2}{x^2}+\frac{1}{x+1}.$$

于是

$$\begin{aligned}\int\frac{x+2}{x^3+x^2}dx&=-\int\frac{1}{x}dx+\int\frac{2}{x^2}dx+\int\frac{1}{x+1}dx\\&=-\ln|x|-\frac{2}{x}+\ln|x+1|+C\\&=\ln\left|\frac{x+1}{x}\right|-\frac{2}{x}+C.\end{aligned}$$

例 31 求不定积分 $\int\frac{12}{x(x-1)(x+3)}dx.$

解 令

$$\begin{aligned}\frac{12}{x(x-1)(x+3)}&=\frac{A}{x}+\frac{B}{x-1}+\frac{C}{x+3}\\&=\frac{A(x-1)(x+3)+Bx(x+3)+Cx(x-1)}{x(x-1)(x+3)},\end{aligned}$$

由此得

$$12\equiv A(x-1)(x+3)+Bx(x+3)+Cx(x-1),$$

对恒等式两边 x 取特殊值，令 $x=0$，得 $A=-4$；令 $x=1$，得 $B=3$；令 $x=-3$，得 $C=1$，故有

$$\frac{12}{x(x-1)(x+3)}=-\frac{4}{x}+\frac{3}{x-1}+\frac{1}{x+3}.$$

从而有

$$\begin{aligned}\int\frac{12}{x(x-1)(x+3)}dx&=-\int\frac{4}{x}dx+3\int\frac{1}{x-1}dx+\int\frac{1}{x+3}dx\\&=-4\ln|x|+3\ln|x-1|+\ln|x+3|+C\\&=\ln\frac{|(x-1)^3(x+3)|}{x^4}+C.\end{aligned}$$

注 在例 30 和例 31 中，我们用待定系数法确定常数时，分别用了对恒等式两边进行系数比较和对恒等式变量取特殊值的方法来确定的，这两种确定系数的

方法都是常用的，至于用那一种形式要结合具体有理分式的特点．

例 32 求不定积分 $\int \frac{2x+14}{x^2+6x+25}\mathrm{d}x$.

解 由于 $(x^2+6x+25)'=2x+6$，故被积函数可写成

$$\frac{2x+14}{x^2+6x+25}=\frac{(x^2+6x+25)'+8}{x^2+6x+25},$$

利用第一类换元法和基本公式(20)，我们有

$$\begin{aligned}\int \frac{2x+14}{x^2+6x+25}\mathrm{d}x &= \int \frac{(x^2+6x+25)'}{x^2+6x+25}\mathrm{d}x+\int \frac{8(x+3)'}{(x^2+6x+9)+16}\mathrm{d}x\\ &=\int \frac{1}{x^2+6x+25}\mathrm{d}(x^2+6x+25)+8\int \frac{1}{(x+3)^2+4^2}\mathrm{d}(x+3)\\ &=\ln|x^2+6x+25|+2\arctan\frac{x+3}{4}+C.\end{aligned}$$

例 33 求不定积分 $\int \frac{2x+14}{(x^2+6x+25)^2}\mathrm{d}x$.

解 类似于上例，有

$$\begin{aligned}\int \frac{2x+14}{(x^2+6x+25)^2}\mathrm{d}x &= \int \frac{(x^2+6x+25)'}{(x^2+6x+25)^2}\mathrm{d}x+\int \frac{8(x+3)'}{[(x+3)^2+16]^2}\mathrm{d}x\\ &=-\frac{1}{x^2+6x+25}+8\int \frac{1}{[(x+3)^2+4^2]^2}\mathrm{d}(x+3),\end{aligned}$$

由例 29 的结论，可得

$$\begin{aligned}&\int \frac{1}{[(x+3)^2+4^2]^2}\mathrm{d}(x+3)\\ &=\frac{1}{2\cdot 4^2(2-1)}\left[\frac{x+3}{[(x+3)^2+4^2]^{2-1}}+2(2-3)\int \frac{1}{(x+3)^2+4^2}\mathrm{d}(x+3)\right]\\ &=\frac{1}{32}\left[\frac{(x+3)}{[(x+3)^2+4^2]}-\frac{1}{2}\arctan\left(\frac{x+3}{4}\right)\right]+C_1,\end{aligned}$$

从而可得

$$\begin{aligned}&\int \frac{2x+14}{(x^2+6x+25)^2}\mathrm{d}x\\ &\qquad=-\frac{1}{x^2+6x+25}+\frac{1}{4}\left\{\frac{x+3}{[(x+3)^2+4^2]}-\frac{1}{2}\arctan\left(\frac{x+3}{4}\right)\right\}+C\\ &\qquad=\frac{1}{4}\ \frac{x-1}{x^2+6x+25}-\frac{1}{8}\arctan\left(\frac{x+3}{4}\right)+C.\end{aligned}$$

6.2.4.2 三角有理函数的不积分

三角有理函数是指由三角函数和常数通过有限次四则运算所得到的函数．由于所有三角函数都可以用 $\sin x$ 和 $\cos x$ 的有理式表示，因此三角有理函数就是

$\sin x$ 和 $\cos x$ 的有理函数，记为 $R(\sin x,\ \cos x)$，其中 $R(u,\ v)$ 是变量 u 和 v 的有理式. 例如

$$\frac{1}{2+\sin x},\ \int\frac{\tan^2 x+1}{\tan x+1}\mathrm{d}x,\ \int\frac{\cos x}{\sin^2 x+1}\mathrm{d}x.$$

在计算 $\int R(\sin x,\cos x)\,\mathrm{d}x$ 时，我们可以利用万能公式，对积分作变量代换，把被积函数变成有理函数，然后求其积分. 事实上，若令 $t=\tan\frac{x}{2}$，则有

$$\sin x=\frac{2\tan\frac{x}{2}}{1+\tan^2\frac{x}{2}}=\frac{2t}{1+t^2},\ \cos x=\frac{1-\tan^2\frac{x}{2}}{1+\tan^2\frac{x}{2}}=\frac{1-t^2}{1+t^2},$$

又因为 $x=2\arctan t$，从而得到 $\mathrm{d}x=\frac{2}{1+t^2}\mathrm{d}t$，于是

$$\int R(\sin x,\cos x)\,\mathrm{d}x=\int R\left(\frac{2t}{1+t^2},\frac{1-t^2}{1+t^2}\right)\frac{2}{1+t^2}\mathrm{d}t.$$

例 34 求不定积分 $\int\frac{1}{2+\sin x}\mathrm{d}x$.

解 由万能代换 $t=\tan\frac{x}{2}$，我们有

$$\begin{aligned}\int\frac{1}{2+\sin x}\mathrm{d}x&=\int\frac{1}{2+\frac{2t}{1+t^2}}\ \frac{2}{1+t^2}\mathrm{d}t\\&=\int\frac{1}{t^2+t+1}\mathrm{d}t\\&=\int\frac{1}{\left(t+\frac{1}{2}\right)^2+\left(\frac{\sqrt{3}}{2}\right)^2}\mathrm{d}\left(t+\frac{1}{2}\right)\\&=\frac{1}{\frac{\sqrt{3}}{2}}\arctan\frac{t+\frac{1}{2}}{\frac{\sqrt{3}}{2}}+C\\&=\frac{2\sqrt{3}}{3}\arctan\frac{\sqrt{3}(2t+1)}{3}+C\\&=\frac{2\sqrt{3}}{3}\arctan\frac{\sqrt{3}\left(2\tan\frac{x}{2}+1\right)}{3}+C.\end{aligned}$$

注 万能代换虽然“万能”，但不一定是最经济的方法.

例 35 求不定积分 $\int \frac{\tan^2 x + 1}{\tan x + 1}dx$.

解 令 $t = \tan x$，则 $x = \arctan t$，$dx = \frac{1}{1+t^2}dt$，从而得

$$\int \frac{\tan^2 x + 1}{\tan x + 1}dx = \int \frac{t^2 + 1}{t + 1} \cdot \frac{1}{t^2 + 1}dx = \int \frac{1}{t+1}d(t+1)$$
$$= \ln|t+1| + C = \ln|\tan x + 1| + C.$$

例 36 求不定积分 $\int \frac{\cos x}{\sin^2 x + 1}dx$.

解 $\int \frac{\cos x}{\sin^2 x + 1}dx = \int \frac{1}{\sin^2 x + 1}d(\sin x) = \arctan(\sin x) + C.$

习题 6.2

1. 求下列不定积分.

(1) $\int \frac{1}{6x+3}dx$；

(2) $\int \frac{1}{1-3x}dx$；

(3) $\int e^{6x+7}dx$；

(4) $\int \frac{1}{x^2-4x+4}dx$；

(5) $\int \frac{x-1}{x^2-2x-3}dx$；

(6) $\int \frac{x+3}{x^2-5x+6}dx$；

(7) $\int e^{x-1}dx$；

(8) $\int \frac{e^x}{1+e^x}dx$；

(9) $\int x(1-x)^6dx$；

(10) $\int \sec^4 x dx$；

(11) $\int \frac{\arctan x}{1+x^2}dx$；

(12) $\int \frac{\arctan\sqrt{x}}{\sqrt{x}} \cdot \frac{1}{1+x}dx$；

(13) $\int \frac{x}{\sqrt{1+x^2}}e^{\sqrt{1+x^2}}dx$；

(14) $\int \frac{1}{\sqrt{x+1}+\sqrt{x-1}}dx$；

(15) $\int \sin^2 x dx$；

(16) $\int \cos^3 x dx$；

(17) $\int \frac{\cos x}{1-\sin x}dx$；

(18) $\int \frac{\sin 2x}{1+\sin^2 x}dx$；

(19) $\int \sin^6 x \cos^3 x dx$；

(20) $\int \sin^3 x \cos^4 x dx$.

2. 求下列不定积分.

(1) $\int \frac{1}{x\sqrt{x^2-1}}dx$；

(2) $\int \frac{1}{x\sqrt{x^2+1}}dx$；

(3) $\int \frac{e^{\sqrt{x+1}}}{\sqrt{x+1}}dx$;　　(4) $\int \frac{1}{\sqrt{2-3x}}dx$;

(5) $\int \frac{1}{\sqrt{x}+\sqrt[3]{x}}dx$;　　(6) $\int x^2\sqrt[3]{1-x}dx$;

3. 求下列不定积分.

(1) $\int x\sin ax dx$;　　(2) $\int x^2 e^{-x}dx$;

(3) $\int \arctan x dx$;　　(4) $\int \frac{x}{\sin^2 x}dx$;

(5) $\int \sec^3 x dx$;　　(6) $\int x^2 \ln x dx$;

(7) $\int x\tan^2 x dx$;　　(8) $\int x\sin^2 x dx$;

(9) $\int \frac{\ln^2 x}{x^2}dx$;　　(10) $\int xe^x \sin x dx$;

(11) $\int \frac{x\arcsin x}{\sqrt{1-x^2}}dx$;　　(12) $\int \ln(\cos x)\tan x dx$.

4. 求下列不定积分.

(1) $\int \frac{1}{x(x+1)^2}dx$;　　(2) $\int \frac{2x+3}{(x^2+x+3)^2}dx$;

(3) $\int \frac{1}{x(x^2+1)}dx$;　　(4) $\int \frac{3}{x^3+1}dx$;

(5) $\int \frac{1}{(x^2+1)(x^2+x+1)}dx$;　　(6) $\int \frac{x^4-x+2}{x-1}dx$.

5. 求下列不定积分.

(1) $\int \frac{1}{3+2\sin x}dx$;　　(2) $\int \frac{1}{\sin x+\cos x}dx$;

(3) $\int \frac{\cos x}{\sin x(1+\cos x)}dx$;　　(4) $\int \frac{\tan^4 x+\tan x}{1+\tan x}dx$;

(5) $\int \frac{\tan x+1}{\sin 2x}dx$;　　(6) $\int \frac{\cos x}{\sin^2 x+\sin x-2}dx$.

第 7 章　定积分及其应用

与微分一样，定积分也是微积分学的核心概念，它的“化曲为直，以直代曲”思想就是在局部范围内将非线性函数用线性函数近似表示，是微分学的核心思想——“局部线性化”的进一步发展．虽然形式上定积分与微分有很大的区别，但本章介绍的牛顿—莱布尼茨公式揭示了微分和积分之间内在的本质联系，其深刻涵义已经不再局限于微积分学本身．

7.1　定积分的概念与性质

7.1.1　引例

例 1(曲边梯形的面积)　设函数 $y=f(x)$ 是闭区间 $[a, b]$ 上的非负连续函数．由曲线 $y=f(x)$ 和直线 $x=a$，$x=b$，$y=0$ 所围成的平面区域称为**曲边梯形**，如图 7.1 所示．我们把曲线 $y=f(x)$ $(a\leqslant x\leqslant b)$ 称为曲边梯形的曲边，把 x 轴上的区间 $[a, b]$ 称为曲边梯形的底边．

下面求曲边梯形的面积 S.

我们知道，如果 $f(x)$ 在 $[a, b]$ 上是常数，则曲边梯形就是一个矩形，它的面积可以按公式：

$$\text{矩形的面积} = \text{高} \times \text{底}$$

来计算．但问题是曲边梯形在底边各点处的高 $f(x)$ 在区间 $[a, b]$ 上是变动的，故它的面积不能直接用矩形面积公式来计算．然而，由于曲边梯形的高 $f(x)$ 在区间 $[a, b]$ 上是连续变化的，在很小一段区间上的变化很小，近似于不变．换句话说，从整体来说，高是变化的，但从局部来看，高是近似不变．因此，如果把区间 $[a, b]$ 分为许多小区间，在每个小区间上，用其中某一点处的高来近似替代这个区间上的窄曲边梯形的变高，那么，按上述公式算出的这些窄曲边梯形面积就分别是相应窄曲边梯形面积的近似值，如图 7.2 所示．从而，所有窄曲边梯形面积之和就是曲边梯形面积的近似值．

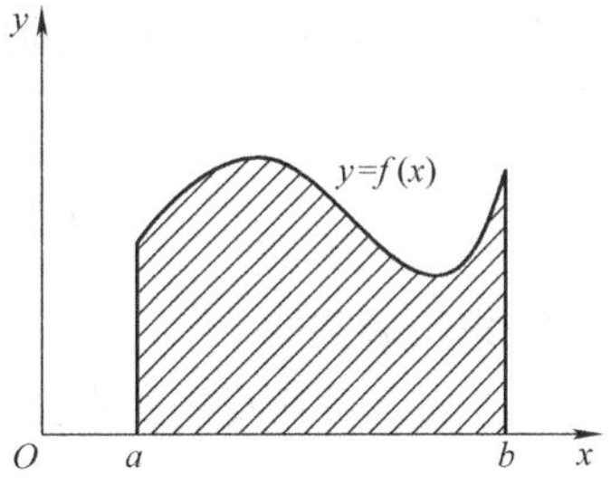

图 7.1

显然，把区间 $[a, b]$ 分得越细，每个小区间的长度就越小，以所有窄曲边梯形面积之和作为曲边梯形面积的近似值时，近似程度就越好，把区间 $[a, b]$

无限细分，使每个小区间缩向一点，即其长度无限趋于零，这时，我们就把所有窄曲边梯形面积之和的极限值理解为曲边梯形的面积.

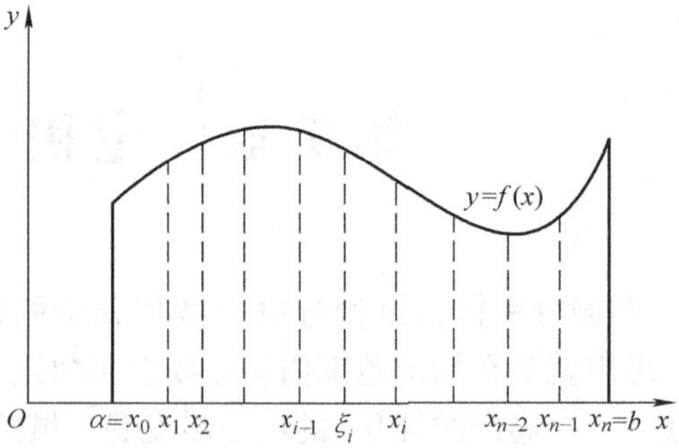

图 7.2

我们把上面解决问题的思想整理成数学语言，其基本步骤为：

1. 分割

在区间$[a, b]$内任意插入$n-1$个分点$a=x_0<x_1<x_2<\cdots<x_{n-1}<x_n=b$，把区间$[a, b]$分割为$n$个小区间

$$[x_0,x_1],[x_1,x_2],\cdots,[x_{i-1},x_i],\cdots,[x_{n-1},x_n],$$

每个小区间的长度记为$\Delta x_i=x_{i-1}-x_i(i=1, 2, \cdots, n)$. 过每个分点作垂直于$x$轴的直线，把曲边梯形分成$n$个小曲边梯形.

2. 近似代替

在每个小区间上任取一点$\xi_i\in[x_{i-1}, x_i]$，我们用以$[x_{i-1}, x_i]$为底$f(\xi_i)$为高的矩形面积$f(\xi_i)\Delta x_i$，近似代替第i个小曲边梯形的面积ΔS_i，即

$$\Delta S_i\approx f(\xi_i)\Delta x_i \quad (i=1,2,\cdots,n).$$

3. 求和

把n个小曲边梯形面积的近似值加起来，得到我们所求曲边梯形面积的近似值

$$S=\sum_{i=1}^{n}\Delta S_i\approx\sum_{i=1}^{n}f(\xi_i)\Delta x_i.$$

4. 求精确值

取极限，得到我们所求曲边梯形的面积

$$S=\lim_{\lambda\to 0}\sum_{i=1}^{n}f(\xi_i)\Delta x_i,$$

其中$\lambda=\max\{\Delta x_1, \Delta x_2, \cdots, \Delta x_n\}$.

这一过程有人通俗地称为“化整为零，化曲为直，以直代曲，积零为整”. 下面我们再来看一个物理问题.

例 2(变速直线运动的路程) 设一物体作变速直线运动，已知速度$v=v(t)$是t的连续函数，且$v(t)\geqslant 0$，计算在时间间隔$[T_1, T_2]$内物体所经过的路程S.

如果该物体以速度v匀速运动，则由中学知识可知，所求的路程

$$S=v(T_2-T_1).$$

但现在的问题不是匀速运动，根据经验我们知道，在一个非常小的时间间隔$[t',$

$t'']$内，变速运动物体的速度改变量不大，我们近似地看成匀速运动，将这个时间段中某一时刻的速度$v(\tilde{t})$($\tilde{t}\in[t', t'']$)看成整个时间段上的速度，这时，该时间段内物体所经过的路程$\tilde{S}$近似等于$v(\tilde{t})(t''-t')$，当然时间间隔$[t', t'']$越短，其近似程度越好.

因此，我们求路程S的方法具体步骤如下：

(1) 用分点$T_1=t_0<t_1<t_2<\cdots<t_n=T_2$把时间间隔$[T_1, T_2]$分成$n$个小时间段

$$[t_0,t_1],[t_1,t_2],\cdots,[t_{n-1},t_n],$$

记$\Delta t_i=t_i-t_{i-1}$，$i=1, 2, \cdots, n$.

(2) 任取$\tau_i\in[t_{i-1}, t_i]$，则在时间段$[t_{i-1}, t_i]$内物体所经过的路程的近似值为

$$\Delta S_i = v(\tau_i)\Delta t_i, i = 1,2,\cdots,n.$$

(3) 所求路程S的近似值为$S\approx\sum\limits_{i=1}^{n}v(\tau_i)\Delta t_i$.

(4) 所求路程的精确值为$S=\lim\limits_{\lambda\to 0}\sum\limits_{i=1}^{n}v(\tau_i)\Delta t_i$，其中$\lambda=\max\{\Delta t_1,\Delta t_2,\cdots,\Delta t_n\}$.

7.1.2 定积分的概念

从上面的两个例子可以看出，虽然它们的问题背景不同，问题的来源也不同，但对它们的解决问题方法却有着共同的特点. 事实上，在自然科学和工程技术领域，还有很多类似的问题. 因此，我们有必要引入如下概念.

定义 7.1 设$f(x)$在区间$[a, b]$上有定义且有界，在$[a, b]$内任意插入$n-1$个分点

$$a = x_0 < x_1 < \cdots < x_{n-1} < x_n = b,$$

把$[a, b]$任意地分成n个小区间$[x_{i-1}, x_i]$($i=1, 2, \cdots, n$)，记$\Delta x_i=x_i-x_{i-1}$. 在每个小区间上任意取一点$\xi_i\in[x_{i-1}, x_i]$($i=1, 2, \cdots, n$)，作乘积$f(\xi_i)\Delta x_i$($i=1, 2, \cdots, n$)并求和

$$\sum_{i=1}^{n}f(\xi_i)\Delta x_i,$$

记$\lambda=\max\{\Delta x_1, \Delta x_2, \cdots, \Delta x_n\}$，若极限

$$\lim_{\lambda\to 0}\sum_{i=1}^{n}f(\xi_i)\Delta x_i$$

存在且与区间$[a, b]$的分法及点ξ_i的取法无关，则称此极限为$f(x)$在$[a, b]$上

的**定积分**，记为$\int_a^b f(x)\mathrm{d}x$，即

$$\int_a^b f(x)\mathrm{d}x = \lim_{\lambda\to 0}\sum_{i=1}^{n} f(\xi_i)\Delta x_i,$$

其中符号$\int$称为**积分号**，$f(x)$称为**被积函数**，$f(x)\mathrm{d}x$称为**被积表达式**，x称为**积分变量**，a称为**积分下限**，b称为**积分上限**，$[a, b]$称为**积分区间**.

和式$\sum_{i=1}^{n} f(\xi_i)\Delta x_i$称为**积分和**，当积分和的极限存在时，也称$f(x)$在$[a, b]$上**可积**.

由定义 7.1 可知，定积分是一个极限值，因此它是个确定的数值．这个数值只与被积函数$f(x)$和积分区间$[a, b]$有关，而与积分变量x的记法无关，即有

$$\int_a^b f(x)\mathrm{d}x = \int_a^b f(t)\mathrm{d}t = \int_a^b f(u)\mathrm{d}u.$$

下面不加证明地给出函数$y=f(x)$在区间$[a, b]$上可积的两个充分条件：

(1) 如果函数$f(x)$在闭区间$[a, b]$上连续，则函数$f(x)$在闭区间$[a, b]$上可积.

(2) 如果函数$f(x)$在闭区间$[a, b]$上有界，而且只有有限个间断点，则函数$f(x)$在闭区间$[a, b]$上可积.

下面讨论定积分的几何意义.

在闭区间$[a, b]$上，如果$f(x)\geqslant 0$，则定积分$\int_a^b f(x)\mathrm{d}x$表示由曲线$y=f(x)$和直线$x=a$，$x=b$，$y=0$所围成的曲边梯形(见图 7.1)的面积S，即$\int_a^b f(x)\mathrm{d}x = S$；

如果$f(x)\leqslant 0$，如图 7.3 所示，则定积分$\int_a^b f(x)\mathrm{d}x$表示由曲线$y=f(x)$和直线$x=a$，$x=b$，$y=0$所围成的曲边梯形的面积S的负值，即

$$\int_a^b f(x)\mathrm{d}x = -S;$$

如果$f(x)$在闭区间$[a, b]$上有时为正，有时为负时，即曲线$y=f(x)$有时在x轴上方，有时在x轴下方，如图 7.4 所示，则这时$\int_a^b f(x)\mathrm{d}x$表示由曲线$y=f(x)$和直线$x=a$，$x=b$，$y=0$所围成的平面图形的面积的代数和，即对x轴上方的图形的面积赋予正号，对x轴下方的图形的面积赋予负号，然后求其代数和.

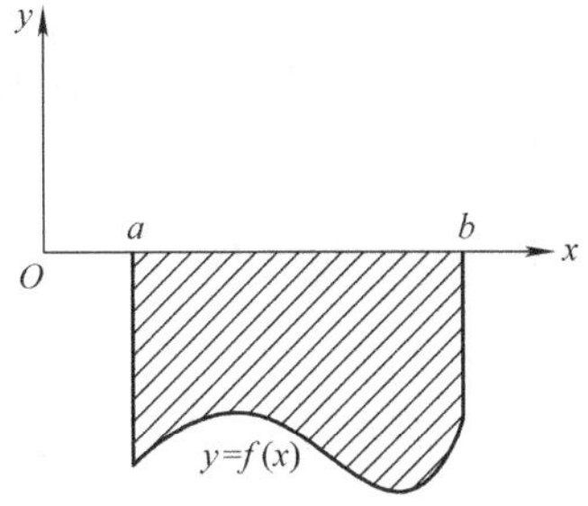

图 7.3

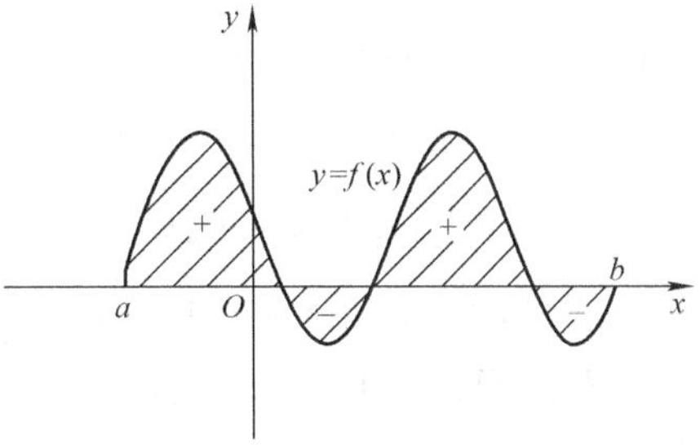

图 7.4

例 3 求定积分 $\int_0^1 x\mathrm{d}x$ 的值.

解 由于 $f(x)=x$ 在区间 $[0,1]$ 上连续，而连续函数是可积的，故 $f(x)=x$ 在区间 $[0,1]$ 上可积. 注意到积分值与区间的分法及点 ξ_i 的取法无关，因此，我们不妨把区间 $[0,1]$ 均匀分成 n 等分，分点为 $x_i=\dfrac{i}{n}$，取 $\xi_i=\dfrac{i}{n}(i=1,2,\cdots,n)$. 这时，每个小区间的长度 $\Delta x_i=\dfrac{1}{n}$，于是得和式

$$\sum_{i=1}^{n} f(\xi_i)\Delta x_i = \sum_{i=1}^{n} \xi_i \Delta x_i = \sum_{i=1}^{n} \frac{i}{n}\cdot\frac{1}{n} = \frac{1}{n^2}\sum_{i=1}^{n} i$$
$$= \frac{1}{n^2}\cdot\frac{1}{2}n(n+1) = \frac{1}{2}\left(1+\frac{1}{n}\right),$$

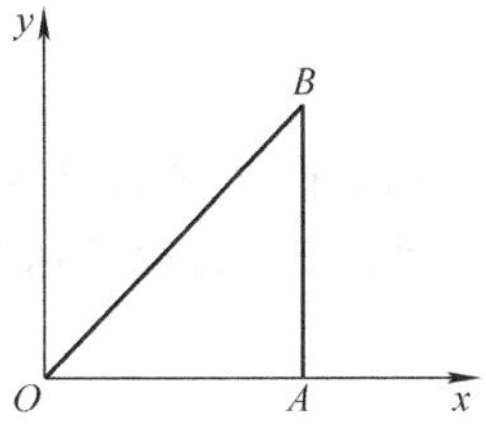

图 7.5

再取极限，得

$$\int_0^1 x\mathrm{d}x = \lim_{\lambda\to 0}\sum_{i=1}^{n} f(\xi_i)\Delta x_i = \lim_{n\to\infty}\frac{1}{2}\left(1+\frac{1}{n}\right) = \frac{1}{2}.$$

注 事实上，由定积分的几何意义可知，$\int_0^1 x\mathrm{d}x$ 的值等于由曲线 $y=x$ 和直线 $x=0$，$x=1$，$y=0$ 所围成的平面图形的面积，如图 7.5 所示，因此，

$$\int_0^1 x\mathrm{d}x = S_{\triangle OAB} = \frac{1}{2}|OA||OB| = \frac{1}{2}.$$

7.1.3 定积分的性质

在定积分的定义中，我们假设了积分下限 a 小于积分上限 b，如果 $a>b$，则规定

$$\int_a^b f(x)\mathrm{d}x = -\int_b^a f(x)\mathrm{d}x,$$

特别地，当 $a=b$ 时，有 $\int_a^b f(x)\mathrm{d}x = 0$.

下面我们讨论定积分的性质.

性质1(线性性质) 如果函数$f(x)$和$g(x)$在$[a, b]$上可积，α和β为常数，则函数$\alpha f(x)+\beta g(x)$在$[a, b]$上也可积，而且有

$$\int_a^b[\alpha f(x)+\beta g(x)]\mathrm{d}x=\alpha\int_a^b f(x)\mathrm{d}x+\beta\int_a^b g(x)\mathrm{d}x.$$

性质1可以推广到有限多个函数的情形.

性质2(可加性) 设函数$f(x)$在$[\alpha, \beta]$上可积，而常数a，b，$c\in[\alpha, \beta]$，则有

$$\int_a^b f(x)\mathrm{d}x=\int_a^c f(x)\mathrm{d}x+\int_c^b f(x)\mathrm{d}x.$$

性质3 如果在闭区间$[a, b]$上函数$f(x)\equiv 1$，则

$$\int_a^b f(x)\mathrm{d}x=\int_a^b \mathrm{d}x=b-a.$$

性质4 如果函数$f(x)$和$g(x)$在$[a, b]$上可积，并且$f(x)\geqslant g(x)$ $(a\leqslant x\leqslant b)$，则有

$$\int_a^b f(x)\mathrm{d}x\geqslant\int_a^b g(x)\mathrm{d}x.$$

以上性质的证明从略.

性质5 设可积函数$f(x)$在$[a, b]$上的最大值为M，最小值为m，则有

$$m(b-a)\leqslant\int_a^b f(x)\mathrm{d}x\leqslant M(b-a).$$

证 因为$m\leqslant f(x)\leqslant M$，$x\in[a, b]$，由性质4可知，

$$\int_a^b m\mathrm{d}x\leqslant\int_a^b f(x)\mathrm{d}x\leqslant\int_a^b M\mathrm{d}x,$$

再由性质1和性质3可得，

$$m(b-a)\leqslant\int_a^b f(x)\mathrm{d}x\leqslant M(b-a).$$

性质6(积分中值定理) 设函数$f(x)$在$[a, b]$上连续，则在区间$[a, b]$上至少存在一点使

$$\int_a^b f(x)\mathrm{d}x=f(\xi)(b-a)\quad(a\leqslant\xi\leqslant b).$$

证 因为函数$f(x)$在$[a, b]$上连续，因此函数$f(x)$在$[a, b]$内能够取得最大值M和最小值m，由性质6可知，$m(b-a)\leqslant\int_a^b f(x)\mathrm{d}x\leqslant M(b-a)$成立，不等式两边同时除以$b-a$，得

$$m\leqslant\frac{1}{b-a}\int_a^b f(x)\mathrm{d}x\leqslant M,$$

再由闭区间上连续函数的介值定理可知，闭区间$[a, b]$上至少存在一点ξ，使

$$\frac{1}{b-a}\int_a^b f(x)\,\mathrm{d}x = f(\xi) \quad (a \leqslant \xi \leqslant b)$$

成立，从而

$$\int_a^b f(x)\,\mathrm{d}x = f(\xi)(b-a) \quad (a \leqslant \xi \leqslant b).$$

例 4 比较积分 $\int_0^1 x\,\mathrm{d}x$ 和 $\int_0^1 x^2\,\mathrm{d}x$ 大小.

解 因为在积分区间[0, 1]上有 $x > x^2$，由性质 4 可知 $\int_0^1 x\,\mathrm{d}x > \int_0^1 x^2\,\mathrm{d}x$.

例 5 估计积分 $\int_0^{\frac{\pi}{2}} \mathrm{e}^{\sin x}\,\mathrm{d}x$ 的值.

解 因为被积函数 $f(x) = \mathrm{e}^{\sin x}$ 的导数 $f'(x) = \cos x \cdot \mathrm{e}^{\sin x}$ 在区间 $\left(0, \frac{\pi}{2}\right)$ 内大于零，因此函数 $f(x) = \mathrm{e}^{\sin x}$ 在积分区间 $\left[0, \frac{\pi}{2}\right]$ 上是单调增加的. 因此，在积分区间 $\left[0, \frac{\pi}{2}\right]$ 上被积函数的最大值为 e，最小值为 1. 根据性质 5，得

$$\frac{\pi}{2} \leqslant \int_0^{\frac{\pi}{2}} \mathrm{e}^{\sin x}\,\mathrm{d}x \leqslant \mathrm{e} \cdot \frac{\pi}{2}.$$

例 6 设函数 $f(x)$ 在闭区间 $[a, b]$ 上连续，若 $\int_a^b f(x)\,\mathrm{d}x = 0$，试证在闭区间 $[a, b]$ 中至少存在一点 c，使 $f(c) = 0$.

证 由于函数 $f(x)$ 在闭区间 $[a, b]$ 上连续，故由性质 6 可知，在区间 $[a, b]$ 上至少存在一点 c，使得等式

$$\int_a^b f(x)\,\mathrm{d}x = f(c)(b-a) \quad (a \leqslant c \leqslant b)$$

成立. 于是，由 $\int_a^b f(x)\,\mathrm{d}x = 0$ 及 $b - a \neq 0$ 可知，$f(c) = 0$.

习题 7.1

1. 利用定积分的定义计算下列积分.

(1) $\int_0^2 (ax + b)\,\mathrm{d}x$； (2) $\int_0^1 x^2\,\mathrm{d}x$.

2. 利用定积分的几何意义求下列定积分.

(1) $\int_1^3 |x - 2|\,\mathrm{d}x$； (2) $\int_a^b \sqrt{(x-a)(b-x)}\,\mathrm{d}x$.

3. 比较下列积分的大小.

(1) $\int_1^2 x\,\mathrm{d}x$ 和 $\int_1^2 x^2\,\mathrm{d}x$； (2) $\int_0^{\frac{\pi}{2}} x^2\,\mathrm{d}x$ 和 $\int_0^{\frac{\pi}{2}} \sin^2 x\,\mathrm{d}x$.

4. 估计下列积分的值.

(1) $\int_{1}^{2}(x^3+x^2)\mathrm{d}x$; (2) $\int_{\frac{\pi}{4}}^{\frac{5\pi}{4}}(1+\sin^2 x)\mathrm{d}x$.

5. 证明下列不等式.

(1) $\frac{\pi}{21}<\int_{\frac{\pi}{4}}^{\frac{\pi}{3}}\frac{1}{1+\sin^2 x}\mathrm{d}x<\frac{\pi}{18}$; (2) $0<\int_{0}^{1}\frac{x^7}{\sqrt[3]{1+x^6}}\mathrm{d}x<\frac{1}{8}$.

7.2 定积分的计算

利用定义来计算定积分是非常复杂的，在解决实际问题中并不可取. 本节讨论的牛顿—莱布尼茨公式揭示了定积分与原函数的关系，并圆满地解决了定积分的计算问题.

7.2.1 积分上限的函数及其导数

若$f(x)$在闭区间$[a, b]$上连续，则对任意的$x\in[a, b]$，在$[a, x]$上的积分

$$\Phi(x)=\int_{a}^{x}f(t)\mathrm{d}t \quad (a\leqslant x\leqslant b)$$

存在，我们称之为**积分上限的函数**.

定理 7.1 若$f(x)$在闭区间$[a, b]$上连续，则积分上限的函数

$$\Phi(x)=\int_{a}^{x}f(t)\mathrm{d}t$$

在$[a, b]$上可导，并且

$$\Phi'(x)=\frac{\mathrm{d}}{\mathrm{d}x}\int_{a}^{x}f(t)\mathrm{d}t=f(x) \quad (a\leqslant x\leqslant b). \tag{7.1}$$

证 根据导数的定义，当自变量x有增量Δx(这里$x+\Delta x\in[a, b]$)时，函数值的增量为

$$\Delta\Phi=\Phi(x+\Delta x)-\Phi(x)=\int_{a}^{x+\Delta x}f(t)\mathrm{d}t-\int_{a}^{x}f(t)\mathrm{d}t=\int_{x}^{x+\Delta x}f(t)\mathrm{d}t,$$

由积分中值定理可知

$$\Delta\Phi=\int_{x}^{x+\Delta x}f(t)\mathrm{d}t=f(\xi)\Delta x \quad (\xi\text{ 在 }x\text{ 与 }x+\Delta x\text{ 之间}),$$

因为ξ在x与$x+\Delta x$之间，因此当$\Delta x\to 0$时$\xi\to x$，故可得

$$\Phi'(x)=\lim_{\Delta x\to 0}\frac{\Delta\Phi}{\Delta x}=\lim_{\Delta x\to 0}\frac{f(\xi)\Delta x}{\Delta x}=\lim_{\xi\to x}f(\xi)=f(x),$$

从而有

$$\Phi'(x)=\frac{\mathrm{d}}{\mathrm{d}x}\int_a^x f(t)\,\mathrm{d}t=f(x)\quad(a\leqslant x\leqslant b).$$

定理 7.2　如果函数 $f(x)$ 在闭区间 $[a,\ b]$ 上连续，则 $\Phi(x)=\int_a^x f(t)\,\mathrm{d}t$ 是函数 $f(x)$ 的一个原函数 .

定理 7.2 不仅建立了导数与积分之间的联系，而且证明了任何连续函数都必有原函数这一事实，即证明了原函数存在定理 6.1.

例 1　求函数 $y=\int_0^x (t-1)(t-2)\,\mathrm{d}t$ 的导数 .

解　由公式(7.1)，得

$$\frac{\mathrm{d}y}{\mathrm{d}x}=\frac{\mathrm{d}}{\mathrm{d}x}\int_0^x (t-1)(t-2)\,\mathrm{d}t=(x-1)(x-2).$$

例 2　设 $f(x)$ 在 $(-\infty,\ +\infty)$ 上连续，求 $\frac{\mathrm{d}}{\mathrm{d}t}\int_0^{2x} tf(t)\,\mathrm{d}t$.

解　由公式(7.1)，并根据复合函数求导法，得

$$\frac{\mathrm{d}}{\mathrm{d}x}\int_0^{2x} tf(t)\,\mathrm{d}t=2xf(2x)\cdot\frac{\mathrm{d}(2x)}{\mathrm{d}x}=4xf(2x).$$

例 3　设 $f(x)$ 在 $(-\infty,\ +\infty)$ 上连续，求函数 $y=\int_{\cos^2 x}^{2x^3} f(t)\mathrm{e}^{2x}\,\mathrm{d}t$ 的导数 .

解　因为

$$\begin{aligned}y&=\int_{\cos^2 x}^{2x^3} f(t)\mathrm{e}^{2x}\,\mathrm{d}t\\&=\mathrm{e}^{2x}\int_{\cos^2 x}^{0} f(t)\,\mathrm{d}t+\mathrm{e}^{2x}\int_0^{2x^3} f(t)\,\mathrm{d}t\\&=\mathrm{e}^{2x}\left[\int_0^{2x^3} f(t)\,\mathrm{d}t-\int_0^{\cos^2 x} f(t)\,\mathrm{d}t\right],\end{aligned}$$

故有

$$\begin{aligned}\frac{\mathrm{d}y}{\mathrm{d}x}&=\frac{\mathrm{d}}{\mathrm{d}x}\int_{\cos^2 x}^{2x^3} f(t)\mathrm{e}^{2x}\,\mathrm{d}t\\&=\frac{\mathrm{d}}{\mathrm{d}x}\left[\mathrm{e}^{2x}\left(\int_0^{2x^3} f(t)\,\mathrm{d}t-\int_0^{\cos^2 x} f(t)\,\mathrm{d}t\right)\right]\\&=\mathrm{e}^{2x}[f(2x^3)\cdot 6x^2-f(\cos^2 x)\cdot 2\cos x(-\sin x)]\\&\quad+2\mathrm{e}^{2x}\left[\int_0^{2x^3} f(t)\,\mathrm{d}t-\int_0^{\cos^2 x} f(t)\,\mathrm{d}t\right]\\&=\mathrm{e}^{2x}[6x^2 f(2x^3)+\sin 2xf(\cos^2 x)]+2y.\end{aligned}$$

例 4 求极限 $\lim\limits_{x\to0}\dfrac{\int_0^x(\mathrm{e}^t-t-1)^2\mathrm{d}t}{x\sin^4x}$.

解 此极限为$\dfrac{0}{0}$型的未定式，用无穷小的等价代换和洛必达法则得

$$
\begin{aligned}
\lim_{x\to0}\frac{\int_0^x(\mathrm{e}^t-t-1)^2\mathrm{d}t}{x\sin^4x}&=\lim_{x\to0}\frac{\int_0^x(\mathrm{e}^t-t-1)^2\mathrm{d}t}{x^5}\\
&=\lim_{x\to0}\frac{(\mathrm{e}^x-x-1)^2}{5x^4}\\
&=\lim_{x\to0}\frac{2(\mathrm{e}^x-1)(\mathrm{e}^x-x-1)}{20x^3}\\
&=\lim_{x\to0}\frac{x(\mathrm{e}^x-x-1)}{20x^3}=\lim_{x\to0}\frac{\mathrm{e}^x-x-1}{20x^2}\\
&=\lim_{x\to0}\frac{\mathrm{e}^x-1}{20x}=\lim_{x\to0}\frac{x}{20x}=\frac{1}{20}.
\end{aligned}
$$

7.2.2 牛顿—莱布尼茨公式

对于上节例 2 中的变速直线运动物体来说，已知其速度 $v=v(t)$ 是时间 t 的函数，利用定积分，我们可以得出，该物体在时间间隔 $[T_1,T_2]$ 内所经过的路程为

$$S=\int_{T_1}^{T_2}v(t)\,\mathrm{d}t.$$

现在我们从另一个角度考虑这个问题，如果已知该物体在直线上的位置函数 $S(t)$，则该物体在时间间隔 $[T_1,T_2]$ 内所经过的路程为

$$S=S(T_2)-S(T_1),$$

即时间段 $[T_1,T_2]$ 内所走的路程应该等于 T_2 时刻的位置函数值减去 T_1 时刻的位置函数值．因此

$$S(T_2)-S(T_1)=\int_{T_1}^{T_2}v(t)\,\mathrm{d}t.$$

那么对于一般的连续函数，有没有类似的结果？下面的定理给予了肯定回答．

定理 7.3 如果函数 $F(x)$ 是连续函数 $f(x)$ 在闭区间 $[a,b]$ 上的一个原函数，则有

$$\int_a^b f(x)\,\mathrm{d}x=[F(x)]_a^b=F(b)-F(a). \tag{7.2}$$

证　由于 $F(x)$ 和 $\Phi(x)=\int_a^x f(t)\mathrm{d}t$ 都是函数 $f(x)$ 的原函数，故有

$$F(x)=\Phi(x)+C\quad(a\leqslant x\leqslant b)$$

其中 C 是一个常数. 由于 $\Phi(a)=\int_a^a f(t)\mathrm{d}t=0$, 故 $F(a)=\Phi(a)+C=C$, 从而得

$$F(x)=\int_a^x f(t)\mathrm{d}t+F(a),$$

令 $x=b$ 并移项，得

$$\int_a^b f(t)\mathrm{d}t=F(b)-F(a).$$

公式(7.2)称为**牛顿—莱布尼茨公式，**也称**微积分基本定理**.

牛顿—莱布尼茨公式为不定积分和定积分之间建立了桥梁，从而揭示了微分和积分之间的内在本质联系，同时为计算定积分提供了有力工具.

例 5　求 $\int_0^1 x\mathrm{d}x$.

解　$\int_0^1 x\mathrm{d}x=\left[\frac{1}{2}x^2\right]_0^1=\frac{1}{2}-0=\frac{1}{2}$.

例 6　求 $\int_1^{\sqrt{3}}\frac{\mathrm{d}x}{x^2(1+x^2)}$.

解

$$\begin{aligned}\int_1^{\sqrt{3}}\frac{\mathrm{d}x}{x^2(1+x^2)}&=\int_1^{\sqrt{3}}\left(\frac{1}{x^2}-\frac{1}{1+x^2}\right)\mathrm{d}x=\left[-\frac{1}{x}-\arctan x\right]_1^{\sqrt{3}}\\&=\left(-\frac{1}{\sqrt{3}}-\arctan\sqrt{3}\right)-\left(-\frac{1}{1}-\arctan 1\right)\\&=1-\frac{\sqrt{3}}{3}-\frac{\pi}{12}.\end{aligned}$$

例 7　设函数 $f(x)=|x-3|$，求 $\int_{-2}^5 f(x)\mathrm{d}x$.

解　因为被积函数 $f(x)=|x-3|=\begin{cases}x-3, & x\geqslant 3,\\ 3-x, & x<3,\end{cases}$ 故有

$$\begin{aligned}\int_{-2}^5 f(x)\mathrm{d}x&=\int_{-2}^3 f(x)\mathrm{d}x+\int_3^5 f(x)\mathrm{d}x\\&=\int_{-2}^3(3-x)\mathrm{d}x+\int_3^5(x-3)\mathrm{d}x\\&=\left[3x-\frac{1}{2}x^2\right]_{-2}^3+\left[\frac{1}{2}x^2-3x\right]_3^5\\&=\frac{25}{2}+2=\frac{29}{2}.\end{aligned}$$

例 8 写出函数$f(x)=\int_0^1|t(t-x)|\mathrm{d}t$表达式.

解 积分变量的取值范围为$0\leqslant t\leqslant 1$，下面讨论x的取值情况.

(1) 当$x>1$时，有$|t(t-x)|=t(x-t)$，故

$$\begin{aligned}f(x)&=\int_0^1|t(t-x)|\mathrm{d}t=\int_0^1 t(x-t)\mathrm{d}t\\&=\int_0^1(tx-t^2)\mathrm{d}t=\left[x\cdot\frac{1}{2}t^2-\frac{1}{3}t^3\right]_0^1\\&=\frac{1}{2}x-\frac{1}{3};\end{aligned}$$

(2) 当$0\leqslant x\leqslant 1$时，$|t(t-x)|=\begin{cases}t(t-x), & t>x,\\ t(x-t), & t\leqslant x\end{cases}$故

$$\begin{aligned}f(x)&=\int_0^1|t(t-x)|\mathrm{d}t=\int_0^x t(x-t)\mathrm{d}t+\int_x^1 t(t-x)\mathrm{d}t\\&=\left[x\cdot\frac{1}{2}t^2-\frac{1}{3}t^3\right]_0^x+\left[\frac{1}{3}t^3-x\cdot\frac{1}{2}t^2\right]_x^1=\frac{1}{3}x^3-\frac{1}{2}x+\frac{1}{3};\end{aligned}$$

(3) 当$x<0$时，$|t(t-x)|=t(t-x)$，故有

$$f(x)=\int_0^1|t(t-x)|\mathrm{d}t=\int_0^1 t(t-x)\mathrm{d}t=\left[\frac{1}{3}t^3-x\cdot\frac{1}{2}t^2\right]_0^1=\frac{1}{3}-\frac{1}{2}x;$$

综上得$f(x)=\begin{cases}\frac{1}{2}x-\frac{1}{3}, & x>1,\\ \frac{1}{3}x^3-\frac{1}{2}x+\frac{1}{3}, & 0\leqslant x\leqslant 1,\\ \frac{1}{3}-\frac{1}{2}x, & x<0.\end{cases}$

7.2.3 定积分的换元法

定理 7.4 设$f(x)$在闭区间$[a,b]$上连续，若函数$x=\varphi(t)$满足条件:

(1) $\varphi(\alpha)=a$，$\varphi(\beta)=b$，且$\varphi(t)$在$[a,b]$上变化，

(2) 当$t\in[\alpha,\beta]$(或$t\in[\beta,\alpha]$)时，$\varphi(t)$单调且$\varphi'(t)$连续，

则有

$$\int_a^b f(x)\mathrm{d}x=\int_\alpha^\beta f[\varphi(t)]\varphi'(t)\mathrm{d}t. \tag{7.3}$$

定理证明从略.

公式(7.3)称为**定积分换元积分公式**.

例 9　求 $\int_0^{\frac{\pi}{2}} 5\sin^4 x\cos x\mathrm{d}x$.

解　令 $t=\sin x$，当 $x=0$ 时 $t=0$，当 $x=\frac{\pi}{2}$ 时 $t=1$，且 $\mathrm{d}t=\cos x\mathrm{d}x$，于是

$$\int_0^{\frac{\pi}{2}} 5\sin^4 x\cos x\mathrm{d}x = \int_0^1 5t^4\mathrm{d}t = [t^5]_0^1 = 1.$$

注　(1) 用 $x=\varphi(t)$ 换元时，积分的上、下限要随之变为新变量的上、下限，且新变量与旧变量的上、下限要分别对应.

(2) 求出 $f[\varphi(t)]\varphi'(t)$ 的原函数后不必把变量还原，只要把新变量的上、下限代入即可.

例 10　求 $\int_0^a \frac{\mathrm{d}x}{(x^2+a^2)^{\frac{3}{2}}}$.

解　令 $x=a\tan t$，当 $x=0$ 时 $t=0$，当 $x=a$ 时 $t=\frac{\pi}{4}$，且 $\mathrm{d}x=a\sec^2 t\mathrm{d}t$，于是

$$\int_0^a \frac{1}{(x^2+a^2)^{\frac{3}{2}}}\mathrm{d}x = \int_0^{\frac{\pi}{4}} \frac{a\sec^2 t}{a^3\sec^3 t}\mathrm{d}t = \int_0^{\frac{\pi}{4}} \frac{1}{a^2}\cos t\mathrm{d}t = \frac{1}{a^2}[\sin t]_0^{\frac{\pi}{4}} = \frac{\sqrt{2}}{2a^2}.$$

例 11　求 $\int_0^{\ln 2} \sqrt{1-\mathrm{e}^{-2x}}\mathrm{d}x$.

解　令 $t=\sqrt{1-\mathrm{e}^{-2x}}$，则有 $x=-\frac{1}{2}\ln(1-t^2)$，$\mathrm{d}x=\frac{t}{1-t^2}\mathrm{d}t$. 且当 $x=0$ 时 $t=0$，当 $x=\ln 2$ 时 $t=\frac{\sqrt{3}}{2}$，于是

$$\begin{aligned}
\int_0^{\ln 2} \sqrt{1-\mathrm{e}^{-2x}}\mathrm{d}x &= \int_0^{\frac{\sqrt{3}}{2}} t\cdot\frac{t}{1-t^2}\mathrm{d}t = \int_0^{\frac{\sqrt{3}}{2}} \frac{t^2}{1-t^2}\mathrm{d}t \\
&= \int_0^{\frac{\sqrt{3}}{2}} \left(-1+\frac{1}{1-t^2}\right)\mathrm{d}t = \int_0^{\frac{\sqrt{3}}{2}} \left[-1+\frac{1}{2(1-t)}+\frac{1}{2(1+t)}\right]\mathrm{d}t \\
&= \left[-t-\frac{1}{2}\ln(1-t)+\frac{1}{2}\ln(1+t)\right]_0^{\frac{\sqrt{3}}{2}} \\
&= -\frac{\sqrt{3}}{2}-\frac{1}{2}\ln\left(1-\frac{\sqrt{3}}{2}\right)+\frac{1}{2}\ln\left(1+\frac{\sqrt{3}}{2}\right) \\
&= -\frac{\sqrt{3}}{2}+\frac{1}{2}\ln(2+\sqrt{3}).
\end{aligned}$$

例 12　设 $f(x)$ 在对称区间 $[-a, a]$ 上连续，

(1) 证明：当 $f(x)$ 是奇函数时，$\int_{-a}^{a} f(x)\mathrm{d}x = 0$；

(2) 证明：当$f(x)$是偶函数时，$\int_{-a}^{a} f(x)\mathrm{d}x = 2\int_{0}^{a} f(x)\mathrm{d}x$；

(3) 计算$\int_{-1}^{1}\left(\frac{\sin x + x}{x^8 + \cos x + 1} + x^2\right)\mathrm{d}x$.

证 (1) 若$f(x)$是$[-a, a]$上的奇函数，则有$f(-x) = -f(x)$. 因为

$$\int_{-a}^{0} f(x)\mathrm{d}x \xlongequal{令x=-t} -\int_{a}^{0} f(-t)\mathrm{d}t = \int_{0}^{a}[-f(t)]\mathrm{d}t = -\int_{0}^{a} f(t)\mathrm{d}t,$$

所以

$$\int_{-a}^{a} f(x)\mathrm{d}x = \int_{-a}^{0} f(x)\mathrm{d}x + \int_{0}^{a} f(x)\mathrm{d}x = -\int_{0}^{a} f(x)\mathrm{d}x + \int_{0}^{a} f(x)\mathrm{d}x = 0.$$

(2) 若$f(x)$是$[-a, a]$上的偶函数，则有$f(-x) = f(x)$. 因为

$$\int_{-a}^{0} f(x)\mathrm{d}x \xlongequal{令x=-t} -\int_{a}^{0} f(-t)\mathrm{d}t = \int_{0}^{a} f(t)\mathrm{d}t$$

所以

$$\begin{aligned}\int_{-a}^{a} f(x)\mathrm{d}x &= \int_{-a}^{0} f(x)\mathrm{d}x + \int_{0}^{a} f(x)\mathrm{d}x \\ &= \int_{0}^{a} f(x)\mathrm{d}x + \int_{0}^{a} f(x)\mathrm{d}x \\ &= 2\int_{0}^{a} f(x)\mathrm{d}x.\end{aligned}$$

(3) 因为函数$f_1(x) = \frac{\sin x + x}{x^8 + \cos x + 1}$在区间$[-1, 1]$上是奇函数，函数$f_2(x) = x^2$在区间$[-1, 1]$上是偶函数，从而有

$$\int_{-1}^{1}\left(\frac{\sin x + x}{x^8 + \cos x + 1} + x^2\right)\mathrm{d}x = 2\int_{0}^{1} x^2\mathrm{d}x = 2\left[\frac{1}{3}x^3\right]_0^1 = \frac{2}{3}.$$

例 13 求$\int_{0}^{\frac{\pi}{2}} \frac{\sin x}{\sin x + \cos x}\mathrm{d}x$.

解 令$x = \frac{\pi}{2} - t$，当$x = 0$时$t = \frac{\pi}{2}$，当$x = \frac{\pi}{2}$时$t = 0$，且$\mathrm{d}x = -\mathrm{d}t$，则有

$$\int_{0}^{\frac{\pi}{2}} \frac{\sin x}{\sin x + \cos x}\mathrm{d}x = -\int_{\frac{\pi}{2}}^{0} \frac{\sin\left(\frac{\pi}{2} - t\right)}{\sin\left(\frac{\pi}{2} - t\right) + \cos\left(\frac{\pi}{2} - t\right)}\mathrm{d}t = \int_{0}^{\frac{\pi}{2}} \frac{\cos t}{\cos t + \sin t}\mathrm{d}t.$$

由于

$$\int_{0}^{\frac{\pi}{2}} \frac{\sin x}{\sin x + \cos x}\mathrm{d}x + \int_{0}^{\frac{\pi}{2}} \frac{\cos t}{\cos t + \sin t}\mathrm{d}t = \int_{0}^{\frac{\pi}{2}} 1\mathrm{d}t = \frac{\pi}{2},$$

故有

$$\int_0^{\frac{\pi}{2}} \frac{\sin x}{\sin x + \cos x} dx = \frac{\pi}{4}.$$

7.2.4　定积分的分部积分法

利用不定积分的分部积分法和牛顿—莱布尼茨公式，立即可以得出定积分的分部积分法：如果 $u'(x)$，$v'(x)$ 在 $[a, b]$ 上连续，则有

$$\int_a^b u(x)v'(x)dx = [u(x)v(x)]_a^b - \int_a^b u'(x)v(x)dx, \tag{7.4}$$

或可写成

$$\int_a^b uv'dx = [uv]_a^b - \int_a^b u'vdx.$$

公式(7.4)称为定积分的**分部积分公式**，这个公式的应用与不定积分的分部积分公式的应用相同.

例 14　求 $\int_0^{\frac{\pi}{2}} x\sin x dx$.

解　$\int_0^{\frac{\pi}{2}} x\sin x dx = -\int_0^{\frac{\pi}{2}} x(\cos x)'dx = [-x\cos x]_0^{\frac{\pi}{2}} + \int_0^{\frac{\pi}{2}} \cos x dx = [\sin x]_0^{\frac{\pi}{2}} = 1.$

例 15　求 $\int_{\frac{\pi}{4}}^{\frac{\pi}{3}} \frac{x}{\cos^2 x} dx$.

解

$$\begin{aligned}\int_{\frac{\pi}{4}}^{\frac{\pi}{3}} \frac{x}{\cos^2 x} dx &= \int_{\frac{\pi}{4}}^{\frac{\pi}{3}} x\sec^2 x dx = \int_{\frac{\pi}{4}}^{\frac{\pi}{3}} x(\tan x)'dx \\ &= [x\tan x]_{\frac{\pi}{4}}^{\frac{\pi}{3}} - \int_{\frac{\pi}{4}}^{\frac{\pi}{3}} \tan x dx \\ &= \left(\frac{\pi}{3}\sqrt{3} - \frac{\pi}{4}\right) - [-\ln|\cos x|]_{\frac{\pi}{4}}^{\frac{\pi}{3}} \\ &= \frac{4\sqrt{3}-3}{12}\pi + \ln\frac{\sqrt{2}-1}{2}.\end{aligned}$$

例 16　求 $\int_0^1 e^{\sqrt{x}} dx$.

解　令 $\sqrt{x} = t$，则有 $x = t^2$，$dx = 2tdt$. 且当 $x = 0$ 时 $t = 0$，当 $x = 1$ 时 $t = 1$，于是

$$\int_0^1 e^{\sqrt{x}} dx = \int_0^1 2te^t dt = 2\int_0^1 t(e^t)'dt = [2te^t]_0^1 - 2\int_0^1 e^t dt = 2e - 2[e^t]_0^1 = 2.$$

习题 7.2

1. 求下列函数的导数.

(1) $y=\int_a^{e^x}\frac{\ln t}{t}dt$;　　(2) $y=\int_{\frac{\pi}{2}}^{x}\left(\frac{\sin t}{t}\right)'dt$;

(3) $y=\int_{x^2}^{\sin x}e^{-t^2}dt$;　　(4) $y=\int_1^{e^x}(x-t)\ln t dt$;

*(5) $\begin{cases}x=\int_0^{t^2}\sin u^2du,\\ y=\cos t^4;\end{cases}$　　*(6) $2x-\tan(x-y)=\int_0^{x-y}\sec^2 t dt$.

2. 求下列极限.

(1) $\lim\limits_{x\to0}\int_x^0\frac{t}{x\sin t}dt$;　　(2) $\lim\limits_{x\to0}\frac{\int_0^x(e^t+e^{-t}-2)dt}{1-\cos x}$;

(3) $\lim\limits_{x\to+0}\frac{\int_0^{\tan x}\sqrt{\sin t}dt}{\int_0^{\sin x}\sqrt{\tan t}dt}$;　　(4) $\lim\limits_{x\to0}\frac{\left(\int_0^x e^{t^2}dt\right)^2}{\int_0^x te^{2t^2}dt}$;

(5) $\lim\limits_{x\to0}\frac{\int_0^{x^2}te^t\sin t dt}{x^6e^x}$;　　(6) $\lim\limits_{x\to0}\frac{\int_0^{5\sin x}\frac{\sin t}{t}dt}{\int_0^{\sin x}(1+t)^{\frac{1}{t}}dt}$.

3. 求下列积分.

(1) $\int_0^{\frac{\pi}{4}}\frac{1+\sin^2x}{\cos^2x}dx$;　　(2) $\int_0^1\frac{x}{(x^2+1)^2}dx$;

(3) $\int_0^1\left(\frac{1}{\sqrt[3]{x}}+3x^2\right)dx$;　　(4) $\int_{-\frac{\pi}{2}}^{\frac{\pi}{2}}\sqrt{1-\cos 2x}dx$;

(5) $\int_0^{\frac{\pi}{4}}\cos 2x dx$;　　(6) $\int_0^{\frac{\pi}{2}}\cos^5x\sin 2x dx$;

(7) $\int_0^a\sqrt{a^2-x^2}dx$;　　(8) $\int_{\frac{3}{4}}^1\frac{1}{\sqrt{1-x}-1}dx$;

(9) $\int_0^1 x\arctan x dx$;　　(10) $\int_0^1 x^2e^x dx$;

(11) $\int_1^2 x\ln x dx$;　　(12) $\int_{-1}^1|x|\left(x^2+\frac{\sin^3x}{1+\cos x}\right)dx$.

4. 确定 a,b,c 的值,使得

$$\lim_{x\to0}\frac{ax-\sin x}{\int_b^x\frac{\ln(1+t^3)}{t}dt}=c\quad(c\neq0).$$

5. 当 x 为何值时，函数 $I(x)=\int_0^{x^2}(t-1)e^{-t}dt$ 有极值?是极大值还是极小值?

6. 设 $f(x)=\int_1^{x^2}e^{-t^2}dt$，求 $\int_0^1 xf(x)dx$.

7.3 广义积分

定积分的积分区间是有限区间，被积函数是有界函数，而在实际问题中常常会遇到在无限区间上积分的情形，或者积分区间为有限区间，但在此区间上被积函数是无界函数的情形，这两种情形都不属于定积分范围．在这两方面把定积分概念加以推广，便得到下面的两种广义积分．

7.3.1 无穷区间上的广义积分

设函数 $f(x)$ 在无穷区间 $[a,+\infty)$ 上连续，取 $b>a$，如果极限 $\lim\limits_{b\to+\infty}\int_a^b f(x)dx$ 存在，则称此极限为函数 $f(x)$ 在**无穷区间 $[a,+\infty)$ 上的广义积分**，记作 $\int_a^{+\infty}f(x)dx$，即

$$\int_a^{+\infty}f(x)dx=\lim_{b\to+\infty}\int_a^b f(x)dx. \tag{7.5}$$

如果广义积分 $\int_a^{+\infty}f(x)dx$ 存在，则称广义积分 $\int_a^{+\infty}f(x)dx$ **收敛**，否则称为广义积分 $\int_a^{+\infty}f(x)dx$ **发散**，此时 $\int_a^{+\infty}f(x)dx$ 不代表确定的数，只是一种记号．

类似地，当函数 $f(x)$ 在无穷区间 $(-\infty,b]$ 上连续时，定义广义积分

$$\int_{-\infty}^{b}f(x)dx=\lim_{a\to-\infty}\int_a^b f(x)dx. \tag{7.6}$$

当函数 $f(x)$ 在无穷区间 $(-\infty,+\infty)$ 上连续时，定义广义积分

$$\begin{aligned}\int_{-\infty}^{+\infty}f(x)dx&=\int_{-\infty}^{c}f(x)dx+\int_c^{+\infty}f(x)dx\\&=\lim_{a\to-\infty}\int_a^c f(x)dx+\lim_{b\to+\infty}\int_c^b f(x)dx.\end{aligned} \tag{7.7}$$

为了计算方便，通常在公式(7.7)中取 $c=0$.

例 1　求 $\int_0^{+\infty}e^{-ax}dx\quad(a>0)$.

解　$$\int_0^{+\infty}e^{-ax}dx=\lim_{b\to+\infty}\int_0^b e^{-ax}dx=\lim_{b\to+\infty}\left[-\frac{1}{a}e^{-ax}\right]_0^b$$

$$=\lim_{b\to+\infty}\left(-\frac{1}{a}e^{-ab}+\frac{1}{a}\right)=\frac{1}{a}.$$

例 2 求 $\int_{-\infty}^{+\infty}\frac{1}{1+x^2}dx$.

解 $$\int_{-\infty}^{+\infty}\frac{1}{1+x^2}dx=\int_{-\infty}^{0}\frac{1}{1+x^2}dx+\int_{0}^{+\infty}\frac{1}{1+x^2}dx$$
$$=\lim_{a\to-\infty}\int_{a}^{0}\frac{1}{1+x^2}dx+\lim_{b\to+\infty}\int_{0}^{b}\frac{1}{1+x^2}dx$$
$$=\lim_{a\to-\infty}[\arctan x]_a^0+\lim_{b\to+\infty}[\arctan x]_0^b$$
$$=\lim_{a\to-\infty}(-\arctan a)+\lim_{b\to+\infty}\arctan b=-\left(-\frac{\pi}{2}\right)+\frac{\pi}{2}=\pi.$$

例 3 设 $a>0$，证明广义积分 $\int_{a}^{+\infty}\frac{1}{x^p}dx$，当 $p>1$ 时收敛；当 $p\leqslant 1$ 时发散.

证 当 $p=1$ 时，
$$\int_{a}^{+\infty}\frac{1}{x^p}dx=\int_{a}^{+\infty}\frac{1}{x}dx=\lim_{b\to+\infty}\int_{a}^{b}\frac{1}{x}dx$$
$$=\lim_{b\to+\infty}[\ln|x|]_a^b=\lim_{b\to+\infty}\ln\left|\frac{b}{a}\right|=+\infty.$$

当 $p\neq 1$ 时，
$$\int_{a}^{+\infty}\frac{1}{x^p}dx=\lim_{b\to+\infty}\int_{a}^{b}\frac{1}{x^p}dx=\lim_{b\to+\infty}\left[\frac{x^{1-p}}{1-p}\right]_a^b$$
$$=\lim_{b\to+\infty}\frac{b^{1-p}-a^{1-p}}{1-p}=\begin{cases}+\infty, & p<1,\\ -\dfrac{a^{1-p}}{1-p}, & p>1.\end{cases}$$

因此，当 $p>1$ 时广义积分 $\int_{a}^{+\infty}\frac{1}{x^p}dx$ 收敛并且收敛于 $\frac{a^{1-p}}{p-1}$；当 $p\leqslant 1$ 时广义积分 $\int_{a}^{+\infty}\frac{1}{x^p}dx$ 发散.

7.3.2 无界函数的广义积分

设函数 $f(x)$ 在闭区间 $(a,\ b]$ 上连续，而在 a 点的右侧邻域内无界，取 $\varepsilon>0$，如果极限
$$\lim_{\varepsilon\to 0^0}\int_{a+\varepsilon}^{b}f(x)\,dx$$
存在，则称此极限为函数 $f(x)$ 在 $(a,\ b]$ 上的**广义积分**，记作 $\int_a^b f(x)\,dx$，即
$$\int_a^b f(x)\,dx=\lim_{\varepsilon\to 0^+}\int_{a+\varepsilon}^{b}f(x)\,dx. \tag{7.8}$$

如果上述极限存在，则称广义积分 $\int_a^b f(x)dx$ **收敛**，否则称广义积分 $\int_a^b f(x)dx$ **发散**.

类似地，当函数$f(x)$在闭区间$[a, b)$上连续，而在b点的左侧邻域内无界时，定义广义积分

$$\int_a^b f(x)\,\mathrm{d}x = \lim_{\eta\to 0^+}\int_a^{b-\eta} f(x)\,\mathrm{d}x. \tag{7.9}$$

当函数$f(x)$在闭区间$[a, b]$上除了点$c(a<c<b)$外连续，在点c的邻域内无界时，定义广义积分

$$\begin{aligned}\int_a^b f(x)\,\mathrm{d}x &= \int_a^c f(x)\,\mathrm{d}x + \int_c^b f(x)\,\mathrm{d}x \\ &= \lim_{\eta\to 0^+}\int_a^{c-\eta} f(x)\,\mathrm{d}x + \lim_{\varepsilon\to 0^+}\int_{c+\varepsilon}^b f(x)\,\mathrm{d}x.\end{aligned} \tag{7.10}$$

例 4　求$\int_0^a \frac{1}{\sqrt{a^2-x^2}}\mathrm{d}x \quad (a>0)$.

解　由于被积函数$y=\frac{1}{\sqrt{a^2-x^2}}$在点$x=a$的左侧邻域内无界，故有

$$\begin{aligned}\int_0^a \frac{1}{\sqrt{a^2-x^2}}\mathrm{d}x &= \lim_{\eta\to 0^+}\int_0^{a-\eta}\frac{1}{\sqrt{a^2-x^2}}\mathrm{d}x \\ &= \lim_{\eta\to 0^+}\left[\arcsin\frac{x}{a}\right]_0^{a-\eta} = \lim_{\eta\to 0^+}\arcsin\frac{a-\eta}{a} = \frac{\pi}{2}.\end{aligned}$$

例 5　求$\int_{-\frac{\pi}{4}}^{\frac{3\pi}{4}}\frac{1}{\cos^2 x}\mathrm{d}x$.

解　被积函数$y=\frac{1}{\cos^2 x}$在点$x=\frac{\pi}{2}$的左右两侧邻域内都无界，从而有

$$\int_{-\frac{\pi}{4}}^{\frac{3\pi}{4}}\frac{1}{\cos^2 x}\mathrm{d}x = \int_{-\frac{\pi}{4}}^{\frac{\pi}{2}}\frac{1}{\cos^2 x}\mathrm{d}x + \int_{\frac{\pi}{2}}^{\frac{3\pi}{4}}\frac{1}{\cos^2 x}\mathrm{d}x.$$

因为

$$\begin{aligned}\int_{-\frac{\pi}{4}}^{\frac{\pi}{2}}\frac{1}{\cos^2 x}\mathrm{d}x &= \lim_{\eta\to 0^+}\int_{-\frac{\pi}{4}}^{\frac{\pi}{2}-\eta}\sec^2 x\,\mathrm{d}x = \lim_{\eta\to 0^+}\left(\tan x\,\Big|_{-\frac{\pi}{4}}^{\frac{\pi}{2}-\eta}\right) \\ &= \lim_{\eta\to 0^+}\left[\tan\left(\frac{\pi}{2}-\eta\right)+1\right] = +\infty,\end{aligned}$$

因此广义积分$\int_{-\frac{\pi}{4}}^{\frac{\pi}{2}}\frac{1}{\cos^2 x}\mathrm{d}x$发散，故广义积分$\int_{-\frac{\pi}{4}}^{\frac{3\pi}{4}}\frac{1}{\cos^2 x}\mathrm{d}x$也发散.

注　在计算中应当注意无界函数的广义积分和定积分的区别，计算之前应先审查被积函数$f(x)$在积分区间是否有界，以免出错．如本例中，如果把$\frac{1}{\cos^2 x}=\sec^2 x$错误地当成区间$\left[-\frac{\pi}{4}, \frac{3\pi}{4}\right]$上的连续函数，就会得到错误的结果

$$\int_{-\frac{\pi}{4}}^{\frac{3\pi}{4}} \frac{1}{\cos^2 x}\mathrm{d}x = [\tan x]_{-\frac{\pi}{4}}^{\frac{3\pi}{4}} = 2.$$

例 6 证明广义积分 $\int_0^1 \frac{1}{x^p}\mathrm{d}x$，当 $p<1$ 时收敛；当 $p\geqslant 1$ 时发散．

解 当 $p=1$ 时，

$$\int_0^1 \frac{1}{x^p}\mathrm{d}x = \int_0^1 \frac{1}{x}\mathrm{d}x = \lim_{\xi\to 0^+}\int_{0+\xi}^1 \frac{1}{x}\mathrm{d}x$$
$$= \lim_{\xi\to 0^+}[\ln x]_{0+\xi}^1 = \lim_{\xi\to 0^+}\ln\xi = -\infty.$$

当 $p\neq 1$ 时，

$$\int_0^1 \frac{1}{x^p}\mathrm{d}x = \lim_{\xi\to 0^+}\int_\xi^1 \frac{1}{x^p}\mathrm{d}x = \lim_{\xi\to 0^+}\left[\frac{x^{1-p}}{1-p}\right]_\xi^1$$
$$= \lim_{\xi\to 0^+}\left(\frac{1}{1-p} - \frac{\xi^{1-p}}{1-p}\right) = \begin{cases} +\infty, & p>1, \\ \dfrac{1}{1-p}, & p<1. \end{cases}$$

因此，当 $p<1$ 时广义积分 $\int_0^1 \frac{1}{x^p}\mathrm{d}x$ 收敛且收敛于 $\frac{1}{1-p}$；当 $p\geqslant 1$ 时广义积分 $\int_0^1 \frac{1}{x^p}\mathrm{d}x$ 发散．

习题 7.3

计算下列广义积分．

1. $\int_1^{+\infty} \frac{\arctan x}{x^2}\mathrm{d}x$；
2. $\int_1^{+\infty} \frac{1}{x\sqrt{x^2-1}}\mathrm{d}x$；
3. $\int_1^{+\infty} \frac{\ln^2 x}{x^2}\mathrm{d}x$；
4. $\int_{-\infty}^{+\infty} \frac{2x}{x^2+1}\mathrm{d}x$；
5. $\int_0^1 \ln x\mathrm{d}x$；
6. $\int_0^1 \frac{1}{\sqrt{x(1-x)}}\mathrm{d}x$；
7. $\int_0^1 \ln\frac{1}{1-x^2}\mathrm{d}x$；
8. $\int_{\frac{\pi}{2}}^{\frac{3\pi}{2}} \frac{\sin x}{\sqrt{1-\cos 2x}}\mathrm{d}x$.

7.4 定积分在几何上的应用

在本节中，我们将应用前面学过的定积分的思想来分析和解决一些几何问题．通过对这些问题的分析，我们要掌握体现积分思想的微元法．

7.4.1 定积分应用中的微元法

在定积分的应用中，经常采用所谓的微元法．为了说明这种方法，我们先回顾一下 7.1 节中讨论过的曲边梯形的面积问题.

我们当时的分析过程分为四个步骤：(1)分割；(2)近似；(3)求和；(4)求极限. 在这四个步中，分割、求和与求极限这三个步是程序化的步骤，对任何问题过程都是一样的，唯独“近似”这一步骤需要对具体问题具体分析.

因此，在本章第 1 节例 1 中，关键的步骤就是 $\Delta S_i \approx f(\xi_i)\Delta x_i$. 我们抛开细节抓住本质，“近似”这一步可写成

$$\Delta S \approx f(\xi)\Delta x = f(\xi)\,\mathrm{d}x, \tag{7.11}$$

其中 ΔS 表示任一小区间 $[x, x+\Delta x]$ 上的窄曲边梯形的面积，$\xi \in [x, x+\Delta x]$. 当 $\Delta x \to 0$ 时，利用函数 $f(x)$ 的连续性，式(7.11)就可以写成微分形式

$$\mathrm{d}S = f(x)\,\mathrm{d}x. \tag{7.12}$$

事实上，在上式中我们将求和之后求极限的思想提前到求和之前，因此，这种分析方法称为**微元法**或**元素法**. 显然，有了式(7.12)，我们所求的面积

$$S = \int_a^b f(x)\,\mathrm{d}x, \tag{7.13}$$

由微分公式(7.12)写出积分公式(7.13)时，我们要注意积分的上限和下限.

下面通过更多的实例分析来阐述微元法.

7.4.2 平面图形的面积

7.4.2.1 直角坐标系中的计算

例 1 计算由两条抛物线 $x=y^2$ 和 $y=x^2$ 所围成的图形面积.

解 这两条抛物线所围成的图形如图 7.6 所示. 为了具体定出图形所在的范围，先求出这两条抛物线的交点. 为此，解方程组 $\begin{cases} x=y^2, \\ y=x^2 \end{cases}$ 得到这两条抛物线的交点为(0, 0)及(1, 1)，从而确定图形在直线 $x=0$ 及 $x=1$ 之间，且在这个范围内，曲线 $x=y^2$ 在曲线 $y=x^2$ 上方.

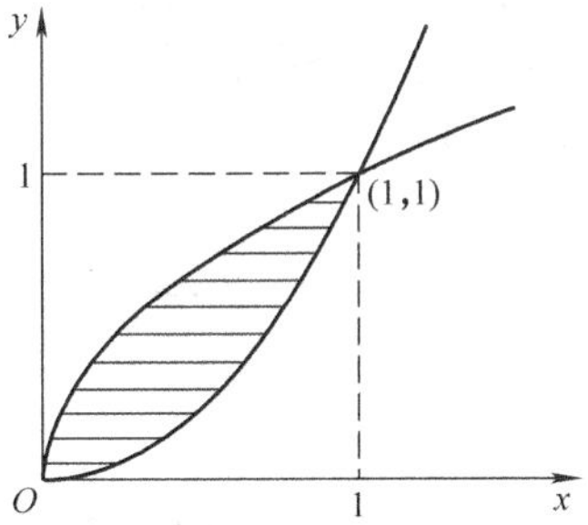

图 7.6

取横坐标 x 为积分变量，它的变化区间为[0, 1]. 相应于[0, 1]上的任一小区间 $[x, x+\mathrm{d}x]$ 的窄条的面积近似于高为 $\sqrt{x}-x^2$，底为 $\mathrm{d}x$ 的窄矩形的面积，从而得到面积微元

$$\mathrm{d}S = (\sqrt{x}-x^2)\,\mathrm{d}x,$$

于是，所求面积

$$S = \int_0^1 (\sqrt{x}-x^2)\,\mathrm{d}x = \left(\frac{2}{3}x^{\frac{3}{2}} - \frac{1}{3}x^3\right)\Bigg|_0^1 = \frac{1}{3}.$$

更一般地，如果曲线 $y=f(x)$ 位于曲线 $y=g(x)$ 的上方，如图 7.7 所示，即当 $a\leqslant x\leqslant b$ 时，$f(x)\geqslant g(x)$，则由曲线 $y=f(x)$ 及 $y=g(x)$ 和直线 $x=a$，$x=b$ 所围成的平面图形的面积为

$$S=\int_a^b[f(x)-g(x)]\mathrm{d}x.$$

类似地，如果曲线 $x=f(y)$ 位于曲线 $x=g(y)$ 的右方，如图 7.8 所示，即当 $c\leqslant x\leqslant d$ 时，$f(y)\geqslant g(y)$，则由曲线 $x=f(y)$ 及 $x=g(y)$ 和直线 $y=c$，$y=d$ 所围成的平面图形的面积为

$$S=\int_c^d[f(y)-g(y)]\mathrm{d}y.$$

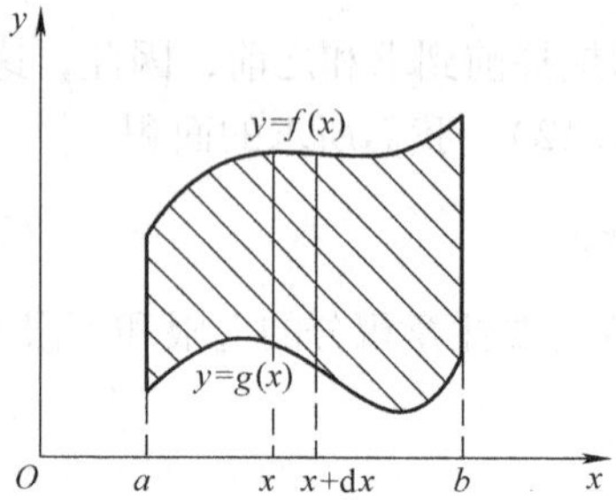

图 7.7

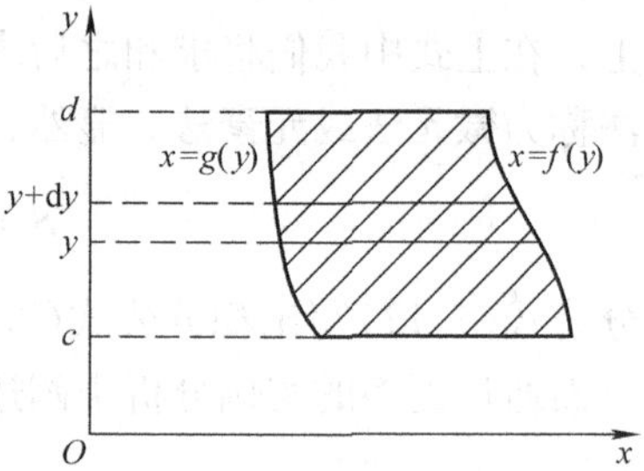

图 7.8

例 2 计算由曲线 $y^2=2x$ 和 $y=x-4$ 所围成的图形面积.

解 这两条抛物线所围成的图形如图 7.9 所示. 解出交点坐标 $A(2,\ -2)$，$B(8,\ -4)$.

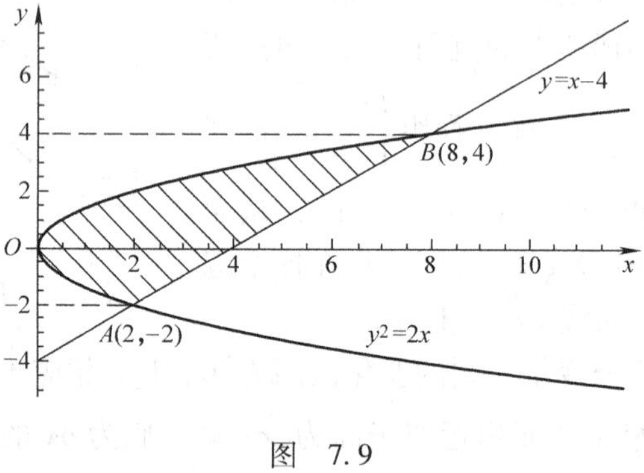

图 7.9

(1) 如果用 y 作积分变量，积分区间为 $[-2,\ 4]$，从而有

$$S=\int_{-2}^4\left[(y+4)-\frac{y^2}{2}\right]\mathrm{d}x=\left[\frac{1}{2}y^2+4y-\frac{1}{6}y^3\right]_{-2}^4=18.$$

(2) 如果用 x 作积分变量，在积分区间 $[0,\ 2]$ 中，曲线方程为 $y=\sqrt{2x}$ 和 y

$=-\sqrt{2x}$；在积分区间[2，8]中，曲线方程为 $y=\sqrt{2x}$ 和 $y=x-4$，从而有

$$S=\int_0^2[\sqrt{2x}-(-\sqrt{2x})]\mathrm{d}x+\int_2^8[\sqrt{2x}-(x-4)]\mathrm{d}x=18.$$

注　选择不同的积分变量计算的难易程度不同，因此选择适当的积分变量是有必要的.

如果曲边梯形的曲边由参数方程

$$\begin{cases}x=\varphi(t),\\y=\psi(t)\end{cases}\quad(\alpha\leqslant t\leqslant\beta)$$

给出，同时设 $\psi(t)\geqslant 0$，而且当 t 从 α 变到 β 时，x 从 a 变到 b，通过变量代换得曲边梯形的面积为

$$S=\int_a^b y\mathrm{d}x=\int_\alpha^\beta\psi(t)\varphi'(t)\mathrm{d}t.$$

例 3　求椭圆 $\dfrac{x^2}{a^2}+\dfrac{y^2}{b^2}=1$ 所围成的平面图形的面积.

解　由椭圆图形的对称性知 $S=4\int_0^a y\mathrm{d}x$. 椭圆的参数方程为 $\begin{cases}x=a\cos t,\\y=b\sin t,\end{cases}$ 而且当 x 从 0 变到 a 时，t 从 $\dfrac{\pi}{2}$ 变到 0，因此，椭圆的面积为

$$S=4\int_0^a y\mathrm{d}x=4\int_{\frac{\pi}{2}}^0 b\sin t(-a\sin t)\mathrm{d}t$$

$$=4ab\int_0^{\frac{\pi}{2}}\sin^2 t\mathrm{d}t=2ab\int_0^{\frac{\pi}{2}}(1-\cos 2t)\mathrm{d}t=ab\pi.$$

7.4.2.2　极坐标系中的面积计算

某些平面图形的边界曲线用极坐标方程表示比较方便. 下面我们讨论极坐标系中平面图形面积的计算方法.

由曲线 $\rho=\rho(\theta)$ 和射线 $\theta=\alpha$，$\theta=\beta(\alpha<\beta)$ 所围成的平面图形称为曲边扇形，如图 7.10 所示. 设 $\rho(\theta)$ 在 $[\alpha,\beta]$ 上连续，且 $\rho(\theta)\geqslant 0$，下面计算曲边扇形的面积.

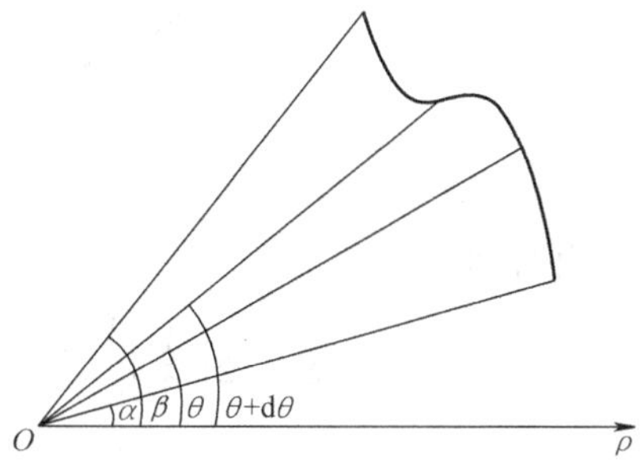

图　7.10

取 θ 为积分变量，$\theta\in[\alpha,\beta]$，由于 $\mathrm{d}\theta$ 充分小，故我们把对应于区间 $[\theta,\theta+\mathrm{d}\theta]$ 的小曲边扇形近似地看成半径为 $\rho(\theta)$ 圆心角为 $\mathrm{d}\theta$ 的圆扇形，因此，曲边扇形的面积微元为

$$\mathrm{d}S=\frac{1}{2}[\rho(\theta)]^2\cdot\mathrm{d}\theta,$$

于是，曲边扇形的面积为

$$S=\frac{1}{2}\int_{\alpha}^{\beta}[\rho(\theta)]^2\cdot \mathrm{d}\theta.$$

例 4 计算阿基米德螺旋线 $\rho=a\theta(a>0)$ 上相应于 θ 从 0 到 2π 的一段弧与极轴所围成的图形面积，如图 7.11 所示 .

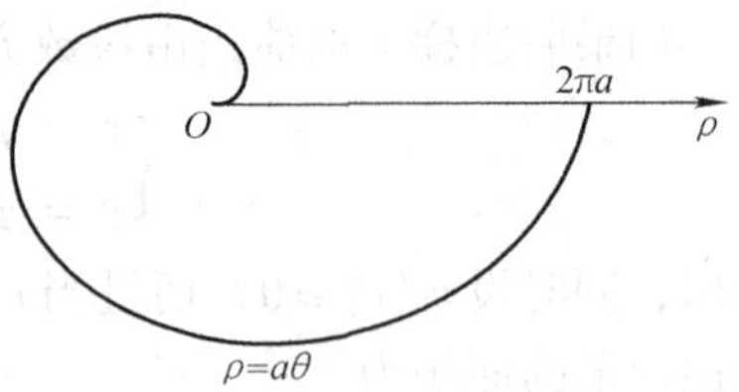

图 7.11

解 由于 $\theta\in[0, 2\pi]$，故由曲边扇形面积的计算公式得

$$S=\frac{1}{2}\int_0^{2\pi}(a\theta)^2\cdot \mathrm{d}\theta=\frac{a^2}{2}\left[\frac{\theta^3}{3}\right]_0^{2\pi}=\frac{4}{3}a^2\pi^3.$$

例 5 求心形线 $\rho=1-\cos x$ 所围图形和圆 $\rho=\cos x$ 所围图形公共部分的面积 .

解 由 $\begin{cases}\rho=1-\cos\theta,\\ \rho=\cos\theta.\end{cases}$ 得到心形线和圆的两个交点为 $\left(\frac{\pi}{3}, \frac{1}{2}\right)$ 和 $\left(-\frac{\pi}{3}, \frac{1}{2}\right)$，如图 7.12 所示 .

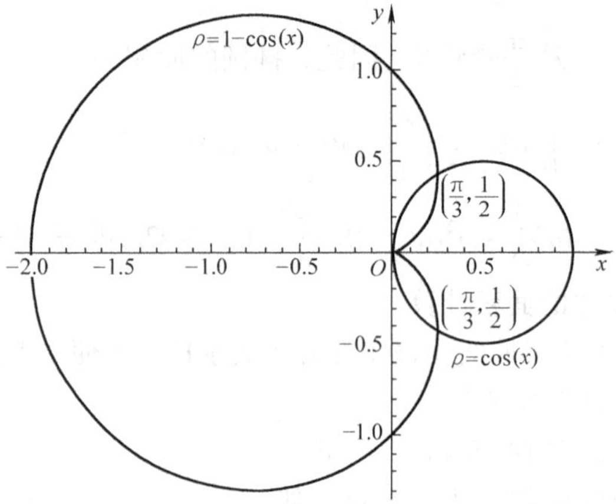

图 7.12

由对称性，得

$$\begin{aligned}S&=2\left[\frac{1}{2}\int_0^{\frac{\pi}{3}}(1-\cos\theta)^2\mathrm{d}\theta+\frac{1}{2}\int_{\frac{\pi}{3}}^{\frac{\pi}{2}}\cos^2\theta\mathrm{d}\theta\right]\\&=\left[\frac{3}{2}\theta-2\sin\theta+\frac{1}{4}\sin2\theta\right]_0^{\frac{\pi}{3}}+\left[\frac{1}{2}\theta+\frac{1}{4}\sin2\theta\right]_{\frac{\pi}{3}}^{\frac{\pi}{2}}\\&=\frac{7}{12}\pi-\sqrt{3}.\end{aligned}$$

7.4.3　体积

7.4.3.1　旋转体的体积

旋转体就是由一个平面图形绕平面内一条直线旋转一周而成的立体，这条直线称为旋转轴．圆柱、圆锥、圆台和球体可以看成是分别由矩形绕它的一条边、直角三角形绕它的直角边、直角梯形绕它的直角腰和半圆绕它的直径旋转一周而成的立体，所以它们都是旋转体．

上述旋转体都可以看作是由连续曲线 $y=f(x)$，直线 $x=a$，$x=b$ 及 x 轴所围成的曲边梯形绕 x 轴旋转一周而成的立体．下面我们考虑用定积分来计算旋转体的体积．

取横坐标 x 为积分变量，它的变化区间为 $[a, b]$．相应于 $[a, b]$ 上的任一小区间 $[x, x+\mathrm{d}x]$ 的窄曲边梯形绕 x 轴旋转而成的薄片的体积近似于以 $f(x)$ 为底半径、$\mathrm{d}x$ 为高的扁圆柱体的体积，如图 7.13 所示，由此得到体积微元

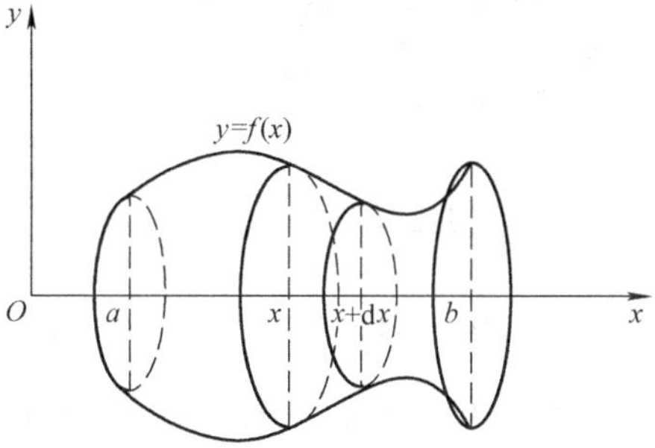

图　7.13

$$\mathrm{d}V = \pi[f(x)]^2\mathrm{d}x,$$

于是，所求旋转体的体积

$$V = \int_a^b \pi[f(x)]^2\mathrm{d}x.$$

例 6　连接坐标原点 O 及点 $P(h, r)$ 的直线，直线 $x=h$ 及 x 轴围成一个直角三角形．让它绕 x 轴旋转一周构成一个底半径为 r、高为 h 的圆锥体，计算这个圆锥体的体积．

解　过原点 O 及点 $P(h, r)$ 的直线方程为 $y=\frac{r}{h}x$. 取横坐标 x 为积分变量，它的变化区间为 $[0, h]$．圆锥体中相应于 $[0, h]$ 上任一小区间 $[x, x+\mathrm{d}x]$ 的薄片的体积近似于底半径为 $\frac{r}{h}x$、高为 $\mathrm{d}x$ 的扁圆柱体的体积，即体积微元

$$\mathrm{d}V = \pi\left(\frac{r}{h}x\right)^2\mathrm{d}x,$$

于是，所求圆锥体的体积为

$$V = \int_0^h \pi\left(\frac{r}{h}x\right)^2\mathrm{d}x = \left[\pi\frac{r^2}{h^2}\frac{1}{3}x^3\right]_0^h = \frac{\pi hr^2}{3}.$$

类似于上面的方法可以推出：由曲线 $x=\varphi(y)$，直线 $y=c$，$y=d(c<d)$ 和 y 轴所围成的曲边梯形，绕 y 轴旋转一周而成的旋转体(如图 7.14)的体积为

$$V=\int_a^b \pi[\varphi(y)]^2\mathrm{d}y.$$

7.4.3.2 平行截面面积已知立体的体积

设有一个立体，如图 7.15 所示，在分别过点 $x=a$，$x=b$ 且垂直于 x 轴的两个平面之间．对任意点 $x\in[a,\ b]$，立体过点 x 且垂直于 x 轴的截面面积是已知的连续函数 $A(x)$．对于这样的立体我们可以用微元法计算其体积．

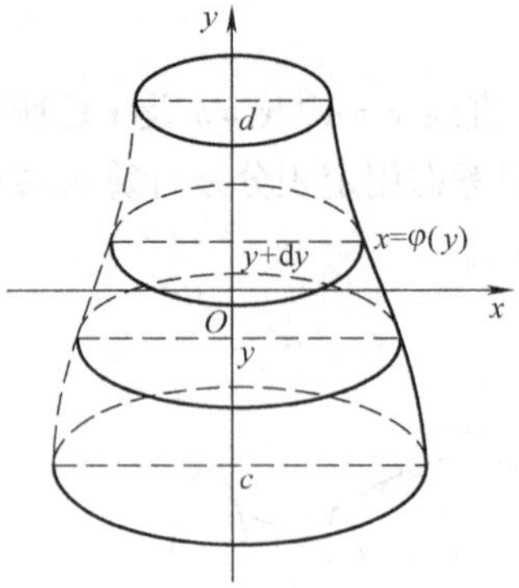

图 7.14

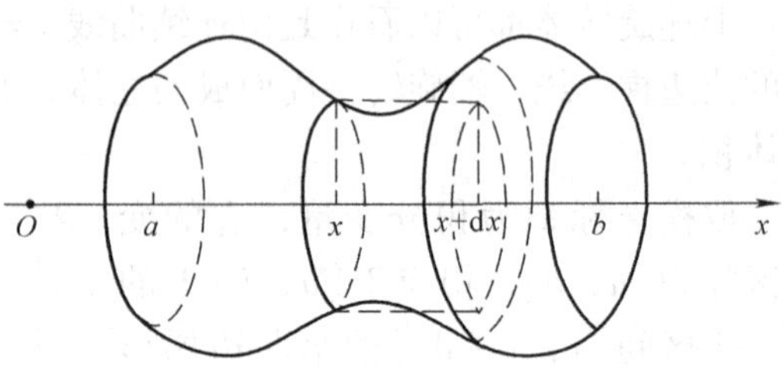

图 7.15

取 x 为积分变量，在区间 $[a,\ b]$ 任意取一个小区间 $[x,\ x+\mathrm{d}x]$，与之对应的薄片的体积近似于以 $A(x)$ 为底面面积、$\mathrm{d}x$ 为高的柱体体积，即体积微元为

$$\mathrm{d}V=A(x)\mathrm{d}x,$$

于是，得到所求立体的体积

$$V=\int_a^b A(x)\mathrm{d}x.$$

例 7 一个平面经过半径为 R 的圆柱体的底圆圆心，并与底面构成的二面角为 α，求这个平面截圆柱体所得的立体的体积．

解 取平面与圆柱体的底面交线为 x 轴，底面上过圆心且垂直于 x 轴的直线为 y 轴，如图 7.16 所示．这样底圆的方程为 $x^2+y^2=R^2$，过 x 轴上的点 x 且垂直于 x 轴的平面截立体所得的截面是直角三角形，其面积为 $\frac{1}{2}y(y\tan\alpha)$，

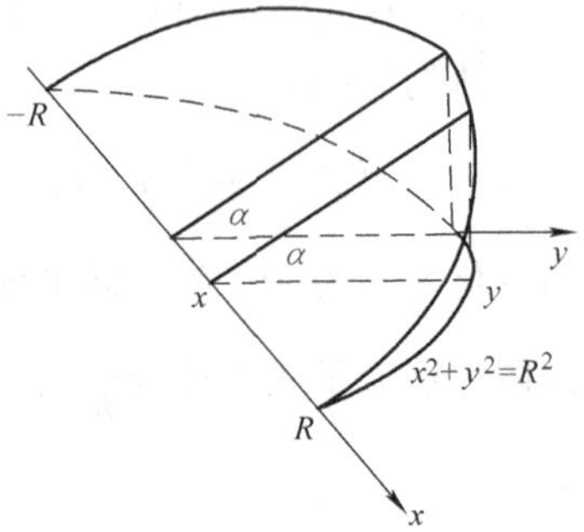

图 7.16

即体积微元为

$$\mathrm{d}V=\frac{1}{2}y^2\tan\alpha\mathrm{d}x=\frac{1}{2}(R^2-x^2)\tan\alpha\mathrm{d}x,$$

于是，得到所求立体的体积

$$V=\frac{\tan\alpha}{2}\int_{-R}^{R}(R^2-x^2)\mathrm{d}x$$
$$=\frac{\tan\alpha}{2}\left[R^2x-\frac{1}{3}x^3\right]_{-R}^{R}$$
$$=\frac{2}{3}R^2\tan\alpha.$$

7.4.4 平面曲线的弧长

设函数 $y=f(x)$ 在区间 $[a,\ b]$ 上有一阶连续导数，求对应于区间 $[a,\ b]$ 的曲线弧 $\overset{\frown}{AB}$ 的长度 L.

在 5.5.1 节中，我们已经得到了弧微分的公式

$$\mathrm{d}L=\sqrt{(\mathrm{d}x)^2+(\mathrm{d}y)^2},$$

因此，当曲线的函数是 $y=f(x)$ 时，其曲线弧的弧长微元为

$$\mathrm{d}L=\sqrt{1+(y')^2}\mathrm{d}x,$$

于是得到曲线弧 $\overset{\frown}{AB}$ 的长

$$L=\int_a^b\sqrt{1+(y')^2}\mathrm{d}x.$$

例 8 两根电线杆之间的电线，由于其本身的重量，下垂成曲线，这样的曲线叫悬链线，如图 7.17 所示．求悬链线 $y=\dfrac{\mathrm{e}^x+\mathrm{e}^{-x}}{2}$，$x\in[-a,\ a]$ 的弧长．

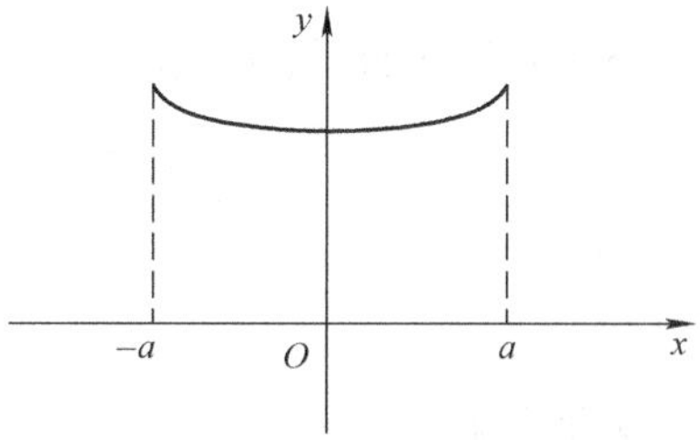

图 7.17

解 由 $y'=\dfrac{\mathrm{e}^x-\mathrm{e}^{-x}}{2}$，知弧长微元为

$$\mathrm{d}L=\sqrt{1+\left(\frac{\mathrm{e}^x-\mathrm{e}^{-x}}{2}\right)^2}\mathrm{d}x,$$

由于悬链线是对称的，故所求弧长为

$$L=2\int_0^a\sqrt{1+\left(\frac{\mathrm{e}^x-\mathrm{e}^{-x}}{2}\right)^2}\mathrm{d}x=2\int_0^a\frac{\mathrm{e}^x+\mathrm{e}^{-x}}{2}\mathrm{d}x=\mathrm{e}^a-\mathrm{e}^{-a}.$$

若曲线弧是由参数方程 $\begin{cases}x=\varphi(t),\\ y=\psi(t)\end{cases}$ $(\alpha\leqslant t\leqslant\beta)$ 给出，其中函数 $\varphi(t)$ 和 $\psi(t)$ 都连续可导，则由弧微分的公式 $\mathrm{d}L=\sqrt{(\mathrm{d}x)^2+(\mathrm{d}y)^2}$ 得到参数方程下的弧长微元为

$$\mathrm{d}L=\sqrt{[\varphi'(t)]^2+[\psi'(t)]^2}\mathrm{d}t,$$

于是，所求弧长为

$$L=\int_{\alpha}^{\beta}\sqrt{[\varphi'(t)]^2+[\psi'(t)]^2}\mathrm{d}t.$$

例 9 计算摆线$\begin{cases}x=a(t-\sin t),\\ y=a(1-\cos t)\end{cases}$$(a>0)$的一拱$(0\leqslant t\leqslant 2\pi)$的长度，如图 7.18 所示．

解 由于$\varphi'(t)=a(1-\cos t)$，$\psi'(t)=a\sin t$，故弧长微元为

$$\mathrm{d}L=\sqrt{[a(1-\cos t)]^2+(a\sin t)^2}\mathrm{d}t$$
$$=2a\sin\frac{t}{2}\mathrm{d}t,$$

于是，所求弧长为

$$L=\int_0^{2\pi}2a\sin\frac{t}{2}\mathrm{d}t=8a.$$

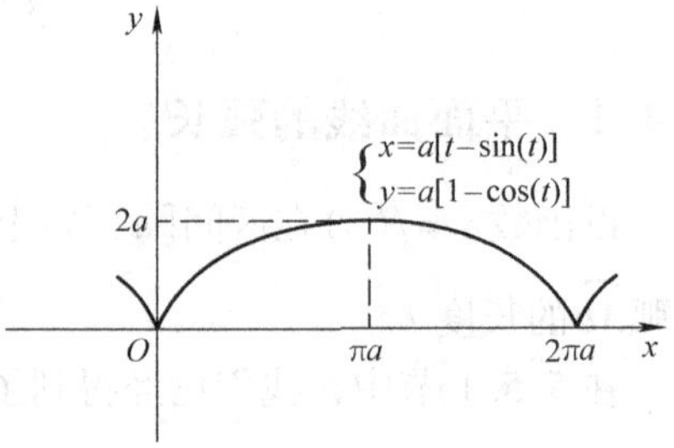

图 7.18

若曲线弧由极坐标方程$\rho=\rho(\theta)(\alpha\leqslant\theta\leqslant\beta)$给出，且$\rho=\rho(\theta)$在区间$[\alpha,\beta]$上有一阶连续导数．由于直角坐标和极坐标的关系为

$$\begin{cases}x=\rho(\theta)\cos\theta,\\ y=\rho(\theta)\sin\theta\end{cases}(\alpha\leqslant\theta\leqslant\beta)$$

故极坐标方程下的弧长微元

$$\mathrm{d}L=\sqrt{(\mathrm{d}x)^2+(\mathrm{d}y)^2}$$
$$=\sqrt{[\rho(\theta)\cos\theta]'^2+[\rho(\theta)\sin\theta]'^2}\mathrm{d}\theta$$
$$=\sqrt{\rho'(\theta)^2+\rho(\theta)^2}\mathrm{d}\theta,$$

从而得曲线弧长

$$L=\int_{\alpha}^{\beta}\sqrt{\rho'(\theta)^2+\rho(\theta)^2}\mathrm{d}\theta.$$

例 10 求心形线$\rho=1-\cos\theta$的全长．

解 由$\rho'=\sin\theta$，得弧长微元

$$\mathrm{d}L=\sqrt{\sin^2\theta+(1-\cos\theta)^2}\mathrm{d}\theta=2\left|\sin\frac{\theta}{2}\right|\mathrm{d}\theta,$$

因此，所求弧长为

$$L=\int_0^{2\pi}2\left|\sin\frac{\theta}{2}\right|\mathrm{d}\theta=4\int_0^{\pi}\sin\frac{\theta}{2}\mathrm{d}\theta=\left[-8\cos\frac{\theta}{2}\right]_0^{\pi}=8.$$

习题 7.4

1. 求由$y^2=x$及$y=x-2$所围成图形的面积．

2. 求由 $y=\sin x$ 及 $y=\sin 2x$ 所围成图形的面积($0\leqslant x\leqslant \pi$).

3. 已知 $f(x)=\int_{-1}^{x}(1-|t|)\mathrm{d}t(x\geqslant -1)$，求曲线 $y=f(x)$ 与 x 轴所围成的平面图形的面积.

4. 求半径为 R 的球体的体积.

5. 求圆 $x^2+(y-b)^2=R^2(b>R>0)$，绕 x 轴旋转所成立体的体积.

6. 求曲线 $y=\mathrm{e}^x$，$y=\sin x$，$x=0$ 和 $x=1$ 所围成的图形绕 x 轴旋转所成立体的体积.

7. 求曲线 $y^2=x^3$ 上相应于 $x=0$ 到 $x=1$ 的一段弧的长度.

8. 求曲线 $\begin{cases}x=\mathrm{e}^t\sin t,\\ y=\mathrm{e}^t\cos t\end{cases}$ 上相应于 $t=0$ 到 $t=\dfrac{\pi}{2}$ 的一段弧的长度.

9. 求对数螺旋线 $\rho=\mathrm{e}^{a\theta}$ 相应于自 $\theta=0$ 到 $\theta=\varphi$ 的一段弧的长度.

7.5　定积分在物理上的应用

定积分在物理上的应用比较广泛，本节我们仅简单讨论变力沿直线所做的功、水的压力和质点的引力等物理量的计算.

7.5.1　变力沿直线所做的功

由物理学知道，如果一个物体受到常力 F 的作用，使该物体沿力的方向移动了距离 s，则力 F 对该物体所做的功为 $W=F\cdot s$. 如果该物体受到的力不是常力而是变力，则变力对该物体所做的功为多少?

设某物体受到变力 $F=F(x)$ 的作用沿 Ox 轴从点 $x=a$ 移动到点 $x=b$，且变力的方向与 Ox 轴的方向一致，如图 7.19 所示，现在计算在这一过程中变力 $F=F(x)$ 对物体所做的功.

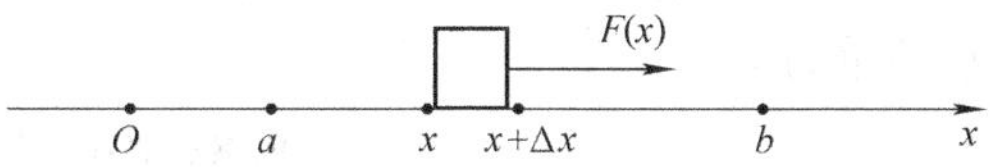

图　7.19

由微元法，取 x 为积分变量，其变化区间为 $[a,b]$，在区间内任取一个小区间 $[x,x+\mathrm{d}x]$. 当 $\mathrm{d}x$ 充分小时，物体在区间 $[x,x+\mathrm{d}x]$ 所受的力近似地看做常力 $F(x)$，因此变力 $F(x)$ 在区间 $[x,x+\mathrm{d}x]$ 上对物体所做的功近似等于 $F(x)\cdot\mathrm{d}x$，即功微元为

$$\mathrm{d}W=F(x)\cdot\mathrm{d}x,$$

于是，变力所做的功为

$$W=\int_a^b F(x)\cdot\mathrm{d}x.$$

例 1　在底面积为 S 的圆柱形容器中盛有一定的气体，在等温的条件下，由

于气体的膨胀，把容器中的面积为 S 的活塞从点 a 处移动到点 b 处，求移动过程中气体压力所做的功.

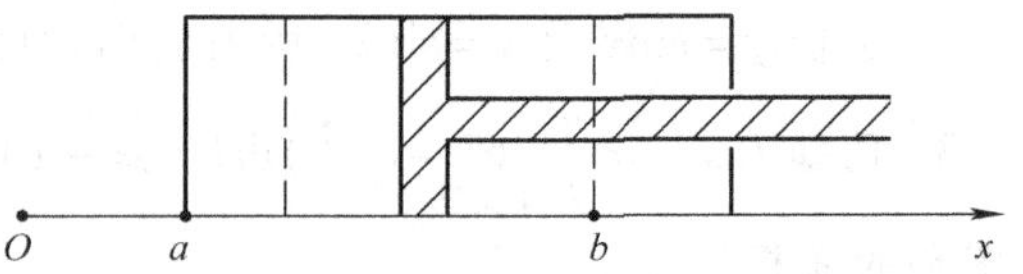

图 7.20

解 建立坐标系如图 7.20 所示，由物理学知道，在等温条件下，压强 P 与体积 V 成反比，即 $P=\frac{k}{V}=\frac{k}{Sx}$，从而作用在活塞上的压力为

$$F = PS = \frac{k}{x}.$$

在区间 $[a, b]$ 内任取一个小区间 $[x, x+\mathrm{d}x]$，活塞从 x 处移动到 $x+\mathrm{d}x$ 处所做的功近似的看成常力 $F=\frac{k}{x}$ 所做的功，由此得到功的微元

$$\mathrm{d}W = \frac{k}{x}\mathrm{d}x,$$

于是，所求的功为

$$W = \int_a^b \frac{k}{x}\mathrm{d}x = k\ln\frac{b}{a}.$$

例 2 一个圆柱形容器高为 Hm，底圆半径为 Rm，如果容器内盛满水，求把容器内的水全部吸出，至少需做多少功?

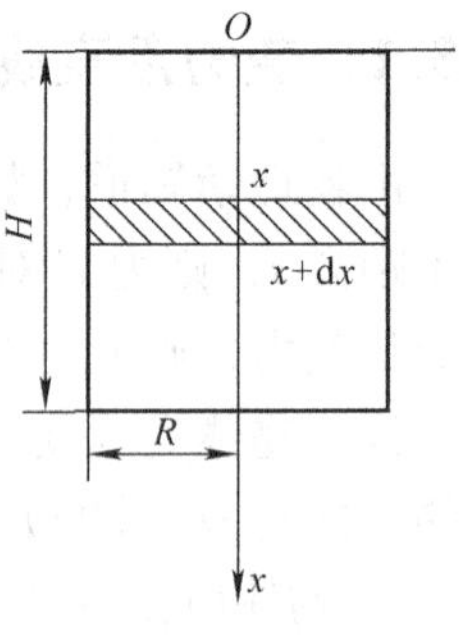

图 7.21

解 建立坐标系如图 7.21 所示. 这个问题虽然不是变力做功，但是吸出不同高度的水所做的功不同，因此也可以用定积分来计算.

取为 x 积分变量，其变化区间为 $[0, H]$，在区间内任取一个小区间 $[x, x+\mathrm{d}x]$，该小区间上对应的这一薄层水的重力为

$$9.8\pi R^2\mathrm{d}x(\mathrm{kN}),$$

将这薄层水抽出所做的功近似地为

$$\mathrm{d}W = 9.8\pi R^2 x\mathrm{d}x(\mathrm{kJ}),$$

于是，所求的功为

$$W = \int_0^H 9.8\pi R^2 x\mathrm{d}x = 4.9\pi R^2 H^2(\mathrm{kJ}).$$

7.5.2 水的压力

由物理学知道，如果有一个面积为 A 的平板，水平放置在水中深度为 h 处，

则平板一侧所受的压力为 $F=\rho hA$，其中 ρ 为水的比重，$\rho=9.8\text{kN/m}^3$.

如果把平板垂直放在水中，由于水深不同的点处压强不同，平板一侧所受到的压力不能用上述方法计算，但我们可以用定积分来计算此时平板一侧所受的压力.

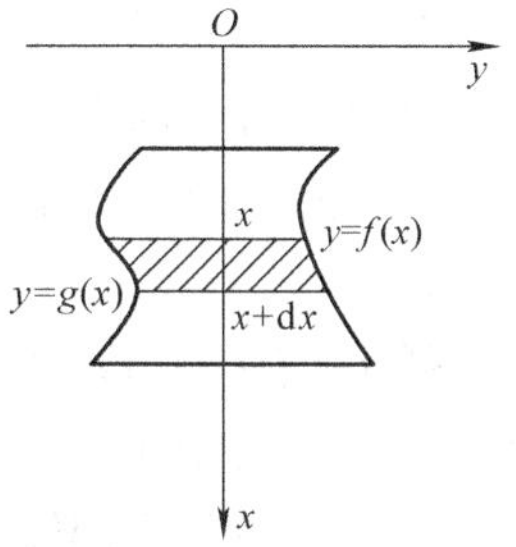

图　7.22

设有平板如图 7.22 所示，它由 $y=f(x)$，$y=g(x)$，$x=a$ 和 $x=b$ 围成，垂直放在水中，水平面与 y 轴平齐，求所受水的压力 F.

取水的深度 x 为积分变量，其变化区间为 $[a,\ b]$，在区间内任取一个小区间 $[x,\ x+\mathrm{d}x]$，当 $\mathrm{d}x$ 充分小的时候，所对应的小曲边梯形上各点处的压强近似看成深度为 x 处的压强，则小曲边梯形所受的压力的近似值，即压力微元为

$$\mathrm{d}F=\rho x[f(x)-g(x)]\mathrm{d}x,$$

于是，所求的压力为

$$F=\int_a^b \rho x[f(x)-g(x)]\mathrm{d}x.$$

例 3　有一等腰梯形闸门，其上底长 10m，下底长 6m，高 20m. 该闸门所在的面与水面垂直，且上底与水面平齐. 求该闸门所受的压力.

解　建立坐标系如图 7.23 所示，则线段 AB 的方程为

$$y=5-\frac{x}{10}.$$

由对称性可知，压力微元为

$$\mathrm{d}F=2\rho x\left(5-\frac{x}{10}\right)\mathrm{d}x,$$

于是，所求的压力为

$$F=\int_0^{20} 2\rho x\left(5-\frac{x}{10}\right)\mathrm{d}x$$

$$=9.8\times\frac{44}{3}\times 10^2(\text{kN})\approx 14373(\text{kN}).$$

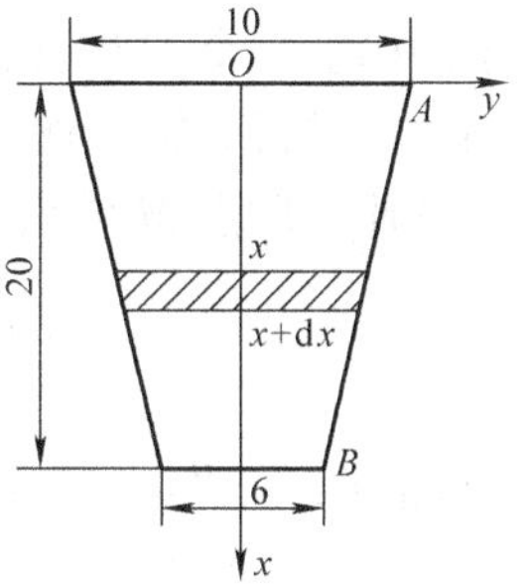

图　7.23

7.5.3　引力

由物理学理论知道，质量分别为 m_1 和 m_2，且相距为 r 的两个质点之间的引力为

$$F=G\frac{m_1 m_2}{r^2}$$

其中 G 为引力系数，引力方向沿着两个质点的连线．如果求一个细棒对一个质点的引力，由于棒上各点与该质点的距离是不同的，且各点对该质点的引力方向也是不同的，因此不能用上述公式计算．下面通过具体例子来说明求这种引力的方法．

例 4 有一长度为 l 线密度为 ρ 的均匀细棒，在其中垂线上距棒 a 单位处有一质量为 m 的质点 M，计算该棒对质点的引力．

解 建立坐标系如图 7.24 所示，取 x 为积分变量，其变化区间为 $\left[-\frac{l}{2}, \frac{l}{2}\right]$，在区间内任取一个小区间 $[x, x+\mathrm{d}x]$，当 $\mathrm{d}x$ 充分小的时候，所对应的小细棒近似看成一个质量为 $\rho\mathrm{d}x$ 的质点，它与质点 M 的距离近似为 $\sqrt{x^2+a^2}$，因此小段细棒对质点 M 的引力，即引力微元为

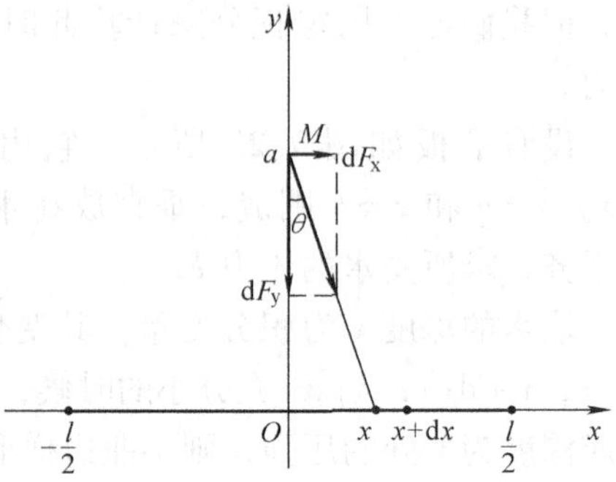

图 7.24

$$\mathrm{d}F = G\frac{m\rho\mathrm{d}x}{x^2+a^2}.$$

由于细棒上每个点对质点 M 的引力方向不同，因此，我们必须把引力微元沿坐标轴方向进行分解，然后求同一个方向的力的代数和并求极限．

细棒对质点 M 的引力沿 y 轴方向上的分力 F_y 的引力微元为

$$\mathrm{d}F_y = \mathrm{d}F\cdot\cos\theta = G\frac{am\rho\mathrm{d}x}{(x^2+a^2)^{\frac{3}{2}}},$$

其中 $\cos\theta=\frac{a}{\sqrt{x^2+a^2}}$，于是引力在 y 轴方向上的分力

$$F_y = \int_{-\frac{l}{2}}^{\frac{l}{2}} G\frac{am\rho\mathrm{d}x}{(x^2+a^2)^{\frac{3}{2}}} = \frac{2Gm\rho l}{a\sqrt{l^2+4a^2}}.$$

由对称性可知，x 轴方向上的分力 $F_x=0$.

因此，所求引力大小为 $\frac{2Gm\rho l}{a\sqrt{l^2+4a^2}}$，方向与细棒垂直且由 M 指向细棒．

习题 7.5

1. 有一锥形储水池盛满水，其口径 20m 深 15m. 用抽水机将水抽尽，求所做的功．

2. 用铁锤将一铁钉击入木板，木板对铁钉的阻力与铁钉击入木板的深度成

正比．在击第一次时，将铁钉击入木板 1cm. 如果铁锤每次击打铁钉所做的功相等，问锤击第二次时，铁钉又击入多少？

3. 一底为 8cm、高为 6cm 的等腰三角形片，铅直地沉没在水中，顶在上，底在下，且底与水面平行，而顶离水面 3cm，试求它每侧所受的水压力．

4. 两个质点的质量分别为 m 和 M，相距为 a. 现将质量为 m 的质点沿两质点连线向外移动 l，求克服引力所做的功．

5. 设有半径为 R 中心角为 φ 的圆弧形均匀细棒，其线密度为 ρ，在圆心处有一质量为 m 的质点 M，试求这细棒对质点 M 的引力．

第 8 章　微 分 方 程

在科学研究和生产实际问题中，我们需要发现客观事物的相互影响关系及其变化规律，反映在数学上就是寻找变量之间的函数关系．但在解决实际问题的过程中，我们从已知条件得到的往往是包含未知函数、甚至是包含未知函数导数或微分的方程(组)，也就是我们在本章介绍的微分方程．

本章主要介绍微分方程的基本概念，并重点研究可分离变量的微分方程、一阶线性微分方程和二阶常系数线性微分方程的求解方法．

8.1　微分方程的基本概念

下面我们先来看一个例子．

例 1　已知一条曲线过点(1，2)，且在该直线上任意点 $P(x, y)$ 处的切线斜率为 $2x$，求这条曲线方程．

解　设所求曲线的方程为 $y=y(x)$，我们根据导数的几何意义，可知 $y=y(x)$ 应满足方程

$$\frac{\mathrm{d}y}{\mathrm{d}x}=2x. \tag{8.1}$$

我们发现方程(8.1)中含有未知函数 y 的导数，像这种包含未知函数的导数(或微分)的函数方程称为**微分方程**．

在微分方程中，如果未知函数是一元函数，则称为**常微分方程**；如果未知函数是多元函数，则称为**偏微分方程**．本章只研究常微分方程，常微分方程一般具有如下形式

$$F(x,y,y',\cdots,y^{(n)})=0.$$

微分方程中未知函数的最高阶导数(或微分)的阶数，称为**微分方程的阶**．例如，方程(8.1)是一阶微分方程，而方程 $y''+4y'+3y=\sin x$ 是二阶微分方程．

如果将某个已知函数代入微分方程中，能使得该微分方程成为恒等式，则称此函数为该**微分方程的解**．如果 n 阶微分方程的解中含有 n 个独立的任意常数，则称这样的解为微分方程的**通解**．而确定了通解中任意常数值的解，称为方程的**特解**．

通常，为了确定微分方程的某个特解，先要求出其通解，然后再代入确定任意常数的条件(称为**初始条件**)，求出满足初始条件的特解．

例如，$y=x^2+C$ 是方程(8.1)的通解，而 $y=x^2+1$ 是方程(8.1)满足初始条件"$x=1$ 时，$y=2$"的特解．

设微分方程中的未知函数为 $y=y(x)$，如果微分方程是一阶的，通常用来确定任意常数的条件形如 $y(x_0)=y_0$，或记为 $y\big|_{x=x_0}=y_0$. 二阶方程给出两个初始条件，常见的初始条件形如：

$$y(x_0)=y_0, y'(x_0)=y_1, \text{或记为 } y\big|_{x=x_0}=y_0, y'\big|_{x=x_0}=y_1.$$

其中 x_0，y_0，y_1 为给定的常数，即当自变量取某个特定值时，给出未知函数及其导数的对应值．

微分方程 $y'=f(x,y)$ 满足初始条件 $y\big|_{x=x_0}=y_0$ 的特解的求解问题，称为一阶微分方程的**初值问题**，记作

$$\begin{cases} y'=f(x,y), \\ y\big|_{x=x_0}=y_0. \end{cases} \tag{8.2}$$

微分方程的解的图形是一条曲线，称为**微分方程的积分曲线**．由于微分方程的通解中含有任意常数，当任意常数取不同的值时，得到不同的积分曲线，所以通解的图形是一族积分曲线．

二阶微分方程的初值问题可类似定义．

例 8.2 验证函数

$$x=C_1\cos kt+C_2\sin kt \tag{8.3}$$

是微分方程

$$\frac{d^2x}{dt^2}+k^2x=0 \tag{8.4}$$

的解．

解 对 $x=C_1\cos kt+C_2\sin kt$ 两边求导，得

$$\frac{dx}{dt}=-kC_1\sin kt+kC_2\cos kt, \tag{8.5}$$

再对上式两边求导，得

$$\frac{d^2x}{dt^2}=-k^2C_1\cos kt-k^2C_2\sin kt=-k^2(C_1\cos kt+C_2\sin kt).$$

把$\frac{d^2x}{dt^2}$及 x 的表达式代入方程(8.4)，得

$$-k^2(C_1\cos kt+C_2\sin kt)+k^2(C_1\cos kt+C_2\sin kt)\equiv 0,$$

因此函数 $x=C_1\cos kt+C_2\sin kt$ 是微分方程$\frac{d^2x}{dt^2}+k^2x=0$ 的解．

例 3 当 $k\neq 0$ 时，已知函数 $x=C_1\cos kt+C_2\sin kt$ 是微分方程(8.4)的通解，求满足初始条件

$$x\big|_{t=0}=A,\left.\frac{\mathrm{d}x}{\mathrm{d}t}\right|_{t=0}=0$$

的特解.

解 将 $t=0$ 时，$x=A$ 代入式(8.3)，得 $C_1=A$；将 $t=0$ 时，$\frac{\mathrm{d}x}{\mathrm{d}t}=0$ 代入式(8.5)，得 $C_2=0$. 把 $C_1=A$，$C_2=0$ 代入式(8.3)，得到所求的特解

$$x=A\cos kt.$$

形如

$$a_n(x)y^{(n)}+a_{n-1}(x)y^{(n-1)}+\cdots+a_1(x)y'+a_0(x)y=f(x) \tag{8.6}$$

的微分方程称为**线性微分方程**，如果其中 $f(x)\equiv 0$，则称方程(8.6)为**齐次线性微分方程**，否则称方程(8.6)为**非齐次线性微分方程**. 如果方程(8.6)中系数 $a_i(x)$ 都是常数，$i=0, 1, \cdots, n$，则称其为**常系数线性微分方程**.

例1和例2中的微分方程都是线性微分方程，而 $yy'+x=1$ 和 $(y')^2+xy=0$ 都不是线性微分方程.

本章将重点介绍一阶和二阶线性微分方程的解法.

习题 8.1

1. 指出下列各微分方程的阶数.

(1) $x(y')^2-2yy'+x=0$；　(2) $(y'')^3+5(y')^4-y^5+x^6=0$；

(3) $xy'''+2y''+x^2y=0$；　(4) $(x^2-y^2)\mathrm{d}x+(x^2+y^2)\mathrm{d}y=0$.

2. 指出下列各题中的函数是否为所给微分方程的解.

(1) $y=5x^2$，$xy'=2y$；

(2) $y=x^2\mathrm{e}^x$，$y''-2y'+y=0$；

(3) $y=\ln\sec(x+1)$，$y''=1+y'^2$；

(4) $xy=C_1\mathrm{e}^x+C_2\mathrm{e}^{-x}$，$xy''+2y'-xy=0$.

3. 在下列各题给出的微分方程的通解中，按照所给的初始条件确定特解.

(1) $x^2-y^2=C$，$y\big|_{x=0}=5$；

(2) $y=C_1\sin(x-C_2)$，$y\big|_{x=\pi}=1$，$y'\big|_{x=\pi}=0$.

4. 写出由下列条件确定的曲线所满足的微分方程.

(1) 曲线在点(x, y)处的切线斜率等于该点横坐标的平方；

(2) 曲线上点 $P(x, y)$ 处的法线与 x 轴的交点为 Q，而线段 PQ 被 y 轴平分.

8.2 一阶微分方程

一阶微分方程的一般形式为

$$y' = f(x,y), \tag{8.7}$$

其中 $f(x, y)$ 是 x，y 的已知函数．下面我们讨论一阶微分方程的解法．

8.2.1 可分离变量的微分方程

形如

$$\frac{dy}{dx} = f(x)g(y) \tag{8.8}$$

的一阶微分方程称为**可分离变量的微分方程**，其中 $f(x)$，$g(y)$ 均为已知连续函数．就是说能把微分方程写成一端只含 y 的函数和 dy，另一端只含 x 的函数和 dx，那么原方程就是可分离变量的微分方程．

求解方程(8.8)的**分离变量法**的步骤如下：

先将方程(8.8)分离变量，得

$$\frac{dy}{g(y)} = f(x)dx, g(y) \neq 0,$$

对上式两端分别积分

$$\int \frac{dy}{g(y)} = \int f(x)dx,$$

得通解

$$G(y) = F(x) + C,$$

其中 $G(y)$ 和 $F(x)$ 分别是 $\frac{1}{g(y)}$ 和 $f(x)$ 的一个原函数，C 为任意常数．

例 1 求方程 $y' = 2xy$ 的通解．

解 这是一个可分离变量的方程，分离变量后得

$$\frac{dy}{y} = 2xdx \quad (y \neq 0), \tag{8.9}$$

对上式两端分别积分，得 $\ln|y| = x^2 + C_1$，即

$$y = \pm e^{x^2+C_1}.$$

令 $\pm e^{C_1} = C$，又因为 $y \equiv 0$ 也是方程(8.9)的解，故

$$y = Ce^{x^2}$$

为该方程的通解．

例 2 求微分方程 $xy\frac{dy}{dx} = x^2 + y^2$ 的通解．

解 这个方程不能直接分离变量，而是通过**变量替换法**将方程化为可分离变量的方程再求解．

原方程可化为

$$\frac{dy}{dx} = \frac{x}{y} + \frac{y}{x}. \tag{8.10}$$

作变量代换 $u=\frac{y}{x}$，即 $y=ux$，其中 u 是新的未知函数．对 $y=ux$ 两端关于 x 求导，得

$$\frac{\mathrm{d}y}{\mathrm{d}x}=u+x\frac{\mathrm{d}u}{\mathrm{d}x}. \tag{8.11}$$

将 $u=\frac{y}{x}$和方程(8.11)代入方程(8.10)中，得

$$u+x\frac{\mathrm{d}u}{\mathrm{d}x}=\frac{1}{u}+u,\quad \text{即 } x\frac{\mathrm{d}u}{\mathrm{d}x}=\frac{1}{u},$$

分离变量并两端分别积分，得

$$u^2=2\ln|x|+C\quad (C\text{ 为任意常数}),$$

将 u 替换为$\frac{y}{x}$，得到原方程的通解

$$y^2=2x^2\ln|x|+Cx^2.$$

如果一阶微分方程可化成

$$\frac{\mathrm{d}y}{\mathrm{d}x}=\varphi\left(\frac{y}{x}\right) \tag{8.12}$$

的形式，那么就称这个方程为**齐次微分方程**，简称**齐次方程**．对于方程(8.12)，通常可通过变量替换 $u=\frac{y}{x}$将方程化为可分离变量的方程求解．

例 3 放射性元素铀由于不断地有原子放射出微粒子而变成其他元素，铀的含量也随之不断减少，这种现象叫做衰变．由原子物理学知道，铀的衰变速度与当时未衰变的铀原子的含量 M 成正比．已知 $t=0$ 时铀的含量为 M_0，求在衰变过程中铀含量 $M(t)$ 随时间 t 变化的规律．

解 铀的衰变速度就是 $M(t)$ 对时间 t 的导数$\frac{\mathrm{d}M}{\mathrm{d}t}$. 由于铀的衰变速度与其含量成正比，故得微分方程

$$\frac{\mathrm{d}M}{\mathrm{d}t}=-\lambda M, \tag{8.13}$$

其中 $\lambda(\lambda>0)$是常数，称为衰变系数，λ 前面的负号表示当 t 增加时 M 单调减少，即$\frac{\mathrm{d}M}{\mathrm{d}t}<0$.

由题意，初始条件为 $M|_{t=0}=M_0$. 方程(8.13)是可分离变量的，分离变量后得

$$\frac{\mathrm{d}M}{M}=-\lambda\mathrm{d}t.$$

对上式两端积分

$$\int\frac{\mathrm{d}M}{M}=\int(-\lambda)\mathrm{d}t,$$

由于 $M>0$，于是有

$$\ln M=-\lambda t+\ln C,$$

即 $M=C\mathrm{e}^{-\lambda t}$是方程(8.13)的通解，其中 C 为任意常数．将初始条件代入上式，得

$$M_0=C\mathrm{e}^0=C,$$

所以

$$M=M_0\mathrm{e}^{-\lambda t}.$$

由此可见铀的含量随时间的增加而按指数规律衰减．

8.2.2 一阶线性微分方程

下面讨论形如

$$y'+P(x)y=Q(x) \tag{8.14}$$

的一阶线性微分方程的解法，其中 $P(x)$，$Q(x)$为 x 的已知连续函数．

为了求解非齐次线性微分方程(8.14)的通解，我们先研究对应于非齐次线性方程(8.14)的齐次线性方程

$$y'+P(x)y=0 \tag{8.15}$$

方程(8.15)是可分离变量的，分离变量后得

$$\frac{\mathrm{d}y}{y}=-P(x)\mathrm{d}x,$$

两端积分，得 $\ln|y|=-\int P(x)\mathrm{d}x+C_1$，即有

$$y=C\mathrm{e}^{-\int P(x)\mathrm{d}x}\quad(C=\pm\mathrm{e}^{C_1}),$$

这是(8.14)对应的齐次线性方程(8.15)的通解．

下面利用常数变易法求非齐次线性方程(8.14)的通解．该方法是把(8.15)的通解中的 C 换成 x 的未知函数 $u(x)$，即设方程(8.14)的解为

$$y=u(x)\cdot\mathrm{e}^{-\int P(x)\mathrm{d}x}, \tag{8.16}$$

于是，我们有

$$\frac{\mathrm{d}y}{\mathrm{d}x}=u'(x)\mathrm{e}^{-\int P(x)\mathrm{d}x}-u(x)P(x)\mathrm{e}^{-\int P(x)\mathrm{d}x}, \tag{8.17}$$

将式(8.16)和式(8.17)代入方程(8.14)，得

$$u'(x)\mathrm{e}^{-\int P(x)\mathrm{d}x}-u(x)P(x)\mathrm{e}^{-\int P(x)\mathrm{d}x}+u(x)P(x)\mathrm{e}^{-\int P(x)\mathrm{d}x}=Q(x),$$

即

$$u'(x)e^{-\int P(x)dx} = Q(x) \text{ 或 } u'(x) = Q(x)e^{\int P(x)dx},$$

两端积分，得

$$u(x) = \int Q(x)e^{\int P(x)dx}dx + C \quad (C\text{ 为任意常数})$$

把上式代入式(8.16)，便得到非齐次线性方程(8.14)的通解

$$y = e^{-\int P(x)dx}\left(\int Q(x)e^{\int P(x)dx}dx + C\right) \quad (C\text{ 为任意常数}). \tag{8.18}$$

注 上例中所采用的将任意常数变换为待定函数求解微分方程的方法，称为**常数变易法**.

例 4 求方程 $xy' + y = e^x (x > 0)$ 的通解.

解 (解法一)所给方程可写为

$$y' + \frac{y}{x} = \frac{e^x}{x}. \tag{8.19}$$

先求得方程(8.19)对应的齐次线性方程的通解为

$$y = \frac{C}{x} \quad (C\text{ 为任意常数})$$

再利用常数变易法，设方程(8.19)的解为

$$y = \frac{u(x)}{x},$$

代入方程(8.19)得

$$\frac{xu'(x) - u(x)}{x^2} + \frac{u(x)}{x^2} = \frac{e^x}{x},$$

化简得

$$u'(x) = e^x,$$

等式两边积分得

$$u(x) = e^x + C \quad (C\text{ 为任意常数})$$

故得到方程(8.19)的通解为

$$y = \frac{1}{x}(e^x + C) \quad (C\text{ 为任意常数}).$$

(解法二)本题也可直接利用通解公式(8.18)求解.

这里，$P(x) = \frac{1}{x}$，$Q(x) = \frac{e^x}{x}$，代入公式(8.18)，得方程的通解为

$$y = e^{-\int \frac{1}{x}dx}\left[\int \frac{e^x}{x}e^{\int \frac{1}{x}dx}dx + C\right] = \frac{1}{x}(e^x + C),$$

其中 C 为任意常数.

注 直接利用通解公式(8.18)求解时，必须先将原方程化为形如(8.14)的标准形式.

例 5　设 $y=f(x)$ 是第一象限内连接点 $A(0,\ 1)$, $B(1,\ 0)$ 的一段连续曲线，$M(x,\ y)$ 为该曲线上任意一点，点 C 为 M 在 x 轴上的投影，O 为原点．若梯形 $OCMA$ 的面积与曲边三角形 CBM 的面积之和为 $\frac{x^3}{6}+\frac{1}{3}$，求 $f(x)$ 的表达式．

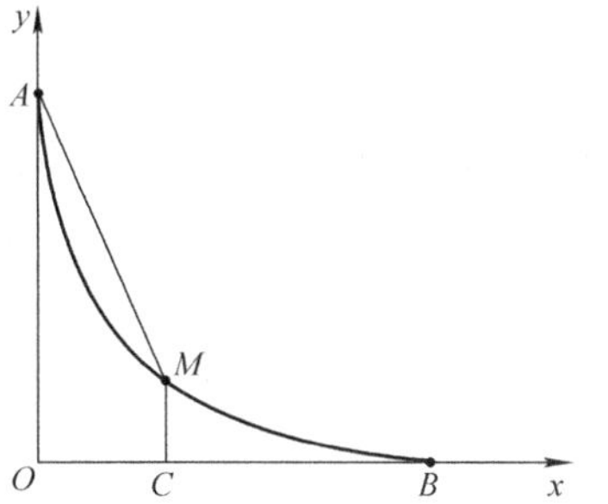

图　8.1

解　如图 8.1 所示，由题设得

$$\frac{x}{2}[1+f(x)]+\int_x^1 f(t)\,\mathrm{d}t=\frac{x^3}{6}+\frac{1}{3},$$

两端求导得

$$\frac{1}{2}[1+f(x)]+\frac{1}{2}xf'(x)-f(x)=\frac{x^2}{2},$$

即

$$f'(x)-\frac{1}{x}f(x)=\frac{x^2-1}{x}\quad (x\neq 0).$$

利用一阶线性方程的通解公式得

$$\begin{aligned} f(x)&=\mathrm{e}^{\int\frac{1}{x}\mathrm{d}x}\left(\int\frac{x^2-1}{x}\mathrm{e}^{-\int\frac{1}{x}\mathrm{d}x}\mathrm{d}x+C\right)\\ &=x\left(\int\frac{x^2-1}{x^2}\mathrm{d}x+C\right)\\ &=x^2+1+Cx. \end{aligned}$$

当 $x=0$ 时，有 $f(0)=1$，说明上述解在 $x=0$ 时有意义．将条件 $f(1)=0$ 代入到通解中，得 $C=-2$，于是有

$$f(x)=x^2-2x+1.$$

例 6　求微分方程 $(y^2-6x)y'+2y=0$ 满足条件 $x=2$ 时 $y=1$ 的特解．

解　显然，所给方程关于 y 及 y' 不是一次的．但是将方程改写为

$$\frac{\mathrm{d}x}{\mathrm{d}y}=\frac{6x-y^2}{2y},$$

即

$$\frac{\mathrm{d}x}{\mathrm{d}y}-\frac{3}{y}x=-\frac{y}{2},\tag{8.20}$$

并在方程中将 x 视为 y 的函数，则方程(8.20)关于未知函数 $x(y)$ 及其导数 $\frac{\mathrm{d}x}{\mathrm{d}y}$ 是一次的，即为一阶线性方程，按一阶线性方程的解法可求得通解．

方程(8.20)对应的齐次微分方程为

$$\frac{dx}{dy}-\frac{3}{y}x=0,$$

分离变量，解得 $x=Cy^3$（C 为任意常数）. 令 $x=u(y)y^3$，则有

$$\frac{dx}{dy}=\frac{du}{dy}y^3+u\cdot 3y^2,$$

代入方程(8.20)，得

$$y^3\frac{du}{dy}=-\frac{y}{2},$$

解之得

$$u=\frac{1}{2y}+C.$$

故方程(8.20)的通解为

$$x=\left(\frac{1}{2y}+C\right)y^3=\frac{y^2}{2}+Cy^3.$$

将条件 $x=2$ 时 $y=1$ 代入，得到 $C=\frac{3}{2}$. 因此，所求特解为

$$x=\frac{y^2}{2}+\frac{3}{2}y^3.$$

习题 8.2

1. 求下列可分离变量微分方程的通解.

(1) $xy'-y\ln y=0$；　(2) $y'=\dfrac{1+y}{1-x}$；

(3) $\sqrt{1-x^2}y'=\sqrt{1-y^2}$；　(4) $(xy^2+x)dx+(y-x^2y)dy=0$；

(5) $\sec^2x\tan y dx+\sec^2y\tan x dy=0$；　(6) $(e^{x+y}-e^x)dx+(e^{x+y}+e^y)dy=0$；

(7) $xy'-y-\sqrt{x^2+y^2}=0$；　(8) $(x^2+y^2)dx-xydy=0$.

2. 求下列可分离变量微分方程满足所给初始条件的特解.

(1) $y'=e^{2x-y}$，$y|_{x=0}=0$；　(2) $y'\sin x=y\ln y$，$y|_{x=\frac{\pi}{2}}=e$；

(3) $\dfrac{x}{1+y}dx-\dfrac{y}{1+x}dy=0$，$y|_{x=0}=1$；

(4) $\cos y dx+(1+e^{-x})\sin y dy=0$，$y|_{x=0}=\dfrac{\pi}{4}$；

(5) $y'=\dfrac{x}{y}+\dfrac{y}{x}$，$y|_{x=1}=2$；

(6) $(y^2-3x^2)dy+2xydx=0$，$y|_{x=0}=1$.

3. 求下列微分方程的通解.

(1) $\frac{dy}{dx}+y=e^{-x}$；　(2) $\frac{dy}{dx}-y=\sin x$；

(3) $y'+y\cos x=e^{-\sin x}$；　(4) $y'+y\tan x=\sin 2x$；

(5) $y'+2xy=4x$；　(6) $(x-2y)dy+dx=0$.

4. 求下列微分方程满足所给初始条件的特解.

(1) $y'-\frac{y}{x+1}=(x+1)e^x$，$y|_{x=0}=1$；

(2) $y'-y\tan x=\sec x$，$y|_{x=0}=0$；

(3) $y'+\frac{y}{x}=\frac{\sin x}{x}$，$y|_{x=\pi}=1$；　(4) $y'+y\cot x=5e^{\cos x}$，$y|_{x=\frac{\pi}{2}}=-4$.

5. 一曲线通过点(2, 3)，它在两坐标轴间的任一切线线段均被切点所平分，求这曲线的方程.

6. 质量为 1g(克)的质点受外力作用作直线运动，这外力与时间成正比，和质点运动的速度成反比. 在 $t=10$s 时，速度为 50cm/s，外力为 4g · cm/s^2. 问从运动开始过了一分钟后质点的速度是多少?

7. 求一曲线，这曲线通过原点，并且它在点(x, y)处的切线斜率等于 $2x+y$.

8. 设有质量为 m 的质点作直线运动. 从速度等于零的时刻起，有一个与运动方向一致、大小与时间成正比(比例系数为 k_1)的力作用于它，此外还受到与速度成正比(比例系数为 k_2)的阻力. 求质点运动的速度与时间的函数关系.

8.3 可降阶的高阶方程

二阶及二阶以上的微分方程称为**高阶微分方程**. 求解高阶微分方程的方法之一是设法降低方程的阶数，本节只介绍三种特殊形式的高阶方程的求解问题.

8.3.1 形如 $y^{(n)}=f(x)$ 的微分方程

对这类方程，只需两端分别积分一次就可化为 $n-1$ 阶方程

$$y^{(n-1)}=\int f(x)\,dx+C_1,$$

再次积分可得

$$y^{(n-2)}=\int\left[\int f(x)\,dx+C_1\right]dx+C_2.$$

以此法继续进行，连续积分 n 次，便得到原方程的通解.

例 1　求方程 $y''=\cos x$ 的通解.

解　第一次积分得

$$y' = \int \cos x \mathrm{d}x = \sin x + C_1,$$

第二次积分即得到方程得通解

$$y = -\cos x + C_1 x + C_2.$$

8.3.2 形如 $y''=f(x, y')$ 的微分方程

我们为了把方程

$$y'' = f(x,y') \tag{8.21}$$

降阶，可令 $y'=p$，将 p 看作是新的未知函数，x 仍是自变量，于是

$$y'' = \frac{\mathrm{d}p}{\mathrm{d}x} = p',$$

代入原方程(8.21)，得

$$\frac{\mathrm{d}p}{\mathrm{d}x} = f(x,p),$$

这就是一个关于变量 x，p 的一阶微分方程，然后即可由我们前面学的方法进行求解了．设其通解为

$$p = \varphi(x,C_1),$$

而 $p=\frac{\mathrm{d}y}{\mathrm{d}x}$，因此又得到一个一阶微分方程

$$\frac{\mathrm{d}y}{\mathrm{d}x} = \varphi(x,C_1),$$

对它两边积分，便得到方程(8.21)的通解

$$y = \int \varphi(x,C_1)\mathrm{d}x + C_2.$$

例 2 求解微分方程 $xy''+y'=0$ 满足初始条件 $y|_{x=1}=1$，$y'|_{x=1}=2$ 的特解．

解 令 $y'=p$，则 $y''=p'$．于是原方程化为

$$xp' + p = 0,$$

分离变量后得

$$\frac{\mathrm{d}p}{p} = -\frac{\mathrm{d}x}{x},$$

两端积分得

$$p = \frac{C_1}{x}, 即 \frac{\mathrm{d}y}{\mathrm{d}x} = \frac{C_1}{x},$$

代入初始条件 $y'(1)=2$，得 $C_1=2$，于是有

$$\frac{\mathrm{d}y}{\mathrm{d}x} = \frac{2}{x},$$

再分离变量后积分得

$$y = 2\ln|x| + C_2,$$

代入初始条件 $y(1)=1$，得 $C_2=1$，因此所求的特解为

$$y = 2\ln|x| + 1.$$

注　在用降阶法求特解时，对积分过程中出现的任意常数，若及时代入初始条件确定出任意常数，会使计算简化.

8.3.3　形如 $y''=f(y,y')$ 的微分方程

我们为了把方程

$$y'' = f(y,y') \tag{8.22}$$

降阶，可令 $y'=p$，并将 p 看作是自变量 y 的函数，利用复合函数的求导法则把 y'' 化为对 y 的导数，即

$$y'' = \frac{dp}{dx} = \frac{dp}{dy}\cdot\frac{dy}{dx} = p\frac{dp}{dy}.$$

代入原方程(8.22)，得

$$p\frac{dp}{dy} = f(y,p).$$

这是关于 y，p 的一阶微分方程，设它的通解为

$$y' = p = \varphi(y,C_1).$$

分离变量并积分，便得方程(8.22)的通解为

$$\int\frac{dy}{\varphi(y,C_1)} = x + C_2.$$

例 3　求微分方程 $2yy''-y'^2-1=0$ 满足初始条件 $y|_{x=0}=1$，$y'|_{x=0}=1$ 的特解.

解　方程不显含 x. 令 $y'=p$，则 $y''=p\dfrac{dp}{dy}$，代入原方程并分离变量，得

$$\frac{2p}{1+p^2}dp = \frac{1}{y}dy,$$

两边积分得

$$\ln(1+p^2) = \ln|y| + C.$$

即

$$1+p^2 = C_1y \quad (C_1 = \pm e^C).$$

用条件 $y|_{x=0}=1$，$y'|_{x=0}=1$，即 $p|_{y=1}=1$ 代入上式，得

$$C_1 = 2,$$

即

$$p^2 = 2y-1, p = \pm\sqrt{2y-1}.$$

由于要求的是满足初始条件 $y'|_{x=0}=1$ 的解，所以在上式右端取正号．即得

$$\frac{\mathrm{d}y}{\mathrm{d}x}=\sqrt{2y-1}.$$

分离变量并两边积分得

$$\sqrt{2y-1}=x+C_2.$$

用 $y|_{x=0}=1$ 代入，解得 $C_2=1$，所以所求特解为

$$\sqrt{2y-1}=x+1.$$

习题 8.3

1. 求下列微分方程的通解．

(1) $y''=x+\sin x$；　(2) $y'''=xe^x$；

(3) $(1+x^2)y''+2xy'=0$；　(4) $y''=y'+x$；

(5) $y''=\dfrac{1}{\sqrt{y}}$；　(6) $y''=(y')^3+y'$.

2. 求下列各微分方程满足所给初始条件的特解．

(1) $y'''=e^x$，$y|_{x=1}=y'|_{x=1}=y''|_{x=1}=0$；

(2) $(1-x^2)y''-xy'=0$，$y|_{x=0}=0$，$y'|_{x=0}=1$；

(3) $y''+y'^2=0$，$y|_{x=0}=0$，$y'|_{x=0}=1$.

3. 试求 $y''=x$ 的经过点 $M(0,1)$ 且在此点与直线 $y=\dfrac{x}{2}+1$ 相切的积分曲线．

8.4 二阶常系数齐次线性微分方程

在本节中，我们讨论形如

$$y''+py'+qy=0 \tag{8.23}$$

的二阶常系数齐次线性微分方程．我们先介绍其解的性质和结构，然后再讨论其求解方法．

8.4.1 解的性质和结构

定理 8.1（齐次线性微分方程解的叠加原理）若 $y_1(x)$，$y_2(x)$ 是二阶常系数齐次线性微分方程(8.23)的两个解，则

$$y=C_1y_1(x)+C_2y_2(x) \tag{8.24}$$

也是方程(8.23)的解，其中 C_1，C_2 是任意常数．

证　将式(8.24)代入式(8.23)左端，得

$$\begin{aligned}左端 &= C_1y_1'' + C_2y_2'' + p[C_1y_1' + C_2y_2'] + q[C_1y_1 + C_2y_2] \\ &= C_1(y_1'' + py_1' + qy_1) + C_2(y_2'' + py_2' + qy_2) \\ &= C_1 \times 0 + C_2 \times 0 = 0,\end{aligned}$$

所以式(8.24)是方程(8.23)的解.

值得注意的是式(8.24)虽然从形式上看含有两个任意常数 C_1，C_2，但是它不一定是方程(8.23)的通解. 例如，设 $y_1(x)$是方程(8.23)的一个解，则 $y_2(x)=3y_1(x)$也是方程(8.23)的解. 这时式(8.24)可化为

$$y = C_1y_1(x) + 3C_2y_1(x) = Cy_1(x), \tag{8.25}$$

其中 $C=C_1+3C_2$. 显然式(8.25)只包含一个独立的常数 C，因此式(8.25)不是方程(8.23)的通解.

那么在什么情况下，式(8.24)才是方程(8.23)的通解呢？为了解决这个问题，我们需引入一个新的概念，即所谓函数的线性相关与线性无关.

设 $y_1(x)$，$y_2(x)$，…，$y_n(x)$为定义在区间 I 上的 n 个函数. 如果存在 n 个不全为零的常数 k_1，k_2，…，k_n，使得当 $x\in I$ 时，有恒等式

$$k_1y_1 + k_2y_2 + \cdots + k_ny_n \equiv 0$$

成立，则称这 n 个函数在区间 I 上**线性相关**，否则称它们**线性无关**.

例如，当取 $k_1=1$，$k_2=k_3=-1$ 时，有恒等式

$$1 - \cos^2 x - \sin^2 x \equiv 0,$$

所以函数 1，$\cos^2 x$，$\sin^2 x$ 在整个数轴上是线性相关的. 又如，函数 1，x，x^2 在任何区间(a, b)内是线性无关的. 因为如果 k_1，k_2，k_3 不全为零，那么在该区间内至多只有两个 x 值能使二次式

$$k_1 + k_2x + k_3x^2 \tag{8.26}$$

为零. 要使式(8.26)恒等于零，k_1，k_2，k_3 必须全为零.

下面给出二阶常系数齐次线性微分方程(8.23)的通解结构定理.

定理 8.2(齐次线性微分方程通解结构)若 $y_1(x)$，$y_2(x)$是二阶常系数齐次线性微分方程(8.23)的两个线性无关的特解，则

$$y = C_1y_1(x) + C_2y_2(x) \tag{8.27}$$

就是方程(8.23)的通解，其中 C_1，C_2 是任意常数.

事实上，由于 $y_1(x)$，$y_2(x)$是方程(8.23)的两个解，所以由定理 8.1 知，式(8.27)也是方程(8.23)的解；又因为 $y_1(x)$，$y_2(x)$线性无关，所以式(8.27)中的 C_1，C_2 是两个独立的常数，由此知式(8.27)就是含有与方程(8.23)的阶数(二阶)相同个数的独立的任意常数的解，按照微分方程通解的概念，它就是方程(8.23)的通解.

例如，设有二阶常系数齐次线性微分方程 $y''-y=0$，容易验证 $y_1(x)=\mathrm{e}^x$，

$y_2(x)=\mathrm{e}^{-x}$是该方程的两个解，且$\dfrac{y_1(x)}{y_2(x)}=\mathrm{e}^{2x}\neq$常数，即它们是线性无关的．因此方程 $y''-y=0$ 的通解为

$$y = C_1\mathrm{e}^x + C_2\mathrm{e}^{-x}.$$

注 上面介绍的定理8.1 和定理8.2 对于二阶变系数齐次线性微分方程

$$y'' + p(x)y' + q(x)y = 0$$

也同样成立．

8.4.2 求解方法

由定理8.2 可知，要求二阶常系数齐次线性微分方程(8.23)的通解，需要先求出它的两个线性无关的特解．为此，我们先分析二阶常系数齐次线性微分方程的特点．

方程(8.23)的左端是未知函数 y 与其一阶导数 y'、二阶导数 y''的线性组合，且它们分别乘以“适当”的常数后，可合并成零．这就是说，适合于该方程的函数 y 必须与其一阶导数、二阶导数只差一个常数因子，而具有此特征的最简单的函数就是指数函数 e^{rx}(其中 r 为常数)．

为此，我们令 $y=\mathrm{e}^{rx}$为方程(8.23)的解，并代入方程(8.23)，得

$$r^2\mathrm{e}^{rx} + pr\mathrm{e}^{rx} + q\mathrm{e}^{rx} = 0.$$

由于 $\mathrm{e}^{rx}\neq 0$，所以有

$$r^2 + pr + q = 0. \tag{8.28}$$

由此可见，只要满足代数方程(8.28)，函数 $y=\mathrm{e}^{rx}$就是方程(8.23)的解．

我们把代数方程(8.28)称为微分方程(8.23)的**特征方程**，称其解 r_1，r_2 为特征方程的**特征根**．

下面根据特征方程的特征根的不同情况，分别讨论齐次线性微分方程(8.23)的解．

(1) 当 $p^2-4q>0$ 时，r_1，r_2 为特征方程的两个不相等的实根

$$r_1 = \frac{1}{2}(-p + \sqrt{p^2 - 4q}),r_2 = \frac{1}{2}(-P - \sqrt{p^2 - 4q}).$$

这时方程(8.23)有两个线性无关的解 $y_1=\mathrm{e}^{r_1x}$，$y_2=\mathrm{e}^{r_2x}$．此时，方程的通解为

$$y = C_1\mathrm{e}^{r_1x} + C_2\mathrm{e}^{r_2x}.$$

(2) 当 $p^2-4q=0$ 时，r_1，r_2 为特征方程的两个相等的实根

$$r_1 = r_2 = \frac{-p}{2}.$$

这时方程(8.23)的一个特解 $y_1=\mathrm{e}^{r_1x}$．可以直接验证，$y_2=x\mathrm{e}^{r_1x}$也是方程(8.23)的一个解，且 y_1 与 y_2 线性无关，所以方程的通解为

$$y = C_1 e^{r_1 x} + C_2 x e^{r_1 x} = (C_1 + C_2 x) e^{r_1 x}.$$

（3）当 $p^2 - 4q < 0$ 时，r_1，r_2 为特征方程的一对共轭复根

$$r_1 = \alpha + i\beta, r_2 = \alpha - i\beta,$$

其中 $\alpha = \frac{-p}{2}$，$\beta = \frac{\sqrt{4q - p^2}}{2}$. 这时方程(8.23)有两个线性无关的复数形式的解 $y_1 = e^{(\alpha + i\beta)x}$ 和 $y_2 = e^{(\alpha - i\beta)x}$. 为了得到实值函数形式，我们利用欧拉公式

$$e^{i\theta} = \cos\theta + i\sin\theta,$$

将 y_1，y_2 改写为

$$y_1 = e^{(\alpha+i\beta)x} = e^{\alpha x} + e^{i\beta x} = e^{\alpha x}(\cos\beta x + i\sin\beta x);$$

$$y_2 = e^{(\alpha-i\beta)x} = e^{\alpha x} + e^{-i\beta x} = e^{\alpha x}(\cos\beta x - i\sin\beta x).$$

容易得到

$$\bar{y}_1 = \frac{1}{2}(y_1 + y_2) = e^{\alpha x}\cos\beta x, \bar{y}_2 = \frac{1}{2i}(y_1 - y_2) = e^{\alpha x}\sin\beta x.$$

由齐次线性微分方程解的叠加原理知 $\bar{y}_1$，$\bar{y}_2$ 还是方程(8.23)的解，且是线性无关的，所以方程的通解为

$$y = e^{\alpha x}(C_1\cos\beta x + C_2\sin\beta x).$$

根据上述讨论，求解二阶常系数齐次线性微分方程的通解的步骤为：

第一步写出微分方程(8.23)的特征方程(8.28).

第二步求出特征方程的两个特征根 r_1，r_2.

第三步根据特征方程(8.28)的两个根的不同情况，按照表 8.1 写出微分方程(8.23)的通解.

表 8.1　二阶常系数齐次线性微分方程的通解

特征方程 $r^2 + pr + q = 0$ 的两个根	微分方程 $y'' + py' + qy = 0$ 通解形式
两个不相等的实根 r_1，r_2	$y = C_1 e^{r_1 x} + C_2 e^{r_2 x}$
两个相等的实根 $r_1 = r_2$	$y = (C_1 + C_2 x) e^{r_1 x}$
一对共轭复根 $r_{1,2} = \alpha \pm i\beta$	$y = e^{\alpha x}(C_1\cos\beta x + C_2\sin\beta x)$

例 1　求微分方程 $y'' + 3y' + 2y = 0$ 的通解.

解　给定微分方程的特征方程为

$$r^2 + 3r + 2 = 0,$$

其特征根 $r_1 = -1$，$r_2 = -2$ 是两个不相等的实根，所以所求通解为

$$y = C_1 e^{-x} + C_2 e^{-2x}, C_1, C_2 \text{ 是任意常数}.$$

例 2　求微分方程 $y'' + 4y' + 4y = 0$ 满足初始条件 $y(0) = 2$，$y'(0) = 1$ 的特解.

解　给定微分方程的特征方程为

$$r^2+4r+4=0,$$

它有两个相等的实根 $r_1=r_2=-2$，所以所求通解为

$$y=(C_1+C_2x)\mathrm{e}^{-2x},C_1,C_2\text{ 是任意常数}.$$

由于 $y(0)=2$，所以得 $C_1=2$. 又因为

$$y'=C_2\mathrm{e}^{-2x}-2(C_1+C_2x)\mathrm{e}^{-2x},$$

再把条件 $y'(0)=1$ 和 $C_1=2$ 代入上式，得 $C_2=5$. 所以所求特解为

$$y=(2+5x)\mathrm{e}^{-2x}.$$

例 3 求微分方程 $y''+y'+y=0$ 的通解.

解 给定微分方程的特征方程为

$$r^2+r+1=0,$$

有一对共轭复根

$$r_1=\frac{1}{2}(-1+\mathrm{i}\sqrt{3}),r_2=\frac{1}{2}(-1-\mathrm{i}\sqrt{3}),$$

所以所求通解为

$$y=\mathrm{e}^{-\frac{x}{2}}\left(C_1\cos\frac{\sqrt{3}}{2}x+C_2\sin\frac{\sqrt{3}}{2}x\right),C_1,C_2\text{ 是任意常数}.$$

例 4 一个单位质量的质点在数轴上运动，开始时质点在原点 O 处且速度为 v_0，在运动过程中，它受到一个力的作用，这个力的大小与质点到原点的距离成正比(比例系数 $k_1>0$)而方向与初速一致. 又介质的阻力与速度成正比(比例系数 $k_2>0$). 求反映这质点的运动规律的函数.

解 设数轴为 x 轴，v_0 方向为 x 轴正方向. 根据牛顿第二定律知，质点的位置函数 $x=x(t)$ 满足微分方程 $mx''=k_1x-k_2x'$，由于假设了 $m=1$，故有

$$x''+k_2x'-k_1x=0,\tag{8.29}$$

且有初始条件

$$x(0)=0,x'(0)=v_0.\tag{8.30}$$

方程(8.29)的特征方程为

$$r^2+k_2r-k_1=0,$$

其特征根为

$$r_{1,2}=\frac{-k_2\pm\sqrt{k_2^2+4k_1}}{2},$$

故方程(8.29)的通解为

$$x=C_1\exp\left[\frac{1}{2}(-k_2+\sqrt{k_2^2+4k_1})t\right]+C_2\exp\left[\frac{1}{2}(-k_2-\sqrt{k_2^2+4k_1})t\right],$$

其中 C_1，C_2 是任意常数.

由初始条件(8.30)得到

$$C_1=\frac{v_0}{\sqrt{k_2^2+4k_1}},\quad C_2=-\frac{v_0}{\sqrt{k_2^2+4k_1}},$$

因此有

$$x=\frac{v_0}{\sqrt{k_2^2+4k_1}}\exp\left[\frac{1}{2}\left(-k_2+\sqrt{k_2^2+4k_1}\right)t\right]-\frac{v_0}{\sqrt{k_2^2+4k_1}}\exp\left[\frac{1}{2}\left(-k_2-\sqrt{k_2^2+4k_1}\right)t\right].$$

习题 8.4

1. 下列函数组在其定义区间内是线性相关？还是线性无关？

(1) x，$2x$　　(2) e^{-x}，e^x

(3) $\cos 2x$，$\sin 2x$　　(4) $\sin 2x$，$\cos x$，$\sin x$

2. 求下列各齐次线性微分方程的通解.

(1) $y''-y'-2y=0$；　　(2) $2y''+5y'+2y=0$；

(3) $y''-4y'+4y=0$；　　(4) $y''+6y'+9y=0$；

(5) $y''+4y=0$；　　(6) $y''-4y'+5y=0$.

3. 求下列各齐次线性微分方程满足初值条件的特解.

(1) $y''-4y'+3y=0$，$y'|_{x=0}=10$，$y|_{x=0}=6$；

(2) $y''-6y'+9y=0$，$y'|_{x=0}=2$，$y|_{x=0}=0$；

(3) $y''+4y'+29y=0$，$y'|_{x=0}=15$，$y|_{x=0}=0$.

4. (弹簧的振动)有一水平放置的弹簧，一端 Q 固定，另一端 P 与质量为 m 的物体相连，如图 8.2 所示. 设物体只能沿直线(x 轴)运动，把原点定在 P 的自然平衡位置. 如果 P 点离开自然平衡点而开始运动，求 P 点的位置 x 随时间 t 变化的情况.

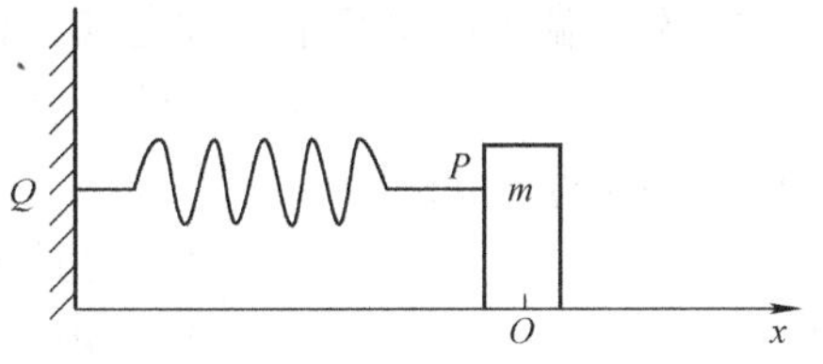

图　8.2

5. 设圆柱形浮桶，直径为 0.5m，铅直放在水中，当稍向下压后突然放开，浮桶在水中上下振动的周期为 2s，求浮桶的质量.

8.5　二阶常系数非齐次线性微分方程

在本节中，我们讨论形如

$$y''+py'+qy=f(x),\tag{8.31}$$

的二阶常系数非齐次线性微分方程．我们先介绍其解的性质和结构，然后再讨论其求解方法．

8.5.1 解的性质和结构

我们把二阶常系数齐次线性微分方程

$$y'' + py' + qy = 0 \tag{8.32}$$

称为方程(8.31)所对应的齐次方程．

定理 8.3(非齐次线性微分方程解的结构)若 $y^*(x)$是二阶常系数非齐次线性微分方程(8.31)的一个特解，$Y(x)$是(8.31)所对应的齐次方程(8.32)的通解，那么

$$y = Y(x) + y^*(x) \tag{8.33}$$

是二阶常系数非齐次线性微分方程(8.31)的通解．

证 将式(8.33)代入式(8.31)左端，得

$$\begin{aligned}\text{左端} &= Y'' + y^{*\prime\prime} + p(Y' + y^{*\prime}) + q(Y + y^*)\\ &= (y^{*\prime\prime} + py^{*\prime} + qy^*) + (Y'' + pY' + qY) = f(x) + 0.\end{aligned}$$

所以 $y = Y(x) + y^*(x)$是方程(8.31)的解．

由于对应的齐次方程(8.32)的通解 $Y(x) = C_1y_1(x) + C_2y_2(x)$中含有两个任意常数 C_1，C_2，所以 $y = Y(x) + y^*(x)$中也含有两个任意常数，从而它就是二阶常系数非齐次线性微分方程(8.31)的通解．

非齐次线性微分方程(8.31)的特解有时可利用下述定理得到．

定理 8.4 (非齐次线性微分方程的解的叠加原理)设非齐次线性微分方程(8.31)的右端$f(x)$是几个函数之和，如

$$y'' + py' + qy = f_1(x) + f_2(x), \tag{8.34}$$

而 $y_1^*(x)$与 $y_2^*(x)$分别是方程

$$y'' + py' + qy = f_1(x)$$

与

$$y'' + py' + qy = f_2(x)$$

的特解．那么 $y_1^*(x) + y_2^*(x)$就是原方程(8.34)的特解．

证 将 $y_1^*(x) + y_2^*(x)$代入方程(8.34)的左端，得

$$\begin{aligned}\text{左端} &= (y_1'' + y_2'') + p(y_1' + y_2') + q(y_1 + y_2)\\ &= (y_1'' + py_1' + py_1') + (y_2'' + py_2' + qy_2) = f_1(x) + f_2(x),\end{aligned}$$

因此 $y_1^*(x) + y_2^*(x)$就是原方程(8.34)的一个特解．

注 以上介绍的定理 8.3 和定理 8.4 对于二阶变系数非齐次线性微分方程 $y'' + p(x)y' + q(x)y = f(x)$也同样成立．

8.5.2 求解方法

根据非齐次线性微分方程解的结构定理 8.3 可知，求二阶常系数非齐次线性

微分方程(8.31)的通解，可先求出其所对应的齐次方程(8.32)的通解，再设法求出非齐次线性微分方程(8.31)的一个特解，二者之和就是方程(8.31)的通解．上一节已经给出齐次方程(8.32)的通解的求法，所以问题的关键就在于如何求出非齐次线性微分方程(8.31)的一个特解 $y^*(x)$.

我们只介绍当方程(8.31)中的 $f(x)$ 取两种常见形式时求特解 $y^*(x)$ 的方法，即**待定系数法**，这个方法的特点是不用积分就可求出其特解 $y^*(x)$.

$f(x)$ 的两种形式是：

(1) $f(x)=P_m(x)e^{\lambda x}$，其中 λ 是常数，$P_m(x)$ 是 x 的一个 m 次多项式，即

$$P_m(x) = a_0x^m + a_1x^{m-1} + \cdots + a_{m-1}x + a_m.$$

(2) $f(x) = e^{\lambda x}[P_l(x)\cos\omega x + P_n(x)\sin\omega x]$，其中 λ，ω 是常数，$P_l(x)$，$P_n(x)$ 分别是 x 的 l 次和 n 次多项式，其中有一个可为零．

下面分别介绍 $f(x)$ 的两种形式时 $y^*(x)$ 的求法．在后面的讨论中齐次线性微分方程(8.31)的特征方程为

$$r^2 + pr + q = 0. \tag{8.35}$$

8.5.2.1 $f(x)=P_m(x)e^{\lambda x}$ 型

此时，非齐次线性微分方程(8.31)变为

$$y'' + py' + qy = P_m(x)e^{\lambda x}, \tag{8.36}$$

由于方程(8.36)右端的自由项 $P_m(x)e^{\lambda x}$ 是多项式和指数函数的乘积，而多项式和指数函数乘积的导数仍然是同一类型的函数，因此，我们设想方程(8.36)有形如 $y^*(x)=Q(x)e^{\lambda x}$ 的解，其中 $Q(x)$ 是一个待定多项式．

为使 $y^*(x)=Q(x)e^{\lambda x}$ 满足方程(8.36)，我们将其代入方程(8.36)，整理后得到

$$Q''(x) + (2\lambda + p)Q'(x) + (\lambda^2 + p\lambda + q)Q(x) = P_m(x), \tag{8.37}$$

上式右端是一个 m 次多项式，所以左端也应该是 m 次多项式，由于对多项式每求一次导数，次数就要降低一次，故有三种情形．

(1) 当 $\lambda^2+p\lambda+q\neq0$ 时，即 λ 不是特征方程(8.35)的特征根时，式(8.37)的左边的多项式 $Q(x)$ 与右端 m 次多项式 $P_m(x)$ 应具有相同的次数，所以可设 $Q(x)$ 为另一个 m 次待定多项式 $Q_m(x)$：

$$Q_m(x) = b_0x^m + b_1x^{m-1} + \cdots + b_{m-1}x + b_m, \tag{8.38}$$

其中 b_0，b_1，…，b_m 为 $m+1$ 个待定系数，将式(8.38)代入式(8.37)，比较等式两端 x 同次幂的系数，就得到以 b_0，b_1，…，b_m 作为未知数的 $m+1$ 个方程的联立方程组．从而可以定出 $b_i(i=0, 1, \cdots, m)$，并得到所求的特解 $y^*(x)=Q_m(x)e^{\lambda x}$.

(2) 当 $\lambda^2+p\lambda+q=0$，但 $2\lambda+p\neq0$ 时，即 λ 是特征方程(8.35)的单根时，

式(8.37)变成 $Q''(x)+(2\lambda+p)Q'(x)=P_m(x)$，由此可见 $Q'(x)$ 必须是 m 次多项式．此时可设

$$Q(x)=xQ_m(x),$$

其中 $Q_m(x)$ 为与式(8.38)相同的 m 次待定多项式．利用与以上情形相同的方法来确定 $Q_m(x)$ 的系数 $b_i(i=0,1,\cdots,m)$，从而得到方程(8.31)的特解

$$y^*(x)=xQ_m(x)\mathrm{e}^{\lambda x}.$$

(3) 当 $\lambda^2+p\lambda+q=0$，且 $2\lambda+p=0$ 时，即 λ 是特征方程(8.35)的重根时，式(8.37)变成 $Q''(x)=P_m(x)$，由此可见 $Q''(x)$ 必须是 m 次多项式．此时可设

$$Q(x)=x^2Q_m(x),$$

利用相同的方法来确定 $Q_m(x)$ 的系数，从而得到方程(8.31)的特解

$$y^*(x)=x^2Q_m(x)\mathrm{e}^{\lambda x}.$$

综上所述，我们有如下结论：

二阶常系数非齐次线性微分方程

$$y''+py'+qy=P_m(x)\mathrm{e}^{\lambda x}$$

具有形如

$$y^*(x)=x^kQ_m(x)\mathrm{e}^{\lambda x} \tag{8.39}$$

的特解，其中 $Q_m(x)$ 为 m 次待定多项式，而式(8.39)中的 k 确定如下：

$$k=\begin{cases}0, & \lambda\text{ 不是特征根},\\ 1, & \lambda\text{ 是特征单根},\\ 2, & \lambda\text{ 是特征重根}.\end{cases}$$

例 1 求微分方程 $y''+4y'+3y=x-2$ 的一个特解．

解 这是一个二阶常系数非齐次线性微分方程，并且函数 $f(x)$ 是 $P_m(x)\mathrm{e}^{\lambda x}$ 型的，其中 $P_m(x)=x-2$，$\lambda=0$. 与所给定方程对应的齐次方程为

$$y''+4y'+3y=0,$$

其特征方程为

$$r^2+4r+3=0,$$

所以 $\lambda=0$ 不是特征方程的特征根，故可设特解为

$$y^*(x)=Ax+B,$$

把它代入所给方程得

$$4A+3(B+Ax)=x-2,$$

比较两端 x 同次幂的系数得

$$\begin{cases}3A=1,\\ 4A+3B=-2,\end{cases}$$

解之得 $A=\dfrac{1}{3}$，$B=-\dfrac{10}{9}$，故所求特解为

$$y^*(x) = \frac{1}{3}x - \frac{10}{9}.$$

例 2　求微分方程 $y'' - 5y' + 6y = xe^{2x}$ 的通解．

解　这是一个二阶常系数非齐次线性微分方程，并且函数 $f(x)$ 是 $P_m(x)e^{\lambda x}$ 型的，其中 $P_m(x) = x$，$\lambda = 2$. 与所给定方程对应的齐次方程为

$$y'' - 5y' + 6y = 0,$$

其特征方程为

$$r^2 - 5r + 6 = 0,$$

有两个实根 $\lambda_1 = 2$，$\lambda_2 = 3$. 所以与所给方程对应齐次方程的通解为

$$Y(x) = C_1e^{2x} + C_2e^{3x}.$$

因为 $\lambda = 2$ 是特征方程的特征单根，所以可设特解为

$$y^*(x) = x(Ax + B)e^{2x},$$

把它代入所给方程得

$$-2Ax + 2A - B = x,$$

比较两端 x 同次幂的系数，得

$$\begin{cases} -2A = 1, \\ 2A - B = 0, \end{cases}$$

解之得 $A = -\frac{1}{2}$，$B = -1$，因此得到一个特解为

$$y^*(x) = x\left(-\frac{1}{2}x - 1\right)e^{2x},$$

从而所求的通解为

$$y(x) = C_1e^{2x} + C_2e^{3x} - \frac{1}{2}x(x + 2)e^{2x},$$

其中 C_1，C_2 为任意常数．

8.5.2.2　$f(x) = e^{\lambda x}[P_l(x)\cos\omega x + P_n(x)\sin\omega x]$ 型

这个情形和上面所述的想法类似，我们注意到 $f(x)$ 是由指数函数、多项式函数与正弦函数或余弦函数的乘积构成，而这样函数的一阶导数、二阶导数仍然是这种类型的函数，再联想到方程(8.31)的左端的线性、常系数的特点，此时微分方程(8.31)的一个特解也应该是指数函数、多项式函数与正弦函数或余弦函数的乘积的形式．可设

$$y^*(x) = x^ke^{\lambda x}[Q_1(x)\cos\omega x + Q_2(x)\sin\omega x], \tag{8.40}$$

为方程(8.31)的一个特解，其中 $Q_1(x)$，$Q_2(x)$ 都是 m 次多项式，$m = \max\{l, n\}$，而 k 的取值与 $\lambda \pm i\omega$ 是否为特征方程(8.35)的特征根有关，具体如下：

$$k = \begin{cases} 0, & \lambda \pm i\omega \text{ 不是特征根}, \\ 1, & \lambda \pm i\omega \text{ 是特征单根}. \end{cases}$$

例 3 求微分方程 $y''-3y'+2y=2e^x\cos x$ 的通解.

解 所给方程中 $\lambda=1$，$\omega=1$，$P_l(x)=2$，$P_n(x)=0$.
与所给方程对应的齐次方程为

$$y''-3y'+2y=0,$$

它的特征方程为

$$r^2-3r+2=0,$$

有两个实根 $r_1=1$，$r_2=2$. 于是齐次方程的通解为

$$Y=C_1e^x+C_2e^{2x}.$$

也可知道 $\lambda+i\omega=1+i$ 不是特征根，所以可设特解为

$$y^*(x)=e^x(A\cos x+B\sin x),$$

将其代入所给方程，得到

$$e^x[-(A+B)\cos x+(A-B)\sin x]=2e^x\cos x,$$

比较两端同类项的系数，得

$$\begin{cases}-(A+B)=2,\\ A-B=0,\end{cases}$$

由此解得 $A=B=-1$，从而方程的特解为

$$y^*(x)=-e^x(\cos x+\sin x).$$

于是所给方程的通解为

$$y(x)=C_1e^x+C_2e^{2x}-e^x(\cos x+\sin x).$$

习题 8.5

1. 求下列各非齐次线性微分方程的通解.

(1) $y''-5y'+6y=3e^{4x}$； (2) $y''-6y'+9y=(x+1)e^{3x}$；

(3) $y''+2y'-3y=4x$； (4) $y''-3y'+2y=\cos x$；

(5) $y''-2y'+5y=e^x\sin 2x$； (6) $y''+y=e^x+\cos x$.

2. 求下列各非齐次线性微分方程满足初值条件的特解.

(1) $y''-y=4xe^x$，$y'|_{x=0}=1$，$y|_{x=0}=0$；

(2) $y''-3y'+2y=5$， $y'|_{x=0}=2$，$y|_{x=0}=1$；

(3) $y''+3y'+2y=\sin x$，$y'|_{x=0}=0$，$y|_{x=0}=0$.

3. 在习题 8.4 的第 4 题中，如果弹簧还受一个周期的外力 $F\sin\omega t$ 作用，求解这个方程.

4. 大炮以仰角 α、初速 v_0 发射炮弹，若不计空气阻力，求弹道曲线.

第 9 章　无穷级数

无穷级数是数与函数的一种重要表示形式，是微积分理论与实际应用中的一种强有力的工具．无穷级数在函数表示、数值计算、微分方程求解等很多方面都有着不可替代的作用．本章首先讨论常数项级数，介绍无穷级数的一些基本内容，然后讨论函数项级数，着重讨论如何将函数展开成幂级数与三角级数的问题．

9.1　常数项级数的概念和性质

我们都非常熟悉对有限个数求和的问题，但在科学研究和一些实际问题中会遇到无穷多个数求和的问题，这就是常数项级数问题，同时又是函数项级数的基础．本节重点研究常数项级数的基本理论．

9.1.1　常数项级数的概念

定义 9.1　设已给数列 u_1，u_2，…，u_n，…，把数列中各项依次用加号连接起来的式子

$$u_1+u_2+\cdots+u_n+\cdots \tag{9.1}$$

称为**常数项无穷级数**，简称**常数项级数**．记作 $\sum\limits_{n=1}^{\infty} u_n$，即

$$\sum_{n=1}^{\infty} u_n=u_1+u_2+\cdots+u_n+\cdots,$$

其中第 n 项 u_n 称为级数的**一般项**．

由此可见，级数是无穷多个数的和，它是有限个数之和的推广．但是上述定义只是一个形式上的定义，怎样理解无穷级数中无穷多个数相加呢？下面从有限项的和出发，通过极限的思想理解和研究无穷多个数相加的含义．

作级数(9.1)前 n 项的和

$$s_n=u_1+u_2+\cdots+u_n, \tag{9.2}$$

s_n 称为级数(9.1)的**部分和**．当 n 依次取 1，2，3，…时，它们构成一个新的数列 $\{s_n\}$：

$$s_1=u_1,\ s_2=u_1+u_2,\ \cdots,\ s_n=u_1+u_2+\cdots+u_n,\ \cdots$$

该数列称为级数的**部分和数列**．

根据这个数列有没有极限，我们引进无穷级数(9.1)的收敛与发散的概念.

定义 9.2 若级数 $\sum_{n=1}^{\infty} u_n$ 的部分和数列 $\{s_n\}$ 的极限存在，即 $\lim_{n\to\infty} s_n = s$，则称级数 $\sum_{n=1}^{\infty} u_n$ **收敛**，s 称为此级数的**和**，记作

$$\sum_{n=1}^{\infty} u_n = s.$$

此时也称该级数收敛于 s.

如果部分和数列 $\{s_n\}$ 没有极限，则称级数 $\sum_{n=1}^{\infty} u_n$ **发散**，此时该级数无和.

当级数收敛时，其部分和 s_n 是级数的和 s 的近似值，它们之间的差值

$$r_n = s - s_n = u_{n+1} + u_{n+2} + \cdots$$

称为**级数的余项**. 用近似值 s_n 代替和 s 所产生的误差是这个余项的绝对值，即误差是 $|r_n|$.

例 1 讨论级数 $\sum_{n=1}^{\infty} \frac{1}{n(n+1)}$ 的敛散性.

解 由于

$$\frac{1}{n(n+1)} = \frac{1}{n} - \frac{1}{n+1},$$

由此得到级数前 n 项的部分和

$$\begin{aligned} s_n &= \sum_{i=1}^{n} \frac{1}{i(i+1)} = \frac{1}{1\times 2} + \frac{1}{2\times 3} + \cdots + \frac{1}{n\times(n+1)} \\ &= \left(1 - \frac{1}{2}\right) + \left(\frac{1}{2} - \frac{1}{3}\right) + \cdots + \left(\frac{1}{n} - \frac{1}{n+1}\right) = 1 - \frac{1}{n+1}, \end{aligned}$$

从而

$$\lim_{n\to\infty} s_n = \lim_{n\to\infty}\left(1 - \frac{1}{n+1}\right) = 1,$$

这表明该级数收敛，且它的和是 1.

例 2 讨论级数 $1+2+3+\cdots+n+\cdots$ 的敛散性.

解 该级数前 n 项的部分和

$$s_n = 1+2+3+\cdots+n = \frac{n(n+1)}{2},$$

从而 $\lim_{n\to\infty} s_n = \lim_{n\to\infty} \frac{n^2+n}{2} = \infty$，所以该级数是发散的.

例 3 无穷级数

$$\sum_{n=0}^{\infty} aq^n = a + aq + aq^2 + \cdots + aq^n + \cdots \tag{9.3}$$

称为**等比级数**(又称**几何级数**)，其中 $a\neq 0$，q 称为级数的公比．讨论级数(9.3)的收敛性．

解　如果 $|q|\neq 1$，则部分和

$$s_n = a + aq + aq^2 + \cdots + aq^{n-1} = \frac{a-aq^n}{1-q} = \frac{a}{1-q} - \frac{aq^n}{1-q}.$$

当 $|q|<1$ 时，$\lim\limits_{n\to\infty} q^n = 0$，从而 $\lim\limits_{n\to\infty} s_n = \dfrac{a}{1-q}$，所以级数收敛于 $\dfrac{a}{1-q}$；

当 $|q|>1$ 时，$\lim\limits_{n\to\infty} q^n = \infty$，从而 $\lim\limits_{n\to\infty} s_n = \infty$，所以级数发散；

如果 $|q|=1$，当 $q=1$ 时，$\lim\limits_{n\to\infty} s_n = \lim\limits_{n\to\infty} na = \infty$，级数发散；

当 $q=-1$ 时，级数变为 $a-a+a-a+a-a+\cdots$，其部分和为

$$s_n = \begin{cases} 0, & n \text{ 为偶数}, \\ a, & n \text{ 为奇数}. \end{cases}$$

此时部分和 s_n 的极限不存在，所以级数是发散的．

综上，当 $|q|<1$ 时，等比级数(9.3)收敛于 $\dfrac{a}{1-q}$；当 $|q|\geq 1$ 时，等比级数(9.3)发散．

例 4　判别**调和级数** $\sum\limits_{n=1}^{\infty}\dfrac{1}{n}$ 的收敛性．

解　考虑函数 $f(x)=\dfrac{1}{x}$. 当 $n\leq x\leq n+1$ 时，$\dfrac{1}{n}\geq\dfrac{1}{x}$，所以

$$\frac{1}{n} = \int_n^{n+1}\frac{1}{n}\mathrm{d}x \geq \int_n^{n+1}\frac{1}{x}\mathrm{d}x = \ln(n+1) - \ln n,$$

从而

$$s_n = 1 + \frac{1}{2} + \cdots + \frac{1}{n} \geq (\ln 2 - \ln 1) + (\ln 3 - \ln 2) + \cdots + [\ln(n+1) - \ln n] = \ln(n+1),$$

又 $\lim\limits_{n\to\infty}\ln(n+1) = +\infty$，从而 $\lim\limits_{n\to\infty} s_n = +\infty$，所以调和级数是发散的．

9.1.2　收敛级数的性质

根据无穷级数的收敛、发散以及和的概念，可以得出收敛级数的几个基本性质．

性质 1　如果级数 $\sum\limits_{n=1}^{\infty} u_n$ 收敛于 s，则级数 $\sum\limits_{n=1}^{\infty} ku_n$ 也收敛，且其和为 ks. 特别地，级数的每一项同乘一个不为零的常数后，它的敛散性不改变．

证　设级数 $\sum\limits_{n=1}^{\infty} u_n$ 与 $\sum\limits_{n=1}^{\infty} ku_n$ 的部分和分别为 s_n 与 σ_n，则

$$\sigma_n = \sum_{i=1}^{n} ku_i = k\sum_{i=1}^{n} u_i = ks_n,$$

于是$\lim\limits_{n\to\infty}\sigma_n = \lim\limits_{n\to\infty}ks_n = k\lim\limits_{n\to\infty}s_n = ks$，由此级数 $\sum\limits_{n=1}^{\infty} ku_n$ 收敛，且其和为 ks.

又由关系式$\sigma_n = ks_n$ 知道，如果$\{s_n\}$没有极限且$k\neq 0$，那么$\{\sigma_n\}$也不可能有极限.

性质2 若级数 $\sum\limits_{n=1}^{\infty} u_n$ 与 $\sum\limits_{n=1}^{\infty} v_n$ 分别收敛于 s 与 σ，则级数 $\sum\limits_{n=1}^{\infty}(u_n \pm v_n)$也收敛，且其和为 $s\pm\sigma$.

证 设级数 $\sum\limits_{n=1}^{\infty} u_n$ 与 $\sum\limits_{n=1}^{\infty} ku_n$ 的部分和分别为 s_n 与 σ_n，则级数 $\sum\limits_{n=1}^{\infty}(u_n \pm v_n)$ 的部分和为

$$\tau_n = \sum_{k=1}^{n}(u_k \pm v_k) = \sum_{k=1}^{n} u_k \pm \sum_{k=1}^{n} v_k = s_n \pm \sigma_n,$$

于是
$$\lim_{n\to\infty}\tau_n = \lim_{n\to\infty}(s_n \pm \sigma_n) = s\pm\sigma,$$

由此级数 $\sum\limits_{n=1}^{\infty}(u_n \pm v_n)$收敛，且其和为 $s+\sigma$.

由该性质得到如下结论：两个收敛级数可以逐项相加与逐项相减.

性质3 在级数中添加、删除或改变有限项，不改变级数的敛散性.

性质4 如果级数 $\sum\limits_{n=1}^{\infty} u_n$ 收敛，则在该级数中任意加括号所得的新级数仍然收敛，且其和不变.

证 设级数 $\sum\limits_{n=1}^{\infty} u_n$ 的部分和为 s_n，其和为 s. 我们按下面加括号

$$(u_1+u_2)+(u_3+u_4+u_5)+(u_6+u_7+u_8+u_9)+\cdots \tag{9.4}$$

则新级数(9.4)的部分和为

$$\sigma_1 = s_2,\ \sigma_2 = s_5,\ \sigma_3 = s_9,\ \cdots,\ \sigma_m = s_n,\ \cdots$$

于是$\lim\limits_{m\to\infty}\sigma_m = \lim\limits_{n\to\infty}s_n = s$.

注 收敛级数去掉括弧后所成的级数不一定收敛. 例如，级数$(1-1)+(1-1)+(1-1)+\cdots$收敛，但级数$1-1+1-1+\cdots$发散.

推论 如果加括弧后所成的级数发散，则原来级数也发散.

性质5(级数收敛的必要条件) 如果级数 $\sum\limits_{n=1}^{\infty} u_n$ 收敛，则它的一般项 u_n 趋于零，即

$$\lim_{n\to\infty}u_n = 0.$$

证 设级数 $\sum_{n=1}^{\infty} u_n$ 的部分和为 s_n，其和为 s，则 $s_n \to s(n\to\infty)$，且 $u_n = s_n - s_{n-1}$，所以

$$\lim_{n\to\infty} u_n = \lim_{n\to\infty}(s_n - s_{n-1}) = \lim_{n\to\infty} s_n - \lim_{n\to\infty} s_{n-1} = s - s = 0.$$

性质5给出了级数收敛的必要条件，可以用来判断级数的发散性．例如，对于级数 $\sum_{n=1}^{\infty}(-1)^n$，因为有 $\lim_{n\to\infty} u_n = \lim_{n\to\infty}(-1)^n \neq 0$，所以该级数发散．

值得指出的是，$\lim_{n\to\infty} u_n = 0$ 仅是级数 $\sum_{n=1}^{\infty} u_n$ 收敛的必要条件，而不是充分条件．也就是说，从 $\lim_{n\to\infty} u_n = 0$ 不能判定级数 $\sum_{n=1}^{\infty} u_n$ 一定收敛．

例如，对于调和级数 $\sum_{n=1}^{\infty}\frac{1}{n}$，虽然 $\lim_{n\to\infty}\frac{1}{n} = 0$，但它是发散的．

习题 9.1

1. 根据级数收敛与发散的定义判断下列级数的收敛性．

(1) $\sum_{n=1}^{\infty}\ln\frac{n+1}{n}$;

(2) $\frac{1}{1\cdot 3}+\frac{1}{3\cdot 5}+\frac{1}{5\cdot 7}+\cdots+\frac{1}{(2n-1)(2n+1)}+\cdots$;

(3) $\sum_{n=1}^{\infty}\left(\frac{1}{5}\right)^n$;　　(4) $\sum_{n=1}^{\infty}\sin\frac{n\pi}{6}$.

2. 判断下列级数的收敛性．

(1) $\sum_{n=1}^{\infty}\left(\frac{1}{2^n}+\frac{1}{3^n}\right)$;　　(2) $\sum_{n=1}^{\infty}\left(\frac{1}{n^2}+\frac{1}{2n}\right)$;

(3) $\sum_{n=1}^{\infty}\frac{1}{3n}$;　　(4) $\sum_{n=1}^{\infty}\cos\frac{\pi}{2n-1}$;

(5) $\frac{1}{3}+\frac{1}{\sqrt{3}}+\frac{1}{\sqrt[3]{3}}+\cdots+\frac{1}{\sqrt[n]{3}}+\cdots$;

(6) $-\frac{8}{9}+\frac{8^2}{9^2}-\frac{8^3}{9^3}+\cdots+(-1)^n\frac{8^n}{9^n}+\cdots$.

9.2 常数项级数的审敛法

除了利用收敛性定义及其性质来判断级数的收敛以外，是否还有其他更为简单有效的方法呢？本节将介绍常数项级数判别收敛的方法．

9.2.1 正项级数

定义 9.3 在级数 $\sum_{n=1}^{\infty} u_n$ 中，若 $u_n \geqslant 0$，则称级数 $\sum_{n=1}^{\infty} u_n$ 为**正项级数**.

设 $\sum_{n=1}^{\infty} u_n$ 为正项级数，由于 $u_n \geqslant 0$，所以其部分和数列 $\{s_n\}$ 是单调增加的. 根据单调有界必有极限的定理可知，单调增加数列 $\{s_n\}$ 有极限的充分必要条件是 $\{s_n\}$ 有上界. 因此有下面的定理.

定理 9.1（正项级数的收敛原理） 正项级数 $\sum_{n=1}^{\infty} u_n$ 收敛的充分必要条件是其部分和数列有上界.

由定理 9.1 可知，如果正项级数 $\sum_{n=1}^{\infty} u_n$ 发散，则它的部分和数列 $s_n \to +\infty$ $(n \to \infty)$，即 $\sum_{n=1}^{\infty} u_n = +\infty$.

这个定理虽然比较重要，但在判定正项级数敛散性时并不十分方便，它之所以称为正项级数的收敛原理，是因为以下正项级数的审敛法都是根据这条原理得到的.

9.2.1.1 比较审敛法

定理 9.2（比较审敛法） 设 $\sum_{n=1}^{\infty} u_n$ 和 $\sum_{n=1}^{\infty} v_n$ 都是正项级数，且 $u_n \leqslant v_n (n=1, 2, \cdots)$.

（1）若级数 $\sum_{n=1}^{\infty} v_n$ 收敛，则级数 $\sum_{n=1}^{\infty} u_n$ 也收敛；

（2）若级数 $\sum_{n=1}^{\infty} u_n$ 发散，则级数 $\sum_{n=1}^{\infty} v_n$ 也发散.

证 （1）设级数 $\sum_{n=1}^{\infty} v_n$ 收敛于和 σ，则级数 $\sum_{n=1}^{\infty} u_n$ 的部分和

$$s_n = u_1 + u_2 + \cdots + u_n \leqslant v_1 + v_2 + \cdots + v_n \leqslant \sigma (n=1, 2, \cdots)$$

即部分和数列 $\{s_n\}$ 有上界，所以由定理 9.1 知级数 $\sum_{n=1}^{\infty} u_n$ 收敛.

（2）级数 $\sum_{n=1}^{\infty} u_n$ 发散，则级数 $\sum_{n=1}^{\infty} v_n$ 必发散. 因为若级数 $\sum_{n=1}^{\infty} v_n$ 收敛，由上面的结论，级数 $\sum_{n=1}^{\infty} u_n$ 也收敛，与给定条件矛盾.

推论 设 $\sum_{n=1}^{\infty} u_n$ 和 $\sum_{n=1}^{\infty} v_n$ 都是正项级数，且存在自然数 N，我们有

（1）如果级数 $\sum\limits_{n=1}^{\infty} v_n$ 收敛，且当 $n \geqslant N$ 时有 $u_n \leqslant kv_n(k>0)$ 成立，则级数 $\sum\limits_{n=1}^{\infty} u_n$ 收敛；

（2）如果级数 $\sum\limits_{n=1}^{\infty} v_n$ 发散，且当 $n \geqslant N$ 时有 $u_n \geqslant kv_n(k>0)$ 成立，则级数 $\sum\limits_{n=1}^{\infty} u_n$ 发散.

例 1　讨论 p-级数

$$1+\frac{1}{2^p}+\frac{1}{3^p}+\frac{1}{4^p}+\cdots+\frac{1}{n^p}+\cdots \tag{9.5}$$

的收敛性，其中常数 $p>0$.

解　（1）设 $p \leqslant 1$. 因为 $\frac{1}{n^p} \geqslant \frac{1}{n}$，且调和级数 $\sum\limits_{n=1}^{\infty} \frac{1}{n}$ 发散，所以由比较审敛法可知，当 $p \leqslant 1$ 时级数(9.5)发散.

（2）设 $p>1$. 因为 $n-1 \leqslant x \leqslant n$ 时，$\frac{1}{n^p} \leqslant \frac{1}{x^p}$，所以

$$\frac{1}{n^p}=\int_{n-1}^{n} \frac{1}{n^p}\mathrm{d}x \leqslant \int_{n-1}^{n} \frac{1}{x^p}\mathrm{d}x=\frac{1}{p-1}\left[\frac{1}{(n-1)^{p-1}}-\frac{1}{n^{p-1}}\right], n=2,3,\cdots,$$

考虑级数

$$\sum_{n=2}^{\infty}\left[\frac{1}{(n-1)^{p-1}}-\frac{1}{n^{p-1}}\right], \tag{9.6}$$

级数(9.6)的部分和

$$s_n=\left(1-\frac{1}{2^{p-1}}\right)+\left(\frac{1}{2^{p-1}}-\frac{1}{3^{p-1}}\right)+\cdots+\left[\frac{1}{n^{p-1}}-\frac{1}{(n+1)^{p-1}}\right]=1-\frac{1}{(n+1)^{p-1}}.$$

因为 $\lim\limits_{n\to\infty} s_n=\lim\limits_{n\to\infty}\left[1-\frac{1}{(n+1)^{p-1}}\right]=1$，所以级数(9.6)收敛. 从而根据比较审敛法的推论可知，级数(9.5)当 $p>1$ 时收敛.

综上可得，$p-$级数(9.5)当 $p \leqslant 1$ 时发散，当 $p>1$ 时收敛.

例 2　证明级数 $\sum\limits_{n=1}^{\infty} \frac{1}{\sqrt{n(n+1)}}$ 是发散的.

证　因为 $n(n+1)<(n+1)^2$，所以 $\frac{1}{\sqrt{n(n+1)}}>\frac{1}{n+1}$. 而级数 $\sum\limits_{n=1}^{\infty} \frac{1}{n+1}$ 发散，所以根据比较审敛法可知所给级数是发散的.

为了使用方便，下面给出比较审敛法的极限形式.

定理 9.3（比较审敛法的极限形式）　设 $\sum\limits_{n=1}^{\infty} u_n$ 和 $\sum\limits_{n=1}^{\infty} v_n$ 都是正项级数，且 $\lim\limits_{n\to\infty}\frac{u_n}{v_n}=l$，则

(1) 当$0<l<+\infty$时，级数$\sum\limits_{n=1}^{\infty}u_n$和$\sum\limits_{n=1}^{\infty}v_n$同时收敛或同时发散；

(2) 当$l=0$时，若$\sum\limits_{n=1}^{\infty}v_n$收敛，则$\sum\limits_{n=1}^{\infty}u_n$收敛；

(3) 当$l=+\infty$时，若$\sum\limits_{n=1}^{\infty}v_n$发散，则$\sum\limits_{n=1}^{\infty}u_n$发散.

利用定理9.3，并结合p-级数的敛散性，我们得到如下更为方便实用的审敛法.

对于正项级数$\sum\limits_{n=1}^{\infty}u_n$，我们有

(1) 如果$\lim\limits_{n\to\infty}nu_n=l>0$(或$\lim\limits_{n\to\infty}nu_n=+\infty$)，则级数$\sum\limits_{n=1}^{\infty}u_n$发散；

(2) 如果$p>1$，而$\lim\limits_{n\to\infty}n^p u_n=l(0\leqslant l<+\infty)$，则级数$\sum\limits_{n=1}^{\infty}u_n$收敛.

有的教材称其为**极限审敛法**.

例3 判定级数$\sum\limits_{n=1}^{\infty}\sin\dfrac{1}{n}$的收敛性.

解 因为

$$\lim_{n\to\infty}n\sin\frac{1}{n}=1,$$

所以，根据极限审敛法，该级数发散.

9.2.1.2 比值审敛法

定理9.4 (比值审敛法) 设$\sum\limits_{n=1}^{\infty}u_n$是正项级数，且$\lim\limits_{n\to\infty}\dfrac{u_{n+1}}{u_n}=l$(或$+\infty$)，则

(1) 当$l<1$时，级数$\sum\limits_{n=1}^{\infty}u_n$收敛；

(2) 当$l>1$(或$+\infty$)时，级数$\sum\limits_{n=1}^{\infty}u_n$发散，且$\sum\limits_{n=1}^{\infty}u_n=+\infty$.

比值审敛法又称为达朗贝尔(D'Alembert)判别法.

证 (1) 当$l<1$时，对$\varepsilon=\dfrac{1-l}{2}>0$，根据数列极限的定义，存在自然数$N$，当$n>N$时，有$\left|\dfrac{u_{n+1}}{u_n}-l\right|<\varepsilon$由此知

$$\frac{u_{n+1}}{u_n}<l+\varepsilon=\frac{1+l}{2}<1$$

对每个满足$n>N$的n都成立. 令$r=\dfrac{1+l}{2}$，则有

$$u_{N+2} < ru_{N+1}, \quad u_{N+3} < ru_{N+2} < r^2 u_{N+1}, \quad \cdots, \quad < u_{N+m} < r^{m-1} u_{N+1}, \quad \cdots,$$

由于 $\sum\limits_{m=1}^{\infty} r^{m-1}$收敛，故由收敛级数的性质 1 和比较审敛法知 $\sum\limits_{m=1}^{\infty} u_{N+m}$收敛，由收敛级数的性质 3 可知，级数 $\sum\limits_{n=1}^{\infty} u_n$ 收敛．

（2）当 $l>1$ 时，对 $\varepsilon=\dfrac{l-1}{2}>0$，根据数列极限的定义，存在自然数 N，当 $n>N$ 时，有 $\left|\dfrac{u_{n+1}}{u_n}-l\right|<\varepsilon$，由此知

$$\frac{u_{n+1}}{u_n}>l-\varepsilon=l-\frac{l-1}{2}=\frac{l+1}{2}>1.$$

从而当 $n>N$ 时，有 $u_{n+1}>u_n$，由收敛级数的性质 5 可知，级数 $\sum\limits_{n=1}^{\infty} u_n$ 发散．

同理可知，当 $l=+\infty$ 时，级数 $\sum\limits_{n=1}^{\infty} u_n$ 发散．

要注意的是，当$\lim\limits_{n\to\infty}\dfrac{u_{n+1}}{u_n}=1$ 时，由比值审敛法无法给出级数 $\sum\limits_{n=1}^{\infty} u_n$ 的敛散性．例如，对于p－级数 $\sum\limits_{n=1}^{\infty}\dfrac{1}{n^p}$，总有$\lim\limits_{n\to\infty}\dfrac{u_{n+1}}{u_n}=\lim\limits_{n\to\infty}\dfrac{n^p}{(n+1)^p}=1$．但是$p$－级数当 $p\leqslant 1$ 时发散；当 $p>1$ 时收敛．

例 4 讨论级数 $\sum\limits_{n=1}^{\infty}\dfrac{a^n}{n!}(a>0)$的收敛性．

解 记 $u_n=\dfrac{a^n}{n!}$，由于

$$\lim_{n\to\infty}\frac{u_{n+1}}{u_n}=\lim_{n\to\infty}\frac{a^{n+1}}{(n+1)!}\times\frac{n!}{a^n}=\lim_{n\to\infty}\frac{a}{n+1}=0,$$

所以级数 $\sum\limits_{n=1}^{\infty}\dfrac{a^n}{n!}$收敛．

例 5 讨论级数 $\sum\limits_{n=1}^{\infty}\dfrac{n!}{10^n}$的收敛性．

解 记 $u_n=\dfrac{n!}{10^n}$，由于

$$\lim_{n\to\infty}\frac{u_{n+1}}{u_n}=\lim_{n\to\infty}\frac{(n+1)!}{10^{n+1}}\times\frac{10^n}{n!}=\lim_{n\to\infty}\frac{n+1}{10}=\infty,$$

所以级数 $\sum\limits_{n=1}^{\infty}\dfrac{n!}{10^n}$发散．

9.2.1.3 根值审敛法

定理 9.5(根值审敛法)设 $\sum_{n=1}^{\infty} u_n$ 为正项级数，如果

$$\lim_{n\to\infty}\sqrt[n]{u_n}=\rho,$$

则当 $\rho<1$ 时级数收敛，当 $\rho>1$(或 $\lim_{n\to\infty}\sqrt[u]{u_n}=+\infty$)时级数发散，当 $\rho=1$ 时级数可能收敛也可能发散.

根值审敛法又称为柯西(Cauchy)判别法.

例 6 讨论正项级数 $\sum_{n=1}^{\infty}\left(\frac{n}{2n+1}\right)^n$ 的敛散性.

解 由于 $\lim_{n\to\infty}\sqrt[n]{u_n}=\lim_{n\to\infty}\sqrt[n]{\left(\frac{n}{2n+1}\right)^n}=\lim_{n\to\infty}\frac{n}{2n+1}=\frac{1}{2}<1$，故由根值审敛法知，原级数收敛.

9.2.2 交错级数

下面研究形如 $\sum_{n=1}^{\infty}(-1)^{n-1}u_n(u_n>0,\ n=1,\ 2,\ \cdots)$ 的级数，这类级数的特点为它的各项是正负交错的，我们称这类级数为**交错级数**.

定理 9.6(莱布尼茨判别法)如果交错级数 $\sum_{n=1}^{\infty}(-1)^{n-1}u_n$ 满足莱布尼茨条件：

(1) $u_n\geqslant u_{n+1}(n=1,\ 2,\ 3,\ \cdots)$； (2) $\lim_{n\to\infty}u_n=0$，

则该级数收敛，且其和 $s\leqslant u_1$.

例 7 讨论级数 $\sum_{n=1}^{\infty}(-1)^{n-1}\frac{1}{n}$ 的收敛性.

解 级数 $\sum_{n=1}^{\infty}(-1)^{n-1}\frac{1}{n}$ 是交错级数，且满足

(1) $u_n=\frac{1}{n}>\frac{1}{n+1}=u_{n+1}$； (2) $\lim_{n\to\infty}u_n=\lim_{n\to\infty}\frac{1}{n}=0$，

所以由莱布尼茨判别法知，该级数收敛.

9.2.3 绝对收敛与条件收敛

下面我们讨论一般的级数 $u_1+u_2+\cdots+u_n+\cdots$，它的各项为任意实数.

定义 9.4 (1) 如果级数 $\sum_{n=1}^{\infty}u_n$ 各项的绝对值所构成的正项级数 $\sum_{n=1}^{\infty}|u_n|$ 收

敛，则称级数 $\sum\limits_{n=1}^{\infty} u_n$ **绝对收敛**；

(2) 如果级数 $\sum\limits_{n=1}^{\infty} u_n$ 收敛，而 $\sum\limits_{n=1}^{\infty} |u_n|$ 发散，则称级数 $\sum\limits_{n=1}^{\infty} u_n$ **条件收敛**.

例如，级数 $\sum\limits_{n=1}^{\infty} (-1)^{n-1}\frac{1}{n^2}$绝对收敛；级数 $\sum\limits_{n=1}^{\infty} (-1)^{n-1}\frac{1}{n}$条件收敛.

级数绝对收敛与级数收敛有以下重要关系.

定理 9.7　如果级数 $\sum\limits_{n=1}^{\infty} u_n$ 绝对收敛，则级数 $\sum\limits_{n=1}^{\infty} u_n$ 必定收敛.

证　设级数 $\sum\limits_{n=1}^{\infty} |u_n|$ 收敛. 令

$$v_n=\frac{1}{2}(u_n+|u_n|)\quad (n=1,\ 2,\ \cdots).$$

显然 $v_n \geqslant 0$，$v_n \leqslant |u_n|$ $(n=1,\ 2,\ \cdots)$. 由比较审敛法知道，级数 $\sum\limits_{n=1}^{\infty} v_n$ 收敛，从而 $\sum\limits_{n=1}^{\infty} 2v_n$ 也收敛. 而 $u_n=2v_n-|u_n|$，由收敛级数的性质可知

$$\sum_{n=1}^{\infty} u_n=\sum_{n=1}^{\infty} 2v_n-\sum_{n=1}^{\infty} |u_n|,$$

所以级数 $\sum\limits_{n=1}^{\infty} u_n$ 收敛.

例 8　判别级数 $\sum\limits_{n=1}^{\infty} \frac{\cos na}{3^n}$的收敛性.

解　因为$\left|\frac{\cos na}{3^n}\right| \leqslant \frac{1}{3^n}$，而几何级数 $\sum\limits_{n=1}^{\infty} \frac{1}{3^n}$收敛，所以级数 $\sum\limits_{n=1}^{\infty} \left|\frac{\cos na}{3^n}\right|$也收敛. 由定理 9.6 知，级数 $\sum\limits_{n=1}^{\infty} \frac{\cos na}{3^n}$收敛.

例 9　判别级数 $\sum\limits_{n=1}^{\infty} \frac{(-1)^{n-1}a^n}{n}$的收敛性.

解　记 $u_n=\frac{|a|^n}{n}$，则$\lim\limits_{n\to\infty}\frac{u_{n+1}}{u_n}=|a|$. 所以

(1) 当 $|a|<1$ 时，级数绝对收敛；

(2) 当 $|a|>1$ 时，$\lim\limits_{n\to\infty} u_n=+\infty$，原级数发散；

(3) 当 $a=1$ 时，原级数是交错级数，且条件收敛；

(4) 当 $a=-1$ 时，原级数是调和级数，且发散.

习题 9.2

1. 根据比较审敛法判断下列级数的收敛性.

(1) $1+\frac{1}{3}+\frac{1}{5}+\cdots+\frac{1}{2n-1}+\cdots$;

(2) $1+\frac{1+2}{1+2^2}+\frac{1+3}{1+3^2}+\cdots+\frac{1+n}{1+n^2}+\cdots$;

(3) $\sum_{n=1}^{\infty}\frac{n}{n^2+2n+3}$;

(4) $\sum_{n=1}^{\infty}\frac{1}{n\sqrt{n+1}}$;

(5) $\sum_{n=1}^{\infty}\left(\frac{1+n^2}{1+n^3}\right)^2$;

(6) $\sum_{n=1}^{\infty}\sin\frac{\pi}{2^n}$.

2. 根据比值审敛法判断下列级数的收敛性.

(1) $\sum_{n=1}^{\infty}\frac{5^n}{n^5}$;

(2) $\sum_{n=1}^{\infty}\frac{n^3}{n!}$;

(3) $\sum_{n=1}^{\infty}\frac{2^n\cdot n!}{n^n}$;

(4) $\sum_{n=1}^{\infty}\frac{1}{2^n}\tan\frac{\pi}{2n}$.

3. 判断下列级数的收敛性.

(1) $\sum_{n=2}^{\infty}\frac{1}{\sqrt{n}-1}$;

(2) $\sum_{n=1}^{\infty}\frac{3^n}{n^2 2^n}$;

(3) $\sum_{n=2}^{\infty}\sqrt{n}\left(1-\cos\frac{1}{n}\right)$;

(4) $\sum_{n=1}^{\infty}\frac{n!}{3^n}$;

(5) $\sum_{n=1}^{\infty}\left(\frac{n}{2n+1}\right)^n$;

(6) $\sum_{n=1}^{\infty}\frac{1}{[\ln(n+1)]^n}$.

4. 判断下列级数是否收敛?如果是收敛的,判断是绝对收敛还是条件收敛?

(1) $\sum_{n=1}^{\infty}(-1)^{n-1}\frac{2}{3n+1}$;

(2) $\sum_{n=1}^{\infty}(-1)^{n+1}\frac{1}{\ln(n+1)}$;

(3) $\sum_{n=1}^{\infty}(-1)^{n-1}\frac{\ln n}{\sqrt{n}}$;

(4) $\sum_{n=1}^{\infty}(-1)^{n-1}\frac{1}{n-\ln n}$;

(5) $\sum_{n=1}^{\infty}(-1)^{n-1}\frac{n}{3^{n-1}}$;

(6) $\sum_{n=1}^{\infty}(-1)^{n+1}\frac{2^{n^2}}{n!}$.

9.3 幂级数

幂级数在工程技术、自然科学以及数学科学中都有着重要应用. 本节重点研究幂级数的概念、性质以及幂级数收敛半径与收敛区间的求法.

9.3.1 幂级数的概念

9.3.1.1 函数项级数的概念

给定一个在区间 I 上有定义的函数列 $u_1(x)$, $u_2(x)$, …, $u_n(x)$, …, 则表达式

$$u_1(x)+u_2(x)+\cdots+u_n(x)+\cdots \tag{9.7}$$

称为定义在区间 I 上的**函数项无穷级数**, 简称**函数项级数**. $u_n(x)$称为一般项.

在函数项级数(9.7)中, 如果令 $x=x_0\in I$, 则得到一个常数项级数 $\sum\limits_{n=1}^{\infty}u_n(x_0)$. 若该常数项级数收敛, 则称 x_0 为级数(9.7)的一个收敛点, 并称收敛点的全体为函数项级数 $\sum\limits_{n=1}^{\infty}u_n(x)$的**收敛域**; 如果 $\sum\limits_{n=1}^{\infty}u_n(x_0)$发散, 则称 x_0 为级数(9.7)的一个发散点, 并称发散点的全体为函数项级数 $\sum\limits_{n=1}^{\infty}u_n(x)$的**发散域**.

在收敛域上, 函数项级数的和是 x 的函数 $s(x)$, 称为函数项级数的**和函数**, 这个函数的定义域就是级数的收敛域, 并有

$$s(x)=\sum_{n=1}^{\infty}u_n(x).$$

如果把函数项级数(9.7)的前 n 项的部分和记作 $s_n(x)$, 则在收敛域上有

$$\lim_{n\to\infty}s_n(x)=s(x).$$

我们把 $r_n(x)=s(x)-s_n(x)$称为**函数项级数的余项**(只有 x 在收敛域上 $r_n(x)$才有意义), 于是有$\lim\limits_{n\to\infty}r_n(x)=0$.

9.3.1.2 幂级数的概念

下面介绍函数项级数中简单而常见的一类级数——幂级数. 形如

$$\sum_{n=0}^{\infty}a_n(x-x_0)^n=a_0+a_1(x-x_0)+a_2(x-x_0)^2+\cdots+a_n(x-x_0)^n+\cdots \tag{9.8}$$

的函数项级数称为**幂级数**, 其中常数 a_0, a_1, a_2, …, a_n, …称为**幂级数的系数**.

当 $x_0=0$ 时, 式(9.8)变为

$$\sum_{n=1}^{\infty}a_nx^n=a_0+a_1x+a_2x^2+\cdots+a_nx^n+\cdots. \tag{9.9}$$

实际上, 如果作变换 $t=x-x_0$, 则级数(9.8)就变为形如式(9.9)的幂级数. 因此, 下面我们主要对幂级数(9.9)进行讨论, 这并不影响一般性.

下面我们讨论幂级数的收敛域与发散域的问题, 先看一个例子.

例1 讨论幂级数 $\sum\limits_{n=0}^{\infty}x^n=1+x+x^2+\cdots+x^n+\cdots$的敛散性.

解 幂级数 $\sum\limits_{n=0}^{\infty} x^n$ 是公比为 x 的等比级数，根据等比级数的敛散性知，当 $|x| \geqslant 1$ 时发散；当 $|x| < 1$ 时收敛．于是幂级数 $\sum\limits_{n=0}^{\infty} x^n$ 的收敛域为 $(-1, 1)$，在收敛域上其和函数为 $\frac{1}{1-x}$.

9.3.2 幂级数的收敛区间

在例 1 中幂级数 $\sum\limits_{n=0}^{\infty} x^n$ 的收敛域是一个区间．事实上，这个结论对于一般的幂级数也成立，下面的阿贝尔定理刻画了幂级数的这一特征．

定理 9.8 （阿贝尔定理）如果幂级数 $\sum\limits_{n=0}^{\infty} a_n x^n$ 当 $x = x_0 (x_0 \neq 0)$ 时收敛，则对于满足不等式 $|x| < |x_0|$ 的一切 x，该幂级数绝对收敛；如果幂级数 $\sum\limits_{n=0}^{\infty} a_n x^n$ 当 $x = x_0$ 时发散，则对于满足不等式 $|x| > |x_0|$ 的一切 x，该幂级数发散．

证 设 x_0 是幂级数 $\sum\limits_{n=0}^{\infty} a_n x^n$ 的收敛点，即级数 $\sum\limits_{n=0}^{\infty} a_n x_0^n$ 收敛．根据级数收敛的必要条件，有

$$\lim_{n \to \infty} a_n x_0^n = 0,$$

于是存在一个常数 M，使得 $|a_n x_0^n| \leqslant M (n = 0, 1, 2, \cdots)$．所以有

$$|a_n x^n| = \left| a_n x_0^n \cdot \frac{x^n}{x_0^n} \right| = |a_n x_0^n| \cdot \left| \frac{x}{x_0} \right|^n \leqslant M \cdot \left| \frac{x}{x_0} \right|^n.$$

因为当 $|x| < |x_0|$ 时，等比级数 $\sum\limits_{n=0}^{\infty} M \cdot \left| \frac{x}{x_0} \right|^n$ 收敛（公比 $\left| \frac{x}{x_0} \right| < 1$），所以级数 $\sum\limits_{n=0}^{\infty} |a_n x^n|$ 收敛，即幂级数 $\sum\limits_{n=0}^{\infty} a_n x^n$ 绝对收敛．

定理的第二部分可用反证法证明若幂级数当 $x = x_0$ 时发散，而有一点 x_1 满足 $|x_1| > |x_0|$ 使级数收敛，则根据定理的第一部分知级数当 $x = x_0$ 时应收敛，这与假设矛盾．

阿贝尔定理说明，幂级数 $\sum\limits_{n=0}^{\infty} a_n x^n$ 的收敛性有三种情况：

（1）当且仅当 $x = 0$ 时收敛，即对任意 $x \neq 0$，幂级数 $\sum\limits_{n=0}^{\infty} a_n x^n$ 都不收敛，这时该级数的收敛域只有一个点 $x = 0$. 例如 $\sum\limits_{n=0}^{\infty} n!\, x^n$.

（2）对所有 $x\in(-\infty, +\infty)$，幂级数 $\sum\limits_{n=0}^{\infty} a_n x^n$ 都收敛，这时该级数的收敛域是 $(-\infty, +\infty)$. 例如 $\sum\limits_{n=1}^{\infty} \frac{x^n}{n!}$.

（3）存在两个不同的实数 x_1，x_2，使得当 $x=x_1$ 时，级数 $\sum\limits_{n=0}^{\infty} a_n x^n$ 收敛；当 $x=x_2$ 时，级数 $\sum\limits_{n=0}^{\infty} a_n x^n$ 发散. 此时不难推出，存在正数 R，使得该级数在 $(-R, R)$ 内绝对收敛；在 $(-\infty, -R)$ 和 $(R, +\infty)$ 内发散. 在情况(3)中，正数 R 称为幂级数 $\sum\limits_{n=0}^{\infty} a_n x^n$ 的**收敛半径**. 对于情况(1)和(2)，可以认为幂级数 $\sum\limits_{n=0}^{\infty} a_n x^n$ 的收敛半径分别是 $R=0$ 和 $R=+\infty$.

由于任何一个幂级数 $\sum\limits_{n=0}^{\infty} a_n x^n$ 都属于而且只属于上述三种情形之一，所以对任意给定的幂级数都存在唯一的 $R(0\leqslant R\leqslant+\infty)$，使得幂级数在 $|x|<R$ 时绝对收敛，在 $|x|>R$ 时，幂级数发散. 这说明，幂级数的收敛半径 R 是唯一存在的，我们把开区间 $(-R, R)$ 称为幂级数 $\sum\limits_{n=0}^{\infty} a_n x^n$ 的**收敛区间**.

由以上分析可知，对于幂级数 $\sum\limits_{n=0}^{\infty} a_n x^n$，只要知道了它的收敛半径 R，也就确定了它的收敛区间 $(-R, R)$，再加上对端点 $x=\pm R$ 收敛性的判断，就确定了幂级数的收敛域. 那么，如何求幂级数 $\sum\limits_{n=0}^{\infty} a_n x^n$ 的收敛半径呢？下面的定理回答了这个问题.

定理 9.9 对于幂级数 $\sum\limits_{n=0}^{\infty} a_n x^n$，如果

$$\lim_{n\to\infty}\left|\frac{a_{n+1}}{a_n}\right|=\rho,$$

则有(1) 当 $0<\rho<+\infty$ 时，收敛半径 $R=\frac{1}{\rho}$；

(2) 当 $\rho=0$ 时，收敛半径 $R=+\infty$；

(3) 当 $\rho=+\infty$ 时，收敛半径 $R=0$.

证 考察幂级数 $\sum\limits_{n=0}^{\infty} a_n x^n$，由于

$$\lim_{n\to\infty}\left|\frac{a_{n+1}x^{n+1}}{a_n x^n}\right|=\lim_{n\to\infty}\left|\frac{a_{n+1}}{a_n}\right||x|=\rho|x|,$$

根据比值审敛法，当$\rho|x|<1$时，级数$\sum_{n=0}^{\infty}a_nx^n$绝对收敛；当$\rho|x|>1$时，级数$\sum_{n=0}^{\infty}a_nx^n$的一般项$a_nx^n\to\infty$，从而发散．于是

(1) 当$0<\rho<+\infty$时，如果$|x|<\dfrac{1}{\rho}$，则级数$\sum_{n=0}^{\infty}a_nx^n$绝对收敛；如果$|x|>\dfrac{1}{\rho}$，则级数的一般项$a_nx^n$不趋于零，级数发散，因此收敛半径$R=\dfrac{1}{\rho}$.

(2) 当$\rho=0$时，对任意$x\in(-\infty,+\infty)$级数$\sum_{n=0}^{\infty}a_nx^n$绝对收敛，因而收敛半径$R=+\infty$.

(3) 当$\rho=+\infty$时，对所有$x\neq0$，级数$\sum_{n=0}^{\infty}a_nx^n$的一般项$a_nx^n$趋于无穷，所以发散，于是收敛半径$R=0$.

例2 求幂级数$\sum_{n=0}^{\infty}\dfrac{x^n}{\sqrt{n+1}}$的收敛半径、收敛区间和收敛域．

解 因为$\rho=\lim\limits_{n\to\infty}\left|\dfrac{a_{n+1}}{a_n}\right|=\lim\limits_{n\to\infty}\dfrac{\sqrt{n+1}}{\sqrt{n+2}}=\lim\limits_{n\to\infty}\sqrt{\dfrac{n+1}{n+2}}=1$，所以收敛半径$R=\dfrac{1}{\rho}=1$，收敛区间$(-1,1)$.

当$x=1$时，幂级数为$\sum_{n=0}^{\infty}\dfrac{1}{\sqrt{n+1}}=1+\dfrac{1}{\sqrt{2}}+\dfrac{1}{\sqrt{3}}+\dfrac{1}{\sqrt{4}}+\cdots$，这是$p=\dfrac{1}{2}$的$p$-级数，所以，该级数是发散的．

当$x=-1$时，幂级数为$\sum_{n=0}^{\infty}\dfrac{(-1)^n}{\sqrt{n+1}}=1-\dfrac{1}{\sqrt{2}}+\dfrac{1}{\sqrt{3}}-\dfrac{1}{\sqrt{4}}+\cdots$，这是交错级数，由莱布尼茨定理知，该级数是收敛的．

由以上分析知，幂级数$\sum_{n=0}^{\infty}\dfrac{x^n}{\sqrt{n+1}}$的收敛域为$[-1,1)$.

例3 求幂级数$\sum_{n=0}^{\infty}2^n(x-1)^{2n}$的收敛半径与收敛域．

解 所给幂级数缺少奇数次幂的项，不属于标准形式的幂级数，因此不能直接应用定理9.9. 我们可以根据比值审敛法求收敛半径．因为

$$\lim_{n\to\infty}\left|\frac{u_{n+1}}{u_n}\right|=\lim_{n\to\infty}\left|\frac{2^{n+1}(x-1)^{2(n+1)}}{2^n(x-1)^{2n}}\right|=2(x-1)^2,$$

所以，当$2(x-1)^2<1$，即$|x-1|<\dfrac{1}{\sqrt{2}}$时，原级数绝对收敛；当$2(x-1)^2>1$，

即 $|x-1|>\frac{1}{\sqrt{2}}$时，原级数的一般项为无穷大量，所以发散．从而收敛半径为$\frac{1}{\sqrt{2}}$.

又当 $x-1=\pm\frac{1}{\sqrt{2}}$时，级数变为 $\sum\limits_{n=0}^{\infty}1$，该级数发散，所以原级数的收敛域为 $\left(1-\frac{1}{\sqrt{2}},\ 1+\frac{1}{\sqrt{2}}\right)$.

9.3.3 幂级数的性质

幂级数在其收敛域内表示一个函数，即和函数 $s(x)$．下面我们不加证明地给出和函数的连续性、可积性及可导性结论，并给出逐项积分和逐项微分公式．这是幂级数的重要性质，是讨论幂级数问题的主要工具．

性质1(和函数的连续性) 若幂级数 $\sum\limits_{n=0}^{\infty}a_nx^n$ 的收敛半径为 $R(R>0)$，则其和函数在它的收敛域上连续，即对于其收敛域中的任一点 x_0，有

$$\lim_{x\to x_0}\sum_{n=0}^{\infty}a_nx^n=\sum_{n=0}^{\infty}a_nx_0^n.$$

性质2(逐项积分和逐项微分) 若幂级数 $\sum\limits_{n=0}^{\infty}a_nx^n$ 的收敛半径为 $R(R>0)$，且和函数为 $s(x)$，则

(1) $s(x)$在$(-R,\ +R)$内可导，且可以逐项求导，即

$$s'(x)=\sum_{n=0}^{\infty}(a_nx^n)'=\sum_{n=0}^{\infty}na_nx^{n-1},\quad -R<x<R; \tag{9.10}$$

(2) 对任意的 $x\in(-R,\ +R)$，$s(x)$在$[0,\ x]$(或$[x,\ 0]$)上可积，并且

$$\int_0^x s(x)\,\mathrm{d}t=\sum_{n=0}^{\infty}\int_0^x a_nt^n\,\mathrm{d}t=\sum_{n=0}^{\infty}\frac{a_n}{n+1}x^{n+1}. \tag{9.11}$$

性质3 若已知两个幂级数 $\sum\limits_{n=0}^{\infty}a_nx^n$ 和 $\sum\limits_{n=0}^{\infty}b_nx^n$ 的收敛域分别为 I_1 和 I_2，且和函数分别为 $s_1(x)$，$s_2(x)$．记 $I=I_1\cap I_2$，则在 I 内有如下运算法则成立：

(加法运算) $\sum\limits_{n=0}^{\infty}a_nx^n\pm\sum\limits_{n=0}^{\infty}b_nx^n=\sum\limits_{n=0}^{\infty}(a_n\pm b_n)x^n=s_1(x)\pm s_2(x)$；

(乘法运算)
$$\begin{aligned}\sum_{n=0}^{\infty}a_nx^n\times\sum_{n=0}^{\infty}b_nx^n&=a_0b_0+(a_0b_1+a_1b_0)x+(a_0b_2+a_1b_1+a_2b_0)x^2+\\&\quad\cdots+(a_0b_n+a_1b_{n-1}+\cdots+a_nb_0)x^n+\cdots\\&=s_1(x)\cdot s_2(x).\end{aligned}$$

例4 在区间$(-1,\ 1)$内求幂级数 $\sum\limits_{n=0}^{\infty}\frac{x^n}{n+1}$的和函数．

解 设和函数为 $s(x)$，即 $s(x)=\sum\limits_{n=0}^{\infty}\frac{x^n}{n+1}$，显然有 $s(0)=1$. 由于

$$xs(x)=\sum_{n=0}^{\infty}\frac{x^{n+1}}{n+1},$$

利用性质 2，逐项求导，并由

$$\frac{1}{1-x}=1+x+x^2+\cdots+x^n+\cdots \quad (-1<x<1)$$

得

$$[xs(x)]'=\sum_{n=0}^{\infty}\left(\frac{x^{n+1}}{n+1}\right)'=\sum_{n=0}^{\infty}x^n=\frac{1}{1-x}.$$

对上式从 0 到 x 积分，得

$$xs(x)=\int_0^x\frac{1}{1-x}\mathrm{d}x=-\ln(1-x).$$

于是，当 $x\neq 0$ 时，有 $s(x)=\frac{-\ln(1-x)}{x}$. 从而

$$s(x)=\begin{cases}\dfrac{-\ln(1-x)}{x}, & 0<|x|<1,\\ 1, & x=0.\end{cases}$$

由幂级数的和函数的连续性可知，这个函数 $s(x)$ 在 $x=0$ 处是连续的．不难推出

$$\lim_{x\to 0}s(x)=\lim_{x\to 0}\frac{-\ln(1-x)}{x}=1.$$

习题 9.3

1. 求下列幂级数的收敛半径和收敛域．

(1) $\frac{x}{2}+\frac{x^2}{2\cdot 4}+\frac{x^3}{2\cdot 4\cdot 6}+\cdots+\frac{x^n}{2\cdot 4\cdot\cdots\cdot(2n)}+\cdots$；

(2) $\frac{x}{1\cdot 3}+\frac{x^2}{2\cdot 3^2}+\frac{x^3}{3\cdot 3^2}+\cdots+\frac{x^n}{n\cdot 3^n}+\cdots$；

(3) $\sum\limits_{n=1}^{\infty}n^2x^n$； (4) $\sum\limits_{n=1}^{\infty}\frac{2^n}{n!}x^n$；

(5) $\sum\limits_{n=1}^{\infty}\frac{2^n}{n^2+1}x^n$； (6) $\sum\limits_{n=1}^{\infty}(-1)^n\frac{x^{2n+1}}{2n+1}$；

(7) $\sum\limits_{n=1}^{\infty}\left[\frac{1}{2^n}+(-2)^n\right](x+1)^n$； (8) $\sum\limits_{n=1}^{\infty}\frac{(3x+1)^n}{n\cdot 2^n}$.

2. 根据幂级数的性质求下列级数的和函数．

(1) $\sum_{n=1}^{\infty} nx^{n-1}$；　　　　(2) $\sum_{n=1}^{\infty} \frac{x^{2n+1}}{2n+1}$.

9.4 函数展开成幂级数

通过前面的讨论，我们知道幂级数在它的收敛域内表示一个函数，但人们更关心的是它的反问题，即如何将一个已知的函数表示成幂级数．若能把函数表示成幂级数，则在一定范围内，我们就可以取幂级数的有限项作为该函数的近似表达式，进而还可以通过一些四则运算求函数的近似值．

如果$f(x)=\sum_{n=0}^{\infty} a_n(x-x_0)^n$在区间$I$上成立，则称$f(x)$在$I$上能展开为$x_0$处的幂级数．

那么一个函数$f(x)$在什么条件下能够展开为某一点x_0处的幂级数，展开的形式是否唯一？如何确定展开系数呢？下面我们来讨论这些问题．

9.4.1 泰勒级数

如果函数$f(x)$在x_0有任意阶导数，则称形如

$$f(x_0)+f'(x_0)(x-x_0)+\frac{f'(x_0)}{2!}(x-x_0)^2+\cdots+\frac{f^{(n)}(x_0)}{n!}(x-x_0)^n+\cdots \tag{9.12}$$

的幂级数为$f(x)$在x_0处的**泰勒级数**．

在实际应用中，通常考虑的是$x_0=0$的特殊情况，此时的泰勒级数称为**麦克劳林级数**，即

$$f(0)+f'(0)x+\frac{f'(0)}{2!}x^2+\cdots+\frac{f^{(n)}(0)}{n!}x^n+\cdots. \tag{9.13}$$

下面我们讨论函数在一点的幂级数展开形式与它在这一点的泰勒级数之间的关系，并进一步讨论在什么条件下函数$f(x)$可展开为它的泰勒级数，即$f(x)$的泰勒级数什么条件下收敛于$f(x)$.

我们已学过，当$f(x)$在点x_0附近具有$n+1$阶导数时，有如下的泰勒公式

$$f(x)=f(x_0)+f'(x_0)(x-x_0)+\frac{f''(x_0)}{2!}(x-x_0)^2+\cdots+\frac{f^{(n)}(x_0)}{n!}(x-x_0)^n+R_n(x),$$

其中$R_n(x)=\frac{f^{(n+1)}(\xi)}{(n+1)!}(x-x_0)^{n+1}$，$\xi$在$x_0$与$x$之间．利用泰勒公式，便可知道$f(x)$在区间$(x_0-R,\ x_0+R)$内能展开为$x_0$处的泰勒级数的充分必要条件是

$$\lim_{n\to\infty}R_n(x)=0,\ x\in(x_0-R,\ x_0+R),$$

这就是函数能展开为泰勒级数的条件．

定理 9.10 如果函数 $f(x)$ 在区间 (x_0-R, x_0+R) $(R>0)$ 内可以展开为 x_0 处的幂级数，即

$$f(x)=\sum_{n=0}^{\infty} a_n(x-x_0)^n, \quad x\in(x_0-R, x_0+R), \tag{9.14}$$

则系数 a_n 满足

$$a_n=\frac{f^{(n)}(x_0)}{n!}, \quad n=0, 1, 2, \cdots.$$

证 由式(9.14)可知，$f(x)$ 在 (x_0-R, x_0+R) 内具有任意阶导数，且

$$f^{(k)}(x)=\sum_{n=k}^{\infty} n(n-1)\cdots(n-k+1)a_n(x-x_0)^{n-k}, \quad k=0, 1, 2, \cdots.$$

当 $k=0$ 时，令 $x=x_0$，得到 $f(x_0)=a_0$；

当 $k=1$ 时，令 $x=x_0$，得到 $f'(x_0)=a_1$；

一般地，令 $x=x_0$，得到 $f^{(k)}(x_0)=k!a_k$，即 $a_k=\dfrac{1}{k!}f^{(k)}(x_0)$．这就是系数 a_n 满足的条件．

这个定理说明，如果 $f(x)$ 能展开为 x_0 处的幂级数，则此幂级数一定是 $f(x)$ 在 x_0 处的泰勒级数，即幂级数的展开形式是唯一的．

9.4.2 函数展开成幂级数

要把函数 $f(x)$ 展开成 x 的幂级数，可以按照下列步骤进行：

第一步 求出 $f(x)$ 的各阶导数 $f'(x)$，$f''(x)$，…，$f^{(n)}(x)$，…．如果在 $x=0$ 处某阶导数不存在，则停止计算；

第二步 求 $f(x)$ 及其各阶导数在 $x=0$ 处的函数值；

第三步 写出对应的麦克劳林级数(9.13)，并求出收敛半径 R；

第四步 考察当 x 在区间 $(-R, R)$ 内时余项 $R_n(x)$ 的极限

$$\lim_{n\to\infty}R_n(x)=\lim_{n\to\infty}\frac{f^{(n+1)}(\xi)}{(n+1)!}x^{n+1} \quad (\xi \text{ 在 } 0 \text{ 与 } x \text{ 之间})$$

是否为零．如果为零，则函数 $f(x)$ 在区间 $(-R, R)$ 内的幂级数展开式为

$$f(x)=f(0)+f'(0)x+\frac{f'(0)}{2!}x^2+\cdots+\frac{f^{(n)}(0)}{n!}x^n+\cdots \quad (-R<x<R).$$

例 1 将函数 $f(x)=e^x$ 展开成 x 的幂级数．

解 函数 $f(x)=e^x$ 的各阶导数为 $f^{(n)}(x)=e^x(n=1, 2, \cdots)$，所以 $f^{(n)}(0)=1$，$(n=0, 1, 2, \cdots)$，这里 $f^{(0)}(0)=f(0)$．于是得到级数

$$1+x+\frac{x^2}{2!}+\cdots+\frac{x^n}{n!}+\cdots$$

它的收敛半径 $R=+\infty$.

对于任何给定的数 x，由于 ξ 在 0 与 x 之间，故余项的绝对值满足

$$|R_n(x)|=\left|\frac{e^{\xi}}{(n+1)!}x^{n+1}\right|<e^{|x|}\cdot\frac{|x|^{n+1}}{(n+1)!},$$

在上式中，$e^{|x|}$ 是有限数，而 $\frac{|x|^{n+1}}{(n+1)!}$ 是对任何 x 都收敛的级数 $\sum_{n=0}^{\infty}\frac{|x|^{n+1}}{(n+1)!}$ 的一般项，故有

$$\lim_{n\to\infty}\frac{|x|^{n+1}}{(n+1)!}=0,$$

于是有 $\lim_{n\to\infty}R_n(x)=0$. 从而得到展开式

$$e^x=1+x+\frac{x^2}{2!}+\cdots+\frac{x^n}{n!}+\cdots\quad(-\infty<x<\infty).$$

如果在 $x=0$ 处附近，用级数的部分和(即多项式)来近似代替 e^x，那么随着项数的增加，它们就越来越接近 e^x.

例2　将函数 $f(x)=\cos x$ 展开成 x 的幂级数.

解　函数 $f(x)=\cos x$ 的各阶导数为

$$f^{(n)}(x)=\cos\left(x+\frac{n\pi}{2}\right)\quad(n=1,2,\cdots),$$

当 n 取 0，1，2，3，…时，$f^{(n)}(0)$ 依次循环地取 1，0，-1，0，从而得到 $f(x)=\cos x$ 的级数

$$1-\frac{1}{2!}x^2+\frac{1}{4!}x^4-\cdots+(-1)^n\frac{x^{2n}}{(2n)!}+\cdots\quad(-\infty<x<+\infty)$$

它的收敛半径 $R=+\infty$.

对于任何有限的数 x，ξ(ξ 在 0 与 x 之间)，余项的绝对值满足

$$|R_n(x)|=\left|\frac{x^{n+1}}{(n+1)!}\cos\left[\xi+\frac{(n+1)\pi}{2}\right]\right|\leqslant\frac{|x|^{n+1}}{(n+1)!}\to0\quad(n\to\infty).$$

因此得到 $f(x)=\cos x$ 的级数

$$\cos x=1-\frac{1}{2!}x^2+\frac{1}{4!}x^4-\cdots+(-1)^n\frac{x^{2n}}{(2n)!}+\cdots\quad(-\infty<x<+\infty).$$

类似于以上两例的方法给出几个初等函数的展开式，例如

$$\sin x=x-\frac{1}{3!}x^3+\frac{1}{5!}x^5-\cdots+(-1)^n\frac{x^{2n+1}}{(2n+1)!}+\cdots,\ x\in(-\infty,+\infty)$$

$$\ln(1+x)=x-\frac{1}{2}x^2+\frac{1}{3}x^3-\cdots+(-1)^{n-1}\frac{x^n}{n}+\cdots,\ x\in(-1,1]$$

$$(1+x)^{\alpha}=1+\alpha x+\frac{\alpha(\alpha-1)}{2!}x^2+\cdots+\frac{\alpha(\alpha-1)\cdots(\alpha-n+1)}{n!}x^n+\cdots,\ x\in(-1,1)$$

此公式称为**二项式展开式**. 特别地，有

$$\frac{1}{1-x}=1+x+x^2+x^3+\cdots+x^n+\cdots,\ x\in(-1,\ 1)$$

$$\frac{1}{1+x}=1-x+x^2-x^3+\cdots+(-1)^n x^n+\cdots,\ x\in(-1,\ 1)$$

从以上例子的计算过程可以看出，直接将一个函数展开成幂级数存在着运算复杂的不足．我们可以从已知函数的展开式出发，利用幂级数的运算法则和性质及变量代换等方法得到所求函数的展开式，这种方法也可称为**间接展开法**，其特点是不用归纳函数 n 阶导数的表达式，并且可以避免研究余项的极限值．用这种方法求函数的幂级数展开式的过程中，经常用到$\frac{1}{1-x}$，e^x，$\sin x$，$\cos x$，$\ln(1+x)$等函数的幂级数展开式．

例 3　将函数$f(x)=\frac{1}{1+x^2}$展开成 x 的幂级数．

解　因为$\frac{1}{1-x}=1+x+x^2+x^3+\cdots+x^n+\cdots$，$x\in(-1,\ 1)$，所以把 x 换成 $-x^2$，得

$$\frac{1}{1+x^2}=1-x^2+x^4+\cdots+(-1)^n x^{2n}+\cdots,\ x\in(-1,\ 1).$$

例 4　将函数$f(x)=\frac{1}{(1-x)^2}$展开成 x 的幂级数．

解　因为$\frac{1}{(1-x)^2}=\left(\frac{1}{1-x}\right)'$，所以由逐项求导的性质得到

$$\frac{1}{(1-x)^2}=\left(\frac{1}{1-x}\right)'=1+2x+3x^2+\cdots+nx^{n-1}+\cdots=\sum_{n=0}^{\infty}(n+1)x^n,\ x\in(-1,\ 1).$$

例 5　将函数$f(x)=\ln(1+x)$展开成 x 的幂级数．

解　因为$f'(x)=\frac{1}{1+x}$，且$\frac{1}{1+x}=1-x+x^2-x^3+\cdots+(-1)^n x^n+\cdots$，$x\in(-1,\ 1)$，所以将上式从 0 到 x 逐项积分，得

$$\ln(1+x)=x-\frac{x^2}{2}+\frac{x^3}{3}-\frac{x^4}{4}+\cdots+(-1)^n\frac{x^{n+1}}{n+1}+\cdots\quad(-1<x\leqslant 1).$$

上述展开式对 $x=1$ 也成立，这是因为上式右端的幂级数当 $x=1$ 时收敛，而 $\ln(1+x)$在 $x=1$ 处有定义且连续．

例 6　将函数$f(x)=\ln x$ 展开成 $x-2$ 的幂级数．

解　因为 $\ln x=\ln[2+(x-2)]=\ln 2+\ln\left(1+\frac{x-2}{2}\right)$，且有

$$\ln(1+x)=x-\frac{1}{2}x^2+\frac{1}{3}x^3-\cdots+(-1)^{n-1}\frac{x^n}{n}+\cdots\quad x\in(-1,\ 1],$$

所以当$\frac{x-2}{2}\in(-1,1]$，即$x\in(0,4]$时，有

$$\ln x=\ln 2+\sum_{n=1}^{\infty}\frac{(-1)^{n-1}}{n}\frac{1}{2^n}(x-2)^n.$$

例 7　求数项级数$\sum_{n=1}^{\infty}\frac{n}{(n+1)!}$的和．

解　考虑幂级数$\sum_{n=1}^{\infty}\frac{n}{(n+1)!}x^{n-1}$，并记其和函数为$s(x)(-\infty<x<+\infty)$，则

$$\sum_{n=1}^{\infty}\frac{n}{(n+1)!}=s(1).$$

由于

$$\begin{aligned}\int_0^x s(t)\,\mathrm{d}t &= \sum_{n=1}^{\infty}\int_0^x\frac{n}{(n+1)!}t^{n-1}\mathrm{d}t=\sum_{n=1}^{\infty}\frac{x^n}{(n+1)!}\\ &=\frac{1}{x}\sum_{n=1}^{\infty}\frac{x^{n+1}}{(n+1)!}=\frac{1}{x}(\mathrm{e}^x-1-x),x\neq 0\end{aligned}$$

两端求导得

$$s(t)=\left[\frac{1}{x}(\mathrm{e}^x-1-x)\right]'=-\frac{\mathrm{e}^x}{x^2}+\frac{\mathrm{e}^x}{x}+\frac{1}{x^2},$$

所以

$$\sum_{n=1}^{\infty}\frac{n}{(n+1)!}=s(1)=1.$$

9.4.3　函数的幂级数展开式的应用

有了函数的幂级数展开式，就可以用它来进行近似计算，即在展开式有效的区间上，函数值可以近似地利用这个级数按精确度要求计算出来．

例 8　求 $\sin 9°$的近似值，要求精确到10^{-5}.

解　利用

$$\sin x=x-\frac{1}{3!}x^3+\frac{1}{5!}x^5-\cdots+(-1)^n\frac{x^{2n+1}}{(2n+1)!}+\cdots,\ x\in(-\infty,+\infty)$$

又$9°=\frac{\pi}{20}$，且$\frac{1}{5!}\cdot\left(\frac{\pi}{20}\right)^5<10^{-5}$，所以只需取前两项即可，所以

$$\sin 9°\approx\frac{\pi}{20}-\frac{1}{3!}\cdot\left(\frac{\pi}{20}\right)^3\approx 0.15643.$$

例 9　求$\sqrt[9]{522}$的近似值，要求精确到10^{-4}.

解　因为$\sqrt[9]{522}=2\left(1+\frac{10}{2^9}\right)^{\frac{1}{9}}$，所以在二项展开式中取$\alpha=\frac{1}{9}$，$x=\frac{10}{2^9}$，则得

$$\sqrt[9]{522}=2\left(1+\frac{10}{2^9}\right)^{\frac{1}{9}}=2\cdot\left[1+\frac{1}{9}\cdot\frac{10}{2^9}+\frac{\frac{1}{9}\left(\frac{1}{9}-1\right)}{2!}\cdot\frac{10^2}{2^{18}}+\cdots\right].$$

上式右端从第 2 项起为交错级数，故有

$$|r_2|\leqslant u_3=\frac{\frac{1}{9}\cdot\frac{8}{9}}{2!}\cdot\frac{10^2}{2^{18}}\approx 0.000019<10^{-4},$$

由此可取级数的前两项的和作为近似值即可达到精度要求，所以

$$\sqrt[9]{522}\approx 2(1+0.00217)\approx 2.0043.$$

例 10 计算积分 $\int_0^1\frac{\sin x}{x}\mathrm{d}x$ 的近似值，要求误差不超过 10^{-4}.

解 由于 $\lim\limits_{x\to 0}\frac{\sin x}{x}=1$，因此所给积分不是反常积分．如果定义被积函数在 $x=0$ 处的值为 1，则它在积分区间[0，1]上连续．展开被积函数，有

$$\frac{\sin x}{x}=1-\frac{x^2}{3!}+\frac{x^4}{5!}-\frac{x^6}{7!}+\cdots\quad(-\infty<x<+\infty)$$

在区间[0，1]上逐项积分，得

$$\int_0^1\frac{\sin x}{x}\mathrm{d}x=1-\frac{1}{3\cdot 3!}+\frac{1}{5\cdot 5!}-\frac{1}{7\cdot 7!}+\cdots.$$

因为第四项满足 $\frac{1}{7\cdot 7!}<\frac{1}{30000}$，所以取前 3 项的和作为积分的近似值：

$$\int_0^1\frac{\sin x}{x}\mathrm{d}x\approx 1-\frac{1}{3\cdot 3!}+\frac{1}{5\cdot 5!}\approx 0.9461.$$

习题 9.4

1. 求函数 $f(x)=\sin x$ 的泰勒级数，并验证它在整个数轴上收敛于这个函数．

2. 将下列函数展开成 x 的幂级数，并求展开式成立的区间．

(1) $f(x)=\frac{1}{2}(\mathrm{e}^x-\mathrm{e}^{-x})$； (2) $f(x)=\ln(a+x)$，$a>0$；

(3) $f(x)=\frac{1}{(1-x)(2-x)}$； (4) $f(x)=\sin^2 x$；

(5) $f(x)=\frac{x}{\sqrt{1+x^2}}$； (6) $f(x)=\arctan\frac{2x}{1-x^2}$.

3. 按要求将下列函数展开成幂级数．

(1) $f(x)=\sin x$ 展开成 $\left(x-\frac{\pi}{3}\right)$ 的幂级数；

(2) $f(x)=\frac{1}{x^2+3x+2}$ 展开成 $(x+4)$ 的幂级数；

(3) $f(x)=\ln\dfrac{1}{2+2x+x^2}$展开成$(x+1)$的幂级数.

4. 利用函数的幂级数展开式求下列各数的近似值，要求误差不超过0.0001.

(1) $e^{\frac{1}{2}}$; (2) $\cos 2°$.

5. 计算积分$\int_0^1 e^{-x^2}dx$的近似值，要求误差不超过10^{-4}.

9.5 傅里叶级数

科学技术中经常用到的另一种函数项级数，就是三角级数，也称为傅里叶级数，它是研究周期运动的重要工具．本节主要研究如何把函数展开成三角级数．

9.5.1 以2π为周期的函数展开成傅里叶级数

9.5.1.1 三角级数、三角函数系的正交性

在电工学中，电磁波函数$f(t)$经常作下面的展开

$$f(t)=A_0+\sum_{n=1}^{\infty}A_n\sin(n\omega t+\varphi_n), \tag{9.15}$$

其中A_0，A_n，$\varphi_n(n=1,2,3,\cdots)$都是常数，并称这种展开为谐波分析，其中常数项$A_0$称为$f(t)$的直流分量，$A_1\sin(\omega t+\varphi_1)$称为一次谐波(基波)，$A_2\sin(2\omega t+\varphi_2)$称为二次谐波，$A_3\sin(3\omega t+\varphi_3)$称为三次谐波，以此类推．

为了研究方便，我们将正弦函数$A_n\sin(n\omega t+\varphi_n)$按三角公式变形，得

$$A_n\sin(n\omega t+\varphi_n)=A_n\sin\varphi_n\cos n\omega t+A_n\cos\varphi_n\sin n\omega t,$$

并且令$\dfrac{a_0}{2}=A_0$，$a_n=A_n\sin\varphi_n$，$b_n=A_n\cos\varphi_n$，$\omega t=x$，则方程(9.15)右端的级数就变成

$$\frac{a_0}{2}+\sum_{n=1}^{\infty}(a_n\cos nx+b_n\sin nx). \tag{9.16}$$

一般地，形如式(9.16)的级数称为**三角级数**，其中a_0，a_n，$b_n(n=1,2,3,\cdots)$都是常数．

如同幂级数一样我们必须讨论三角级数(9.16)的收敛问题，以及给定周期为2π的周期函数如何把它展开成三角级数(9.16)．为此，下面我们介绍三角函数系的正交性．

由于三角函数系

$$1,\ \cos x,\ \sin x,\ \cos 2x,\ \sin 2x,\ \cdots,\ \cos nx,\ \sin xn,\ \cdots \tag{9.17}$$

中任何不同的两个函数的乘积在区间$[-\pi,\pi]$上的积分都等于零，故我们称三

角函数系(9. 17)在区间[$-\pi$, π]上**正交**，即有

$$\int_{-\pi}^{\pi}\cos nx\mathrm{d}x = 0,\quad n = 1,2,3,\cdots;$$

$$\int_{-\pi}^{\pi}\sin nx\mathrm{d}x = 0,\quad n = 1,2,3,\cdots;$$

$$\int_{-\pi}^{\pi}\sin mx\cos nx\mathrm{d}x = 0, m,n = 1,2,3,\cdots;$$

$$\int_{-\pi}^{\pi}\sin mx\sin nx\mathrm{d}x = 0, m,n = 1,2,3,\cdots, m \neq n;$$

$$\int_{-\pi}^{\pi}\cos mx\cos nx\mathrm{d}x = 0, m,n = 1,2,3,\cdots, m \neq n.$$

以上等式都可以通过计算积分来验证,请读者自行验证.

在三角函数系(9. 17)中，两个相同函数的乘积在区间[$-\pi$, π]上的积分不等于零，即

$$\int_{-\pi}^{\pi}\sin^2 nx\mathrm{d}x = \int_{-\pi}^{\pi}\cos^2 nx\mathrm{d}x = \pi, n = 1,2,3,\cdots.$$

9. 5. 1. 2 把函数展开成傅里叶级数

现在我们来讨论如何把一个函数展开成三角级数，由于正弦函数和余弦函数都是周期函数，显然周期函数更适合于展开成三角函数.

设 $f(x)$ 是周期为 2π 的周期函数，且能展开成三角级数：

$$f(x) = \frac{a_0}{2} + \sum_{k=1}^{\infty}(a_k\cos kx + b_k\sin kx). \tag{9.18}$$

那么系数 a_0, a_1, b_1, …与函数 $f(x)$ 之间存在着怎样的关系？为确定三角级数(9. 18)的一系列系数 a_0, a_1, b_1, …，我们进一步假设级数(9. 18)可以逐项积分.

先求 a_0. 对式(9. 18)进行逐项积分，即

$$\int_{-\pi}^{\pi}f(x)\mathrm{d}x = \int_{-\pi}^{\pi}\frac{a_0}{2}\mathrm{d}x + \sum_{k=1}^{\infty}\left(a_k\int_{-\pi}^{\pi}\cos kx\mathrm{d}x + b_k\int_{-\pi}^{\pi}\sin kx\mathrm{d}x\right),$$

根据三角函数系(9. 17)的正交性，等式右端除第一项外，其余各项均为零，故

$$\int_{-\pi}^{\pi}f(x)\mathrm{d}x = \frac{a_0}{2}\cdot 2\pi,$$

于是得

$$a_0 = \frac{1}{\pi}\int_{-\pi}^{\pi}f(x)\mathrm{d}x.$$

其次求 a_n. 式(9. 18)两端同时乘以 $\cos nx$，再进行逐项积分，可得

$$\int_{-\pi}^{\pi}f(x)\cos nx\mathrm{d}x = \frac{a_0}{2}\int_{-\pi}^{\pi}\cos nx\mathrm{d}x + \sum_{k=1}^{\infty}\left(a_k\int_{-\pi}^{\pi}\cos kx\cos nx\mathrm{d}x + b_k\int_{-\pi}^{\pi}\sin kx\cos nx\mathrm{d}x\right).$$

根据三角函数系(9. 17)的正交性，等式右端除 $k = n$ 的一项外，其余各项均为零，所以

$$\int_{-\pi}^{\pi} f(x)\cos nx\mathrm{d}x = a_n\int_{-\pi}^{\pi}\cos^2 nx\mathrm{d}x = a_n\pi,$$

于是得到

$$a_n = \frac{1}{\pi}\int_{-\pi}^{\pi} f(x)\cos nx\mathrm{d}x \quad (n = 1,2,3,\cdots).$$

类似可得系数 b_n. 因此最后得到

$$\begin{cases} a_n = \dfrac{1}{\pi}\displaystyle\int_{-\pi}^{\pi} f(x)\cos nx\mathrm{d}x & (n = 0,1,2,\cdots) \\ b_n = \dfrac{1}{\pi}\displaystyle\int_{-\pi}^{\pi} f(x)\sin nx\mathrm{d}x & (n = 1,2,\cdots) \end{cases} \tag{9.19}$$

如果公式(9.19)中的积分都存在，则系数 a_0，a_1，b_1，…称为函数 $f(x)$ 的**傅里叶**(Fourier)**系数**，将这些系数代入式(9.18)右端，得到的三角级数

$$\frac{a_0}{2} + \sum_{n=1}^{\infty}(a_n\cos nx + b_n\sin nx), \tag{9.20}$$

称为函数 $f(x)$ 的**傅里叶级数**.

对于以 2π 为周期的函数 $f(x)$ 来说，只要式(9.20)中的积分存在，总可以写出它的傅里叶级数. 那么，这个级数是否收敛呢？如果收敛，又是否收敛于 $f(x)$ 呢？下面我们来叙述一个 $f(x)$ 的傅里叶级数收敛的充分条件(不加证明).

定理 9.11 （收敛定理，狄利克雷充分条件）设 $f(x)$ 是以 2π 为周期的周期函数. 如果它满足条件：

（1）在一个周期内连续或只有有限个第一类间断点；

（2）在一个周期内至多只有有限个极值点，

则 $f(x)$ 的傅里叶级数收敛，并且

（1）当 x 是 $f(x)$ 的连续点时，级数收敛于 $f(x)$；

（2）当 x 是 $f(x)$ 的间断点时，级数收敛于 $\frac{1}{2}[f(x-0)+f(x+0)]$.

定理 9.12 说明，只要函数 $f(x)$ 在区间 $[-\pi, \pi]$ 上至多有有限个第一类间断点，并且不做无限次的振动，函数的傅里叶级数在连续点处就收敛于该点的函数值，在间断点处收敛于该点左极限与右极限的算术平均值. 可见函数展开成傅里叶级数的条件比展开成幂级数的条件低得多.

例 1 设 $f(x)$ 是以 2π 为周期的函数，它在 $[-\pi, \pi)$ 上的表达式为

$$f(x) = \begin{cases} x, & -\pi \leqslant x < 0, \\ 0, & 0 \leqslant x < \pi. \end{cases}$$

将 $f(x)$ 在 $(-\infty, +\infty)$ 上展开为傅里叶级数.

解 所给函数 $f(x)$ 满足收敛定理的条件，它在点

$$x = (2k+1)\pi \quad (k = 0, \pm 1, \pm 2, \cdots)$$

处不连续．因此$f(x)$的傅里叶级数在$x=(2k+1)\pi$处收敛于

$$\frac{1}{2}[f(x-0)+f(x+0)]=\frac{0-\pi}{2}=-\frac{\pi}{2}.$$

在连续点$x(x\neq(2k+1)\pi)$处收敛于$f(x)$．和函数的图形如图 9.1 所示．

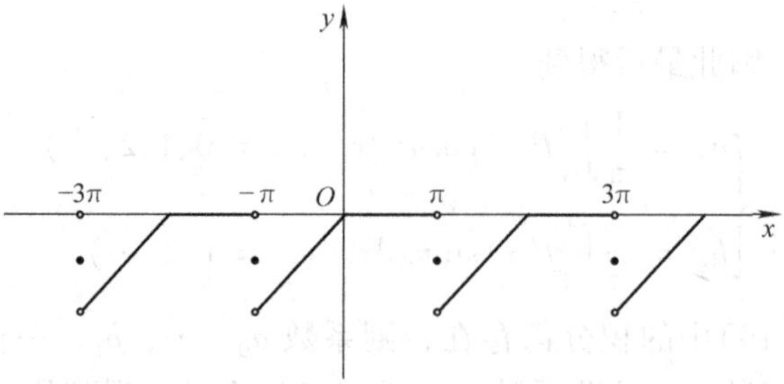

图 9.1

计算傅里叶系数如下：

$$a_0=\frac{1}{\pi}\int_{-\pi}^{\pi}f(x)\mathrm{d}x=\frac{1}{\pi}\int_{-\pi}^{0}x\mathrm{d}x=\frac{1}{\pi}\left[\frac{x^2}{2}\right]_{-\pi}^{0}=-\frac{\pi}{2};$$

$$\begin{aligned}a_n&=\frac{1}{\pi}\int_{-\pi}^{\pi}f(x)\cos nx\mathrm{d}x=\frac{1}{\pi}\int_{-\pi}^{\pi}x\cos nx\mathrm{d}x\\&=\frac{1}{\pi}\left[\frac{x\sin nx}{n}+\frac{\cos nx}{n^2}\right]_{-\pi}^{0}=\frac{1}{n^2\pi}(1-\cos n\pi)\\&=\begin{cases}\dfrac{2}{n^2\pi}, & n=1,3,5,\cdots,\\0, & n=2,4,6,\cdots.\end{cases}\end{aligned}$$

$$\begin{aligned}b_n&=\frac{1}{\pi}\int_{-\pi}^{\pi}f(x)\sin nx\mathrm{d}x=\frac{1}{\pi}\int_{-\pi}^{\pi}x\sin nx\mathrm{d}x\\&=\frac{1}{\pi}\left[-\frac{x\cos nx}{n}+\frac{\sin nx}{n^2}\right]_{-\pi}^{0}=-\frac{\cos n\pi}{n}=\frac{(-1)^{n+1}}{n}.\end{aligned}$$

将求得的系数代入式(9.20)，得到$f(x)$的傅里叶级数展开式为

$$\begin{aligned}f(x)=&-\frac{\pi}{4}+\left(\frac{2}{\pi}\cos x+\sin x\right)-\frac{1}{2}\sin 2x+\left(\frac{2}{3^2\pi}\cos 3x+\frac{1}{3}\sin 3x\right)\\&-\frac{1}{4}\sin 4x+\left(\frac{2}{5^2\pi}\cos 5x+\frac{1}{5}\sin 5x\right)-\cdots\\&(-\infty<x<+\infty;\ x\neq\pm\pi,\ \pm3\pi,\ \cdots).\end{aligned}$$

9.5.2 正弦级数和余弦级数

一般来讲，一个函数的傅里叶级数既含有正弦项，又含有余弦项．但是，也有一些函数的傅里叶级数只含有正弦项或者只含有常数项和余弦项．这是什么原

因呢？实际上，这些情况与所给函数$f(x)$的奇偶性有密切的关系．在周期为2π的函数$f(x)$的傅里叶系数计算公式(9.19)中，容易看出，当$f(x)$为奇函数时，有

$$\begin{cases} a_n = 0 & (n = 0,1,2,\cdots), \\ b_n = \dfrac{2}{\pi}\int_0^{\pi} f(x)\sin nx\mathrm{d}x & (n = 1,2,3,\cdots). \end{cases} \tag{9.21}$$

此时，$f(x)$的傅里叶级数为只含有正弦项的**正弦级数**

$$\sum_{n=1}^{\infty} b_n \sin nx. \tag{9.22}$$

当$f(x)$为偶函数时，有

$$\begin{cases} a_n = \dfrac{2}{\pi}\int_0^{\pi} f(x)\cos nx\mathrm{d}x & (n = 0,1,2,\cdots), \\ b_n = 0 & (n = 1,2,3\cdots). \end{cases} \tag{9.23}$$

此时，$f(x)$的傅里叶级数为只含有余弦项的**余弦级数**

$$\frac{a_0}{2} + \sum_{n=1}^{\infty} a_n \cos nx. \tag{9.24}$$

例2 设$f(x)$是以2π为周期的矩形波函数，它在$[-\pi, \pi)$上的表达式为

$$f(x) = \begin{cases} -a, & -\pi \leqslant x < 0, \\ a, & 0 \leqslant x < \pi. \end{cases} (a\text{ 为大于零的常数})$$

求$f(x)$的傅里叶级数展开式．

解 由于$f(x)$是周期为2π的奇函数，满足狄利克雷条件，所以$f(x)$的傅里叶级数展开式必为正弦级数．下面计算傅里叶级数的系数b_n：

$$b_n = \frac{2}{\pi}\int_0^{\pi} f(x)\sin nx\mathrm{d}x = \frac{2}{\pi}\int_0^{\pi} a\sin nx\mathrm{d}x = \frac{2a(1-\cos n\pi)}{n\pi}$$

$$= \begin{cases} \dfrac{4a}{n\pi} & (n = 1,3,5,\cdots), \\ 0 & (n = 2,4,6,\cdots). \end{cases}$$

所以$f(x)$在连续点的傅里叶展开式为

$$f(x) = \frac{4a}{\pi}\left(\sin x + \frac{\sin 3x}{3} + \frac{\sin 5x}{5} + \cdots + \frac{\sin(2k-1)x}{2k-1} + \cdots\right)(x \neq k\pi,\ k\text{ 为整数})$$

当$x = k\pi$时，级数收敛于$\dfrac{a+(-a)}{2} = 0$.

例3 把周期为2π的函数$f(x) = x^2(-\pi \leqslant x \leqslant \pi)$展开成傅里叶级数．

解 由于$f(x)$是周期为2π的偶函数，满足狄利克雷条件，所以$f(x)$的傅里叶级数展开式必为余弦级数．下面计算傅里叶级数系数a_n：

$$a_n = \frac{2}{\pi}\int_0^{\pi} x^2\mathrm{d}x = \frac{2\pi^2}{3},$$

$$a_n=\frac{2}{\pi}\int_0^{\pi}f(x)\cos nx\mathrm{d}x=\frac{2}{\pi}\int_0^{\pi}x^2\cos nx\mathrm{d}x=\frac{2}{\pi}\cdot\frac{2\pi\cos n\pi}{n^2}$$

$$=\begin{cases}-\dfrac{4}{n^2} & (n=1,3,5,\cdots),\\ \dfrac{4}{n^2} & (n=2,4,6,\cdots).\end{cases}$$

$f(x)$ 在整个数轴上是连续的，所以在 $-\infty\leqslant x\leqslant+\infty$ 的傅里叶展开式为

$$f(x)=\frac{\pi^2}{3}-4\left(\frac{\cos x}{1^2}-\frac{\cos 2x}{2^2}+\frac{\cos 3x}{3^2}-\cdots\right).$$

9.5.3 以 $2l$ 为周期的函数展开成傅里叶级数

上面我们讨论了以 2π 为周期的周期函数，但是在很多实际问题中所遇到的周期函数不一定都是以 2π 为周期的．下面我们讨论周期为 $2l$ 的周期函数如何展开成傅里叶级数．对于以 $2l$ 为周期的函数 $f(x)$，作变换 $x=\dfrac{l}{\pi}t$，可用前面的方法得到其傅里叶级数的展开式．

定理 9.13 设周期为 $2l$ 的周期函数 $f(x)$ 满足收敛定理的条件，则它的傅里叶级数展开式为

$$f(x)=\frac{a_0}{2}+\sum_{n=1}^{\infty}\left(a_n\cos\frac{n\pi x}{l}+b_n\sin\frac{n\pi x}{l}\right)$$

其中系数 a_n，b_n 为

$$a_n=\frac{1}{l}\int_{-l}^{l}f(x)\cos\frac{n\pi x}{l}\mathrm{d}x\quad(n=0,1,2,\cdots).$$

$$b_n=\frac{1}{l}\int_{-l}^{l}f(x)\sin\frac{n\pi x}{l}\mathrm{d}x\quad(n=1,2,\cdots).$$

例 4 设 $f(x)$ 是周期为 4 的周期函数，它在 $[-2,2)$ 上表达式为

$$f(x)=\begin{cases}0, & -2\leqslant x<0,\\ 1, & 0\leqslant x<2.\end{cases}$$

将 $f(x)$ 展开成傅里叶级数．

解 因为 $l=2$，由上述定理直接计算傅里叶系数，得

$$a_0=\frac{1}{2}\int_{-2}^{0}0\mathrm{d}x+\frac{1}{2}\int_0^2\mathrm{d}x=1,\ a_n=\frac{1}{2}\int_0^2\cos\frac{n\pi}{2}x\mathrm{d}x=0,$$

$$b_n=\frac{1}{2}\int_0^2\sin\frac{n\pi}{2}x\mathrm{d}x=\left[-\frac{1}{n\pi}\cos\frac{n\pi}{2}x\right]_0^2$$

$$=\frac{1}{n\pi}(1-\cos n\pi)=\begin{cases}\dfrac{2}{n\pi}, & \text{当 } n=1,3,5,\cdots,\\ 0, & \text{当 } n=2,4,6,\cdots.\end{cases}$$

所以在$f(x)$的连续点，有

$$f(x)=\frac{1}{2}+\frac{2}{\pi}\left(\sin\frac{\pi x}{2}+\frac{1}{3}\sin\frac{3\pi x}{2}+\frac{1}{5}\sin\frac{5\pi x}{2}+\cdots\right)$$

$$(-\infty<x<+\infty;\ x\neq 0,\ \pm 2,\ \pm 4,\ \cdots).$$

在$f(x)$的第一类间断点$x=0$，± 2，± 4，…处，级数收敛于$\frac{1}{2}$，即

$$\frac{1}{2}+\frac{2}{\pi}\left(\sin\frac{\pi x}{2}+\frac{1}{3}\sin\frac{3\pi x}{2}+\frac{1}{5}\sin\frac{5\pi x}{2}+\cdots\right)=\frac{1}{2}.$$

习题 9.5

1. 将下列周期为2π的函数展开成傅里叶级数.

(1) $f(x)=3x^2+1 \quad -\pi\leqslant x<\pi$；　(2) $f(x)=\begin{cases}-\dfrac{\pi}{2}, & -\pi\leqslant x<0,\\ \dfrac{\pi}{2}, & 0\leqslant x<\pi;\end{cases}$

(3) $f(x)=\begin{cases}bx, & -\pi\leqslant x<0,\\ ax, & 0\leqslant x<\pi,\end{cases}$ (a，b为常数，且$a>b>0$).

2. 将函数$f(x)=x$，$0\leqslant x\leqslant\pi$分别展开成正弦级数和余弦级数.

3. 将函数$f(x)=\frac{\pi-x}{2}$，$0\leqslant x\leqslant\pi$展开成正弦级数.

4. 将下列各周期函数展开成傅里叶级数，给出函数在一个周期内的表达式.

(1) $f(x)=x$，$-l\leqslant x<l$；(2) $f(x)=\begin{cases}2x+1, & -3\leqslant x<0,\\ 1, & 0\leqslant x<3.\end{cases}$

参考文献

[1] 李长明，周焕山．初等数学研究[M]．北京：高等教育出版社，1995.
[2] 曹之江．微积分学简明教程[M]．呼和浩特：内蒙古大学出版社，1998.
[3] 曹之江．微积分学的公理基础[M]．呼和浩特：内蒙古大学出版社，1999.
[4] 陈庆华．高等数学[M]．北京：高等教育出版社，1999.
[5] 喻德生，郑华盛．高等数学学习引导[M]．北京：化学工业出版社，2000.
[6] 侯风波．高等数学[M]．北京：高等教育出版社，2000.
[7] 王晓威．高等数学[M]．北京：海潮出版社，2000.
[8] 同济大学．高等数学[M]．北京：高等教育出版社，2001.
[9] 毛京中．高等数学学习指导[M]．北京：北京理工大学出版社，2001.
[10] 李铮，周放．高等数学[M]．北京：科学出版社，2001.
[11] 刘淑环，刘崇丽，闫红霞．高等数学[M]．北京：华文出版社，2002.
[12] 张国楚，徐本顺，李祎．大学文科数学[M]．北京：高等教育出版社，2002.
[13] 蒋兴国，吴延东．高等数学[M]．北京：机械工业出版社，2002.
[14] 赵树嫄．微积分[M]．北京．中国人民大学出版社．2002.
[15] 盛祥耀．高等数学[M]．北京．高等教育出版社．2002.
[16] 周建莹，李正元．高等数学解题指南[M]．北京：北京大学出版社，2002.
[17] 周民强．数学分析[M]．上海：上海科学技术出版社，2003.
[18] 同济大学应用数学系．微积分[M]．北京：高等教育出版社，2003.
[19] 上海财经大学应用数学系．高等数学[M]．上海：上海财经大学出版社，2003.
[20] 徐建豪，刘克宁．经济应用数学[M]．北京：高等教育出版社，2003.
[21] 何春江．高等数学[M]．北京．中国水利水电出版社．2004.
[22] 莫里斯·克莱因．古今数学思想[M]．上海：上海科学技术出版社，2006.
[23] 宋乃庆．新编初等数学选读[M]．北京：高等教育出版社，2007.
[24] 同济大学数学系．高等数学[M]．6版．北京：高等教育出版社，2007.
[25] 方明亮，郭正光．高等数学[M]．广州：广东科技出版社．2008.
[26] 杜吉佩．初等数学[M]．北京：高等教育出版社，2009.
[27] 张景中．一线串通的初等数学[M]．北京：科学出版社，2009.
[28] 李忠，周建莹．高等数学[M]．2版．北京：北京大学出版社，2009.
[29] 郭治中．高等数学[M]．北京：清华大学出版社，2012.
[30] 吕保献．初等数学[M]．北京：北京大学出版社，2013.